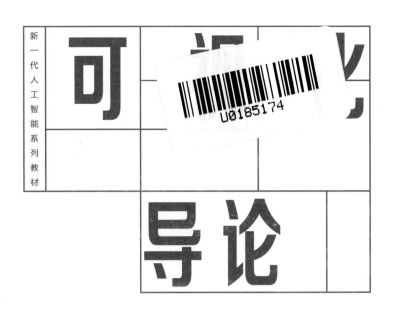

新一代人工智能系列教材

可视化导论

陈 为 赵 烨 张 嵩 鲁爱东 编 著

高等教育出版社·北京

内容提要

人工智能与可视化都是由数据得到知识、决策或灵感的学科。一方面，两者拥有截然不同的理念和目的，另一方面，它们又不断地共生和相互促进。本书是面对当前科学可视化、信息可视化、可视分析研究和应用的新形势，针对人工智能学科领域的需求，专门为人工智能相关专业本科生开设数据可视化课程而编写的一本教材。全书共11章，划分为三个模块：基础篇、数据篇和应用篇。其中基础篇从人、数据、可视化流程三个层面阐述数据可视化的基础理论和概念。数据篇则针对实际应用中遇到的不同类型的数据，包括时空数据、地理信息数据、高维非空间数据、层次和网络数据，介绍相应的可视化方法。应用篇着重介绍可视化综合应用及实用系统，为了便于学习，每章后都附有习题和参考文献。本书的特点是内容完整，叙述简明；重点突出，新颖性与理论性兼顾；以数据类型为导向，以行业应用为目标。

本书可作为高等院校的人工智能、大数据、计算机、软件工程、数字媒体等有关专业高年级学生和研究生的教学用书，对于从事人工智能、大数据、视觉艺术等领域的开发和应用的科技人员也有较大的参考价值。

新一代人工智能系列教材编委会

人工智能是引领这一轮科技革命、产业变革和社会发展的战略性技术，具有溢出带动性很强的头雁效应。当前，新一代人工智能正在全球范围内蓬勃发展，促进人类社会生活、生产和消费模式巨大变革，为经济社会发展提供新动能，推动经济社会高质量发展，加速新一轮科技革命和产业变革。

2017年7月，国务院发布了《新一代人工智能发展规划》，指出了人工智能正走向新一代。新一代人工智能（AI 2.0）的概念除了继续用电脑模拟人的智能行为外，还纳入了更综合的信息系统，如互联网、大数据、云计算等去探索由人、物、信息交织的更大更复杂的系统行为，如制造系统、城市系统、生态系统等的智能化运行和发展。这就为人工智能打开了一扇新的大门和一个新的发展空间。人工智能将从各个角度与层次，宏观、中观和微观地，去发挥"头雁效应"，去渗透我们的学习、工作与生活，去改变我们的发展方式。

要发挥人工智能赋能产业、赋能社会，真正成为推动国家和社会高质量发展的强大引擎，需要大批掌握这一技术的优秀人才。因此，中国人工智能的发展十分需要重视人工智能技术及产业的人才培养。

高校是科技第一生产力、人才第一资源、创新第一动力的结合点。因此，高校有责任把人工智能人才的培养置于核心的基础地位，把人工智能协同创新摆在重要位置。国务院《新一代人工智能发展规划》和教育部《人工智能科技创新行动计划》发布后，为切实应对经济社会对人工智能人才的需求，我国一流高校陆续成立协同创新中心、人工智能学院、人工智能研究院等机构，为人工智能高层次人才、专业人才、交叉人才及产业应用人才培养搭建平台。我们正处于一个百年未遇、大有可为的历史机遇期，要紧紧抓住新一代人工智能发展的机遇，勇立潮头、砥砺前行，通过凝练教学成果及把握科学研究前沿方向的高质量教材来"传道、授业、解惑"，提高教学质量，投身人工智能人才培养主战场，为我国构筑人工智能发展先发优势和贯彻教育强国、科技强国、创新驱动战略贡献力量。

为促进人工智能人才培养，推动人工智能重要方向教材和在线开放课程建设，国家新一代人工智能战略咨询委员会和高等教育出版社于2018年3月成立了"新一代人工智能系列教材"编委会，聘请我担任编委会主任，吴澄院士、郑南宁院士、高文院士、陈纯院士和高等教育出版社林金安副总编辑担任编委会副主任。

根据新一代人工智能发展特点和教学要求，编委会陆续组织编写和出版有关人工智能基础理论、算法模型、技术系统、硬件芯片和伦理安全以及"智能+"学科交叉等方面内容的系列教材，发布在线开放共享课程，以形成各具优势、衔接前沿、涵盖完整、交叉融合具有中国特色的人工智能一流教材体系。

"AI赋能、教育先行、创新引领、产学协同"，人工智能于1956年从达特茅斯学院出发，踏上了人类发展历史舞台，今天正发挥"头雁效应"，推动人类变革大潮，"其作始也简，其将毕也必巨"。我希望"新一代人工智能系列教材"的出版能够为人工智能各类型人才培养做出应有贡献。

衷心感谢编委会委员、教材作者、高等教育出版社编辑等为"新一代人工智能系列教材"出版所付出的时间和精力。

进入21世纪后，科技发展的车轮滚滚向前。互联网、物联网、云计算、大数据、虚拟现实、脑科学等一系列新兴技术，从各个方面引起人们工作和生活的巨大变革。2017年7月8日，国务院印发并实施《新一代人工智能发展规划》吹响了新时期迈向新一代人工智能的号角。在这个规划中，布置了大数据智能、跨媒体感知计算、人机混合智能、群体智能、自主协同与决策等五个基础理论研究的方向。同时，还提出建立新一代人工智能关键共性技术体系：以算法为核心，以数据和硬件为基础，以提升感知识别、知识计算、认知推理、运动执行、人机交互能力为重点，形成开放兼容、稳定成熟的技术体系。在这个关键共性技术体系的构建中，知识计算引擎与知识服务技术是重中之重。其中，可视交互是完成从数据到知识的三种核心交互技术之一（另外两个是自然语言理解和虚拟现实/增强现实）。从这个角度看，可视化、可视分析和可视交互是大数据智能的关键技术，可指导或引导用户迭代地从数据中萃取知识。

由此，可视化在人工智能中的作用愈发重要。第一，从机理上看，可视化基于人的视觉感知能力，增强人的认知能力，与视觉智能、跨媒体智能甚至群体智能息息相关。第二，从方法上看，人工智能与可视化存在融合共生的趋势。最近，有不少可视化和机器学习的学者研究如何设计交互的可视化方法克服机器学习的黑盒子问题，增强机器学习理论的可解释性；另一方面，也有人提出基于深度学习、强化学习和迁移学习的理论，进一步增强可视化系统的效率。第三，无论何种人工智能或类人智能系统，可视交互是三大类人机界面的一种。尤其在大数据分析系统中，可视化是基础性的要素之一。

本书是作者十余年从事可视化科研、教学和社会服务过程中的梳理和理解的汇总。主要内容覆盖了人工智能相关的专业和学科中，需要的基础性可视化理念、方法和技术。本书的作者分工是：浙江大学陈为统筹，美国肯特大学赵烨撰写第1、2、8、9章，美国密西西比州立大学张嵩撰写第4、5、11章，美国北卡罗来纳州州立大学夏洛特分校鲁爱东撰写第6、7、10章，杭州电子科技大学吴向阳撰写第3章。初稿完成后，又分别由课题组的研究生们（朱闽峰、潘嘉铖、郭方舟、王叙萌、马昱欣、梅鸿辉、魏雅婷、黄兆嵩、陆俊华、韩东明等）进行材料补充、习题补充和文字校对。整个成书过程中还得到各位学术同仁的关心和支持，以及高等教育出版社的大力帮助，在此不一一致谢。本文配套的慕课也于2019年9月在中国大学MOOC平台上线，扫描书中的二维码，可以观看部分MOOC视频，加深学习印象。本书肯定还存在许多需要改进的地方，希望能得到读者更多具有建设性的意见。

编者

2019年11月

目录

应用篇 ……327

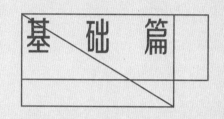

基础篇

第1章 数据可视化简介

在新一代人工智能时代，可视交互引擎通过可视的人机交互、数据呈现和知识表达，形成人机协同网络中混合增强智能的最主要交互界面，促进了不同来源的数据到可理解的知识的更新迭代，从而实现大数据驱动的人机融合智能。可视化和可视分析是构建高效可视交互引擎的主要途径，通过融合机器智能与人类智慧，交互的智能可视化和可视分析以人为中心，并将成为决策场景下（安全、军事、防灾减灾等）的核心分析模式。

1.1 视觉智能与可视化的意义

视觉是人类获取外部世界信息的最重要通道。人眼是一个高带宽的并行视觉信号输入处理器，带宽高达100MB/s，且具有很强的模式识别能力。人类的智能对视觉信息的感知速度比对数字或文本快多个数量级，且大量的视觉信息处理发生在前意识（pre-attentive）阶段。超过50%的人脑机能包括数十亿的神经元都用于视觉感知和基于这种感知的视觉智能（visual intelligence），包括解码视觉信息、高层次信息处理和思考可视符号[18]。这样的处理能力超过了超级计算机的处理能力。最新的人工智能系统达到了令人惊叹的数据识别能力，但距离人的视觉系统处理能力仍然有很大的差距。

图1.1（a）是古埃及的象形文字（Hieroglyphs），人们直接使用人类视觉可以感知的符号来记录信息。图1.1（b）描述了一些中文字体的发展，从早期的直接象形化到晚近的更加抽象化的表示。这两个例子解释了可视化的意义和过程，人们把事物概念转化为形象的符号来存储记录。在使用中，人类的视觉智能敏感地识别出这些符号，并迅速转换为对信息的理解。人们可以通过快速的"阅读"识别大量手写的符号来理解它们所代表的意义。而人工智能用于图像识别和自然语言理解还远不能达到人类的准确性。

在计算机学科的分类中，对数据进行交互的可视表达以增强认知的技术，称为**可视化**。可视化利用人类的视觉处理能力，结合计算技术，来实现对数据快速高效地理解和分析。它将不可见或难以直接显示的数据映射为可感知的图形、符号、颜色、纹理等，增强数据识别效率，高效传递有用信息[6]。可视化的终极目标是帮助人们洞悉蕴含在数据中的现象和规

甲骨文	⊟	D	🌾	🐎
金文	⊟	ℳ	🌾	🐎
小篆	日	ℛ	車	🐎
隶书	日	月	車	馬
楷书	日	月	車	馬
草书	日	月	车	马
行书	日	月	車	馬

(a) 古埃及的象形文字(现藏卢浮宫)　　　　　　(b) 中文字体的演变

图1.1 人类文字可视化了外界信息

律，这包含多重含义：发现、决策、解释、分析、探索和学习[18]。

普遍意义上，人工智能包含感知、认知、决策和智慧等多个层次。可视化构建了视觉感知与认知之间的桥梁。在人类文明历史上，涌现了多个思维方式，如形象思维、数学思维、语言思维、逻辑思维、统计思维和计算思维。其中，形象思维以图表的形式沟通和传播思想，与可视化的内涵非常贴切。早在1987年，心理学家经过一系列实验和分析，验证了在某些场合下，图表的作用大于文字。他们发现：图表表达与句型表达具有信息和计算上的等价性；图表具有拓扑和几何的关联，将信息基于位置进行索引，所见即所得；句型表达具有时间或逻辑方面的序列，显式地表达了单个元素。句型表达假设每句话是串行阵列；而图表表达有一个简洁的语义网络，认知时只需要在不同的结点间定位。在求解问题时，图表表达可以提供搜索与认知的便利；句型表达在搜索时需要记住更多的信息。

面向某些任务，采用不同的思维系统，人类效率的差别可达到10倍乃至100倍。1995年的一个研究发现[22]，阿拉伯数字系统之所以在十余种记数系统中脱颖而出，是因为它在信息的外部表达和内部表达方面做到了优化平衡。数字系统可分为四个层次：维度，维度表达，基准，符号表达。不同层次的表达属性直接影响数值计算任务的过程。在阿拉伯数字系统中，类别型信息是在外部用形状表达的，另外三类信息是在内部内存表达。而在埃及记数系统中，所有四类信息都是用外部表达的。类似地，在进行乘法运算时，阿拉伯数字系统的内部和外部表达的平衡性也优于罗马数字系统。

可视化的一个简明定义是"通过数据的可视表达来利用人类的视觉智能，从而增强人们对数据的分析理解能力和效率"。从信息加工的角度看，丰富的信息消耗了大量的注意力，而人类的视觉记忆只能保持和处理几分钟的信息。可视化提供了对数据的某种外部内存，在人脑之外保存待处理信息，可补充人脑有限的记忆内存，有助于解决人脑的记忆内存和注意力的有限性的问题。同时，图形化符号可将用户的注意力引导到重要的目标，减少搜索时间（固定的潜意识搜索、空间索引的模式存储了"事实"和"规律"），支持感知推理（将推理转换为模式搜索）。

MOOC微视频：
视觉记忆小游戏

表1.1列出4组不同的二维数据点集（安斯康姆四元数组，Anscombe's quartet），每组数据含有一系列的二元数据。传统的数据统计分析方法会计算每个系列数据的单维度均值、回归线方程、误差的平方和、方差的回归和、均方误差的误差和、相关系数等统计属性，来实现对数据的理解。然而，表1.1中显示这4组数据的统计属性没有差异。传统的数据统计方法无法获取它们的差异信息。使用可视化的技术，如图1.2所示，将实际的数据分布情况用二维散点图呈现，观察者可迅速利用自己的视觉智能从图中寻找它们的不同模式和规律。

表1.1 四组二维数据点集，它们的均值、方差和相关系数均相同

	第一组		第二组		第三组		第四组	
	x1	y1	x2	y2	x3	y3	x4	y4
	10.0	8.04	10.0	9.14	10.0	7.46	8.0	6.58
	8.0	6.95	8.0	8.14	8.0	6.77	8.0	5.76
	13.0	7.58	13.0	8.74	13.0	12.74	8.0	7.71
	9.0	8.81	9.0	8.77	9.0	7.11	8.0	8.84
	11.0	8.33	11.0	9.26	11.0	7.81	8.0	8.47
	14.0	9.96	14.0	8.1	14.0	8.84	8.0	7.04
	6.0	7.24	6.0	6.13	6.0	6.08	8.0	5.25
	4.0	4.26	4.0	3.1	4.0	5.39	19.0	12.5
	12.0	10.84	12.0	9.13	12.0	8.15	8.0	5.56
	7.0	4.82	7.0	7.26	7.0	6.42	8.0	7.91
	5.0	5.68	5.0	4.74	5.0	5.73	8.0	6.89
均值	9.0	7.5	9.0	7.5	9.0	7.5	9.0	7.5
方差	10.0	3.75	10.0	3.75	10.0	3.75	10.0	3.75
相关系数	0.816		0.816		0.816		0.816	

MOOC微视频：
另一个例子

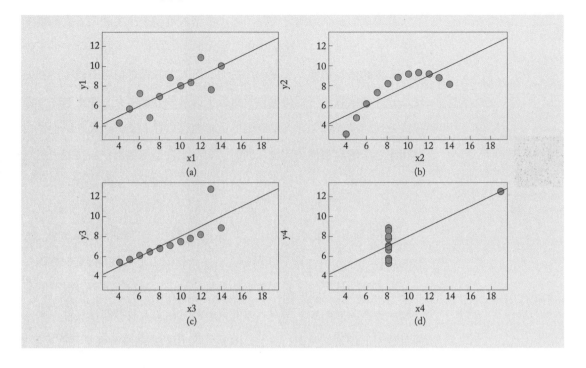

图1.2 四个二维数据点集的可
视化[1]

1.2 可视化的目标和作用

数据,特别是海量数据的处理和理解是人工智能计算的核心。可视化技术结合了人机交互技术和数据处理技术,提供高效的智能化信息处理能力。它提供了一种增强的工具,充分利用人的视觉智能,来增强传统人工智能的数据挖掘和数据分析能力。同时它使得人作为数据分析的核心,参与到信息处理的过程中,从而提高处理的有效性和效率[26]。

根据信息传递方式,传统的可视化方法可以大致分为两大类:探索性可视化和解释性可视化。前者指在数据分析阶段,不清楚数据中包含的信息,希望通过可视化快速地发现特征、趋势与异常,这是一个将数据中的信息传递给可视化设计与分析人员的过程。后者指在视觉呈现阶段,依据已知的信息或知识,以可视的方式将它们传递给公众。

从应用的角度来看,可视化有多个目标:有效呈现重要特征、揭示客观规律、辅助理解事物概念和过程、对模拟和测量进行质量监控、提高科研开发效率、促进沟通交流和合作等。可视化还能提供可理解的人工智能和计算，使得数据算法的设计和校正能够更直接有效。

从宏观的角度看，可视化包括以下三个功能。

● 信息记录

将浩瀚烟云的信息记录成文，世代传播的有效方式之一是将信息成像或采用草图记载。图1.3展示了现存于世的达·芬奇手绘机械装置图。不仅如此，可视化图示能极大地激发智力和洞察力，帮助验证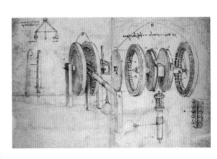

图1.3 达·芬奇创作于1485年的三维素描图，清晰地记录了某一种机械装置，是如何由多种部件构成的

科学假设。例如，20世纪自然科学最重要的三个发现之一，DNA分子结构的发现起源于对DNA结构的X射线衍射照片（如图1.4（a）所示）的分析：从图像形状确定DNA是双螺旋结构，且两条骨架是反平行的，骨架是在螺旋的外侧等（如图1.4（b）所示）重要的科学事实。

● 信息推理和分析

数据分析任务通常包括定位、识别、区分、分类、聚类、分布、排列、比较、内外连接比较、关联和关系等。将信息和分析结果以可视的方式呈现给用户，可引导用户从可视化结果分析和推理出有效信息，提升信息认知的

图1.4 DNA的分子结构

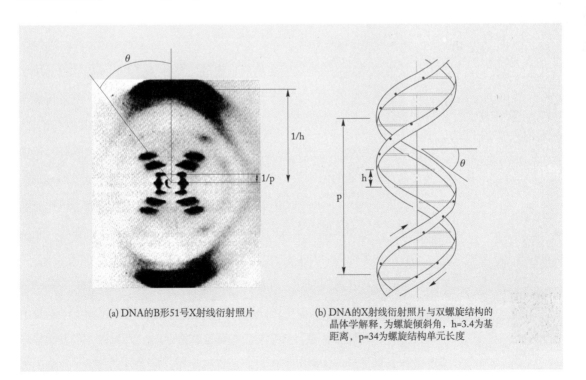

(a) DNA的B形51号X射线衍射照片　　　(b) DNA的X射线衍射照片与双螺旋结构的晶体学解释，为螺旋倾斜角，h=3.4为基距离，p=34为螺旋结构单元长度

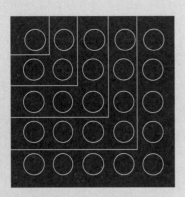

(a) 奇数和的可视化：1+3+5+7+9=25，两个小正方形的面积和等于大正方形的面积

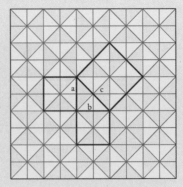

(b) 中国古代用于证明勾股定理的图形

图1.5 两个图形化计算的例子

效率。这种直观的信息感知机制，突破了常规分析方法的局限性，极大地降低了数据理解的复杂度。图1.5展示了两个图形化计算的例子。

可视化在支持上下文的理解和数据推理方面也有独到的作用。英国医生John Snow为研究1854年8月底伦敦布拉德街附近居民区爆发的一场霍乱，调查病例发生的地址和取水的关系。Snow绘制了一张街区地图，如图1.6所示，标记了水井的位置，每个地址的病例用条码显示。条码清晰显示出73个病例集中分布在布拉德街的水井附近，Snow从而找出霍乱的源头，这就是著名的鬼图（Ghost map）。

● 信息传播与协同

视觉感知是人类最主要的信息通道，它囊括了人从外界获取的70%以上的信息，俗称"百闻不如一见""一图胜千言"。将复杂信息传播与发布给公众的最有效途径是将数据进行可视化，达到信息共享与论证、信息协作与修正、重要信息过滤等目的。如图1.7所示的宋词可视化项目，选取权威的宋词资料库《全宋词》为样本，分析词作近21 000首、词人近1 330家、词牌近1 300个，挖掘数据纬度涵盖词作者、词作所属词牌名、意象及其所承载的情绪，描绘出了两宋319年间，那些闪光词句背后众多优秀词人眼中的大千世界。

在移动互联网时代，资源互联和共享、群体协同与合作成为科学和社会发展的新动力。2016年Nature上报道[14]，科学家设计了一款量子计算游戏，征召普通公众参与。在玩这款游戏时，人类在许多方面都强过计算机，但具体原因为何目前还不得而知。这一研究表明，在解决诸

MOOC微视频：
用可视化讲故事

如量子计算这样复杂、超出常理的问题时，人类智能仍然超越机器智能，并且结合二者将得到更好的结果。

● 智能计算的解释和分析

计算和人工智能的算法和工具通常需要设计和使用人员输入许多数据参数，如聚类方法中的类别个数、神经网络中层的数量和尺寸等。当得到结果后，分析这些参数对模型的影响，并反复地矫正和调整它们是一个重要但又困难的工作。可视化可以帮助使用者在这些算法和工具中快速、直观地了解进程、发现问题、调整参数，从而更深入地把人和算法结合起来，打开算法的黑箱。图1.8显示了一个神经网络的可视化工

图1.6 伦敦鬼图

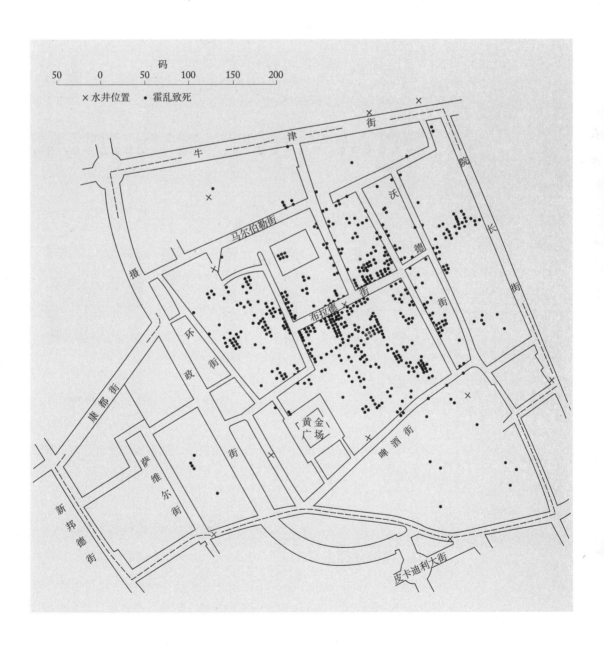

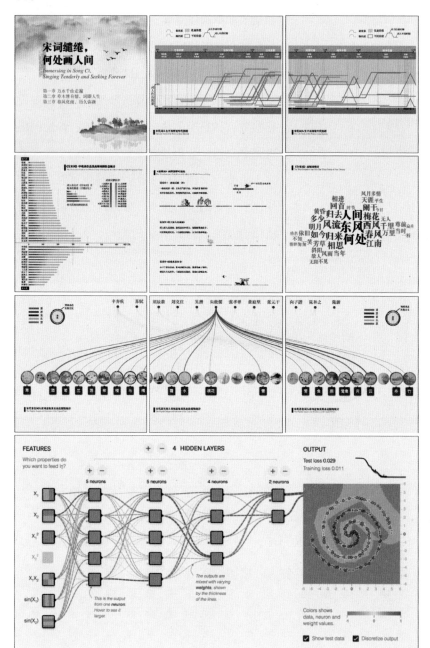

图1.7 2018年9月，新华网推送的"全宋缱绻，何处画人间"数据新闻作品

图1.8 对神经网络的可视化帮助设计者分析网络模型的实用性和有效性

具。设计者可以更好地分析和调整网络模型，从而加快设计速度和提高计算能力。

1.3 可视化简史

可视化发展史与人类现代文明的启蒙、测量、绘画和科技的发展一脉相承。在地图、科学与工程制图、统计图表中，可视化理念与技术已经应用和发展了数百年。

● 17世纪之前：图表萌芽

可视化的萌芽出自几何图表和地图生成，其目的是展示一些重要的信息。16世纪时，人类已经开发了精确观测的物理技术和器具，也开始手工制作可视化图表。

● 1600—1699：物理测量数据可视化

17世纪最重要的科学进展是物理基本量（时间、距离和空间）的测量理论与设备的完善。它们被广泛用于航空、测绘、制图、浏览和国土勘探等。同时，制图学理论与实践也随着分析几何、测量误差、概率论、人口统计和政治版图的发展而迅速成长，其后还产生了基于真实测量数据的可视化方法。人类开始了可视化思考的新模式。

● 1700—1799：图形符号

进入18世纪，绘图家不再满足于在地图上展现几何信息，发明了新的图形化形式（等值线、轮廓线）和其他物理信息的概念图（地理、经济、医学）。随着统计理论、实验数据分析的发展，抽象图和函数图被广泛发明。

18世纪是统计图形学的繁荣时期，其奠基人William Playfair发明了折线图、柱状图、显示局部与整体关系的饼状图和圆图等。

● 1800—1900：数据图形

随着工艺设计的完善，19世纪前半段，统计图形、概念图等迅猛爆发。此时人类已经掌握了整套统计数据可视化工具，包括柱状图、饼图、直方图、折线图和时间线、轮廓线等。将社会、国家人口、经济的统计数据和其可视表达放在地图上，形成了新的概念制图思维，并开始在政府规划、运营中发挥作用。采用统计图表来辅助思考的诞生同时衍生了可视化思考的新方式：图表用于表达数学证明和函数；线图用于辅助计算；各类可视化显示用于表达数据的趋势和分布，便于交流、获取和可视化观察。

19世纪下半叶，系统地构建可视化方法的条件日渐成熟，人们进入了统计图形学的黄金时期。值得一提的是法国人Charles Joseph Minard，他是将可视化应用于工程和统计的先驱者，其最著名的工作是1869年发布的描绘1812到1813年拿破仑进军莫斯科大败而归的历史事件的流图。这幅图如实地呈现了军队的位置和方向、军队汇聚、分散和重聚的地点与时间、军队减员的过程、撤退时低温造成的减员等信息。

- 1900—1949: 现代启蒙

20世纪上半叶，可视化随着统计图形的主流化开始在政府、商业和科学等领域广泛应用。人们第一次意识到图形显示能为航空、生物等科学与工程领域提供新的洞察和发现。多维数据可视化和心理学的介入是这个时期的重要特点。

- 1950—1974: 多维信息的可视编码

1967年，法国人Jacques Bertin出版了《图形符号学》一书，确定了构成图形的基本要素，并且描述了一种关于图形设计的框架。这套理论奠定了信息可视化的理论基石（详见第2章）。随着个人计算机的普及，人们逐渐开始采用计算机编程生成可视化。

- 1975—1987: 多维统计图形

1970年以后，桌面操作系统、计算机图形学、图形显示设备、人机交互等技术的发展迸发了人们编程实现交互式可视化的热情。处理范围从简单统计数据扩展为更大的网络、层次、数据库、文本等非结构化与高维数据。与此同时，高性能计算、并行计算的理论与产品正处于研制阶段，催生了面向科学与工程的大规模计算方法，数据密集型计算开始走上历史舞台，也造就了对于数据分析和呈现的更高需求。

1977年，美国著名统计学家John Tukey发表了探索式数据分析的基本框架。它的重点并不是可视化的效果，而是从统计学上利用可视化结果促进对数据的深入理解。1982年Edward Tufte出版了 *The Visual Display of Quantitative Information* 一书，构建了关于信息的二维图形显示的理论，强调有用信息密度的最大化问题。这些理论汇同Jacques Bertin的图形符号学，逐渐推动信息可视化发展成一门学科[4]。

- 1986—2004：交互可视化

1986年10月，美国国家科学基金会主办了一次名为"图形学、图像处理及工作站专题讨论"的研讨会，旨在为从事科学计算工作的研究机构提出方向性建议。会议将计算机图形学和图像方法应用于计算科学的学科称为科学计算之中的可视化[23]。

1987年2月，美国国家科学基金会召开了首次有关科学可视化的会议，召集众多来自学术界、行业以及政府部门的研究人员。会议报告正式命名并定义了科学可视化（scientific visualization），认为可视化有助于统一计算机图形学、图像处理、计算机视觉、计算机辅助设计、信号处理和人机交互中的相关问题，具有培育和促进科学突破和工程实践的潜力。同年，计算机图形学顶级会议ACM SIGGRAPH上，来自美国GE公司的William Lorensen和Harvey Cline发表了关于移动立方体（*Marching Cubes*）算法的论文，开创了科学可视化的热潮。这篇论文是有史以来ACM SIGGRAPH会议被引用最高的论文。

1970年以后，放射影像从二维的X-射线发展到三维计算机断层扫描（CT）和核磁共振图像（MRI）技术。1989年，美国国家医学图书馆（NLM）实施可视化人体计划。科罗拉多大学医学院将一具男性和一具女性尸体从头到脚实行CT扫描和核磁共振扫描。男的间距1 mm，共1878个断面；女的间距0.33 mm，共5189个断面。然后将尸体填充蓝色乳胶并裹以明胶后冰冻至–80℃，再以同样的间距对尸体作组织切片的数码相机摄影。分辨率为2048×1216。所得数据共56 GB（男13 GB，女43 GB）。这两套数据集促进了三维体可视化的发展，如图1.9所示。

1990年，IEEE举办了首届IEEE Visualization Conference，汇集了一个由物理、化学、计算、生物医学、图形学、图像处理等交叉学科领域研究人员组成的学术群体。2012年，为突出科学可视化的内涵，该会议更名为IEEE Conference on Scientific Visualization。

与此同时，自18世纪后期统计图形学诞生后，抽象信息的视觉表达方式仍然在不断发展，以揭示数据及其他隐匿模式的奥秘。数字化的非几何的抽象数据如金融交易、社交网络、文本数据等大量涌现，促生了多维、时变、非结构化信息的可视化需求。1980年代末，视窗系统的问世使得人们能够直接与可视化的信息进行交互。1989年，Card、

图1.9 科学可视化示例[8]

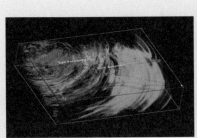
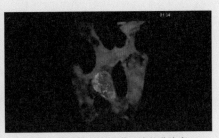

(a) 模拟美国1992年洛杉矶大地震的体可视化效果　　　(b) 基于最新的观测影像渲染的乳腺癌细胞通过空腔转移的场景

Mackinlay和Robertson等人采用information visualization（信息可视化）命名这个学科，其研究思想和范畴是对统计图形学的升华。1995年开始，单独设立了面向信息可视化的会议——IEEE Information Visualization会议。

● 2004—至今：可视分析学

进入21世纪，现有的可视化技术已难以应对海量、高维、多源、动态数据的分析挑战，需要综合可视化、图形学、数据挖掘理论与方法，研究新的理论模型、新的可视化方法和新的用户交互手段，辅助用户从大尺度、复杂、矛盾甚至不完整的数据中快速挖掘有用的信息以便做出有效决策，从而催生了可视分析学这一新兴学科。该学科的核心理论基础和研究方法目前仍处于探索阶段。从2004年起，研究界和工业界都朝着面向实际数据库、基于可视化的分析推理与决策、解决实际问题等方向发展，更多领域的从业人员对可视化技术和实用工具也有了更迫切的需求。

2006年，美国国家科学基金会联合美国国家卫生研究所出版了一个专题报告描述大规模数据可视化所面临的挑战。美国政府也于2005年出版《可视分析的研究和发展规划》，全面阐述了可视分析的挑战。2006年，IEEE开设了可视分析科学与技术研讨会（IEEE Symposium on Visual Analytics Science and Technology）。由于可视分析学的重要性，该研讨会迅速扩大，自2012年起更名为IEEE Conference on Visual Analytics Science and Technology。欧洲可视化年会EuroVis也于2010年起，专门举办可视分析研讨会EuroVAST。其后，美国、德国、日本等国家和地区纷纷启动可视分析专项，设立国家可视分析研究中心。

MOOC微视频：
可视化发展史

1.4 可视化与数据科学和智能科学

数据爆炸是当前信息科学领域面临的重大挑战，不仅所需处理的数据量越来越大，而且数据高维、多源、多态，更重要的是数据获取的动态性、数据内容的噪声和互相矛盾、数据关系的异构与异质性等。大数据时代的数据复杂性更高，如数据的流模式获取、非结构化、语义的多重性等。数据可视化技术指综合运用计算机图形学、图像、人机交互等技术，将采集或模拟的数据映射为可识别的图形、图像、视频或动画，并允许用户对数据进行交互分析的理论、方法和技术。现代的主流观点将数据可视化看成传统的科学可视化和信息可视化的泛称，即处理对象可以是任意数据类型、任意数据特性以及异构异质数据的组合。

数据可视化将不可见现象转换为可见的图形符号，并从中发现规律和获取知识。针对复杂和大尺度的数据，已有的统计分析或数据挖掘方法往往是对数据的简化和抽象，隐藏了数据集真实的结构。这可能会产生诸如表1.1的例子中所显示的错误或不完善的数据分析结果。而数据可视化则可还原乃至增强数据中的全局结构和具体细节。若将数据可视化看成艺术创作过程，则其最终生成的画面需达到真、善、美，以有效挖掘、传播与沟通数据中蕴含的信息、知识与思想，实现设计与功能之间的平衡。

● 真，即真实性，指可视化结果是否正确地反映了数据的本质。数据可视化之真是其实用性的基石。例如，在医学研究领域，数据可视化可以通过可视化不同形态的医学影像、化学检验、电生理信号、过往病史等，帮助医生了解病情发展、病灶区域，甚至拟定治疗方案。

● 善，即易感知，指可视化结果是否有利于公众认识数据背后所蕴含的现象和规律。可视化的终极目标在于帮助公众理解人类社会发展和自然环境的现状，实现政府与职能部门运行的透明性。

● 美，即艺术性，指可视化结果的形式与内容是否和谐统一，是否有艺术美感，是否有创新和发展。

随着人工智能技术和应用的发展，可视化技术也被更深入地和智能技术结合。它能够帮助人们更好地设计和理解智能计算模型和算法。更重要的是，在人工智能应用中，人需要通过可视化技术来实现更好的交互理解和控制。例如，在智能驾驶和智能制造中，人们需要通过良好的可视界面了解动态变化的环境和智能算法的进程。这意味着可视化技术成为人工智能领域不可或缺的重要组成部分。

1.5 数据可视化分类

数据可视化的处理对象是数据。依照所处理的数据对象，数据可视化包含科学可视化与信息可视化两个分支。广义上，科学可视化面向科学和工程领域数据，如含空间坐标和几何信息的三维空间测量数据、计算模拟数据和医学影像数据等，重点探索如何以几何、拓扑和形状特征来呈现数据中蕴含的规律。信息可视化的处理对象则是非结构化、非几何的抽象数据，如金融交易、社交网络和文本数据，其核心挑战是针对大尺度高维复杂数据如何减少视觉混淆对有用信息的干扰。由于数据分析的重要性，将可视化与分析结合，便形成了一个新的学科——可视分析学。

1.5.1 科学可视化

科学可视化是可视化领域发展最早、最成熟的一个学科[23]。其应用领域包括物理、化学、气象气候、航空航天、医学、生物学等各个学科，涉及对这些学科中数据和模型的解释、操作与处理，旨在寻找其中的模式、特点、关系以及异常情况[11]。

科学可视化的基础理论与方法已经相对成型。早期关注点主要在于三维真实世界的物理化学现象，其数据通常定义在二维或三维空间，或包含时间维度[24]。按数据的类别，科学可视化可大致分为以下三类。

（1）标量场可视化

标量指单个数值，标量场每个数据点记录的为一个标量值。标量值的来源分为两类。第一类从扫描或测量设备获得，如医学断层扫描设备获取的CT、MRI三维影像；第二类从计算机或机器仿真中获得，如核聚变模拟中产生的壁内温度分布。

标量场可以看成显式数据分布的隐函数表示，即 $f(x, y, z)$ 代表了在点 (x, y, z) 处的标量值。可视化数据场 $f(x, y, z)$ 的标准做法有3种。第一种方法将数值直接映射为颜色或透明度，如用颜色表达地球表面的温度分布；第二种方法根据需要提取满足 $f(x, y, z)=c$ 的点集，将之连接为线（二维情形）或面（三维情形），称为等值线或等值面方法，如地图里的等高线。标准的算法有移动四边形或立方体法。第三种方法将三维标量数据场看成能产生、传输和吸收光的媒介，光源透过数据场后形成半透明影像，称为直接体绘制方法。这种方法以透明层叠的方式显示内部结构，为观察三维数据场提供了一种交互式的浏览工具[6]。

（2）向量场可视化

向量场每个采样点记录的为一个向量（一维数组）。向量代表某个方向、趋势，例如，实际测得的该处的风向、旋涡，数据仿真计算得出的该点的速度和力等。向量场可视化的主要关注点是其中蕴含的流体模式和关键特征区域。实际应用中，二维或三维流场（flow field）是最常见的向量场，流场可视化是向量场可视化中最重要的组成部分。

MOOC微视频：
洋流（向量场）
可视化

除了通过拓扑或几何方法计算向量场的特征点、特征线或特征区域外，向量场直接可视化的方法有三类。第一类方法称为粒子对流法，模拟粒子在向量场中以某种方式流动，通过获得的几何轨迹反映向量场的流体模式。这类方法包括流线、流面、流体、路径线和迹线等。第二类方法将向量场转换为一帧或多帧纹理图像，提供直观的影像展示。标准算法有随机噪声纹理法、线积分卷积法等。第三类方法采用简化易懂的图标编码标识向量信息，可提供详细信息的查询与计算。标准图标有线条、箭头和方向标志符等。

（3）张量场可视化

张量是矢量的推广，标量可看作0阶张量，矢量可看作1阶张量。张量场可视化方法可分为基于纹理、几何、拓扑三类。基于纹理的方法将张量场转换为一张或动态演化的图像（纹理），图释张量场的全局属性。其思路是将张量场简化为向量场，进而采用线积分法、噪音纹理法等方法显示。基于几何的方法显式地生成刻画某类张量场属性的几何表达。其中，图标法将张量单个地表达为某种几何表达（如椭球和超二次曲面）。超流线法将张量转换为向量（如二阶对称张量的主特征方向），再沿主特征方向进行积分，形成流线、流面或流体。基于拓扑的方法计算张量场的拓扑特征（如关键点、奇点、灭点、分叉点和退化线等），依此将感兴趣区域剖分为具有相同属性的子区域，并建立对应的图结构，实现拓扑简化、拓扑跟踪和拓扑显示。基于拓扑的方法可有效生成多变量场的定性结构，快速构造全局流场结构，特别适合于数值模拟或实验模拟生成的大尺度数据。

以上分类不能概括科学数据的全部内容。随着数据的复杂性提高，一些描述性、文本、影像、信号的数据也是科学可视化的处理对象，且其呈现空间变化多样。

1.5.2 信息可视化

信息可视化处理的对象是抽象的、非结构化的数据集合（如文本、图表、层次结构、地图、软件、复杂系统等）。当前流行的办公和数据处理软件通常都支持传统的图表设计和绘制，如饼图、条形图，是信息可视化最简单和直接的实现，也是大家都熟悉的可视化结果。作为一个学科，与科学可视化相比，信息可视化更关注于抽象、高维的数据。传统的信息可视化起源于统计图形学，与信息图形、视觉设计等现代技术相关。其表现形式通常在二维空间，因此关键问题是在有限的展示空间中以直观的方式传达抽象信息。在数据爆炸时代，信息可视化面临巨大的挑战：在海量、动态变化的信息空间中辅助人类理解、挖掘信息，从中检测预期的特征，并发现未预期的知识[12][19]。信息可视化的技术通常针对不同类别的数据进行设计和实现，大致包括以下几类。

● 数值数据：具有数值变量的数据，如统计数据、金融数据、人口数据、环境数据等。

● 类别数据：具有类别变量的数据，如动植物种属、特征类型、分类等。

● 序列数据：具有内在顺序的数据，如各种排名数据。

● 结构数据：通过不同数据结构组织的数据，如图、网、树等数据类型。

● 空间数据：具有空间位置变量的数据，如房地产数据、全球定位数据等。

● 时间数据：具有时间变量的数据，如经济发展指标、销售数据、股票数据等。

显然，这些类别不是单独存在的，现实应用中的信息是它们的不同组合。可视化技术需要针对不同变量和不同应用要求来显示这些变量的变化和内在的模式。

1.5.3 可视分析学

可视分析学被定义为一门以可视交互界面为基础的分析推理科学[13]。它综合了图形学、数据挖掘和人机交互等技术，如图1.10（a）

所示，以可视交互界面为通道，将人的感知和认知能力以可视的方式融入数据处理过程，形成人脑智能和机器智能优势互补和相互提升，建立螺旋式信息交流与知识提炼途径，完成有效的分析推理和决策。

新时期科学发展和工程实践的历史表明，智能数据分析所产生的知识与人类掌握的知识之间的差异正是导致新知识被发现的根源，而表达、分析与检验这些差异需要人脑智能的参与。另一方面，当前的数据分析方法大都基于先验模型，用于检测已知的模式和规律，对复杂、异构、大尺度数据的自动处理经常会失效，例如：数据中蕴含的模式未知；搜索空间过大；特征模式过于模糊；参数很难设置等。而人的视觉识别能力和智能恰好可以辅助解决这些问题。另外，自动数据分析的结果通常带有噪声，必须人工干预。为了有效结合人脑智能与机器智能，一个必经途径是以视觉感知为通道，通过可视交互界面，形成人脑和机器智能的双向转换，将人的智能特别是"只可意会，不能言传"的人类知识和个性化经验可视地融入整个数据分析和推理决策过程中，使得数据的复杂度逐步降低到人脑和机器智能可处理的范围。这个过程，逐渐形成了可视分析这一交叉信息处理新思路。

可视分析学可看成将可视化、人的因素和数据分析集成在内的一种新思路。图1.10（b）诠释了可视分析学包含的研究内容。其中，感知与认知科学研究人在可视化分析学中的重要作用；数据管理和知识表达是可视分析构建数据到知识转换的基础理论；地理分析、信息分析、科学分析、统计分析、知识发现等是可视分析学的核心分析论方法；在整个可视分析过程中，人机交互必不可少，用于驾驭模型构建、分析推理和

图1.10 可视分析学

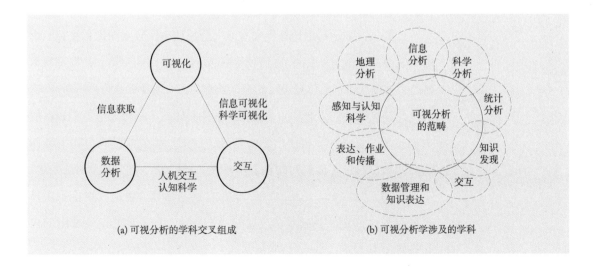

(a) 可视分析的学科交叉组成　　　　　　　(b) 可视分析学涉及的学科

信息呈现等整个过程；可视分析流程中推导出的结论与知识最终需要向用户传播和应用。

可视分析学是一门综合性学科，与多个领域相关：在可视化方面，有信息可视化、科学可视化与计算机图形学；与数据分析相关的领域包括信息获取、数据处理和数据挖掘；而在交互方面，则由人机交互、认知科学和感知等学科融合[18]。可视分析的基础理论和方法仍然是正在形成、需要深入探讨的前沿科学问题，其实际应用仍在迅速发展。

1.6　可视化与其他方向的关系

数据可视化既与信息图、信息可视化、科学可视化以及统计图形密切相关。大数据和人工智能在研究、教学和工业界等方兴未艾，数据可视化是一个活跃且关键的方面，也是数据科学和人工智能应用必不可少的环节。下面简单总结可视化与其他学科方向的关联与关系。

1.6.1　图形学与人机交互

计算机图形学是一门通过软件生成二维、三维或四维动态影像的学科。通俗地说，计算机图形学关注数据的空间建模、外观表达与动态呈现，它为可视化提供数据的可视编码和图形呈现的基础理论与方法。数据可视化则与具体应用和不同领域的数据密切相关。由于可视分析学的独特属性以及与数据分析之间的紧密结合，数据可视化的研究内容和方法形成一门新的学科。

计算机视觉是利用计算机来获取、分析和理解数字图像和视频的学科。它模拟人眼对外部世界的目标进行识别、跟踪和测量。数据可视化则是对抽象或不可见信息进行处理，从而利用人类视觉系统进行理解。

计算机动画是图形学的子学科，是视频游戏、动漫、电影特效中的关键技术。它以计算机图形学为基础，在图形生成的基本范畴下延伸出时间轴，通过在连贯时间轴上呈现相关的图像，表达某类动态变化，主要包括二维动画、三维动画、非真实感动画等。数据可视化采用计算机动画这种表现手法展现数据的动态变化，或发掘时空数据中的内在规律。

计算机仿真指采用计算设备模拟特定系统的模型。这些系统包括：物理学、计算物理学、化学以及生物学领域的天然系统；经济学、心理学以及社会科学领域的人类系统。它是数学建模理论的计算机实践，能模拟现实世界难以实现的科学实验、工程设计与规划、社会经济预测等运行情况或者行为表现，允许反复试错，节约成本并提高效率。随着计算硬件和算法的发展，计算机仿真所能模拟的规模和复杂性已经远远超出了传统数学建模所能企及的高度。因而，大规模计算机仿真被认为是继科学实验与理论推导之后，科学探索和工程实践的第三推动力。计算机仿真获得的数据，是数据可视化的处理对象之一。而将仿真数据以可视化形式表达，是计算机仿真的核心方法。

人机交互指人与机器之间使用某种语言，以一定的交互方式，为完成确定任务的信息交换过程。人机交互是信息时代数据获取与利用的必要途径，是人与机器之间的信息通道。作为一门综合学科，人机交互与计算机科学、人工智能、心理学、社会学、图形、工业设计等广泛相关。数据可视化中，通过人机界面接口实现用户对数据的理解和操纵。此外，数据可视化的质量和效率需要最终的用户评判。

1.6.2 数据库与数据仓库

数据库是按照数据结构来组织、存储和管理数据的仓库，它高效地实现数据的录入、查询、统计等功能。尽管现代数据库已经从最简单的存储数据表格发展到存储海量、异构数据的大型数据库系统，它的基本功能中仍不包括复杂数据的关系和规则的分析。数据可视化通过数据的有效呈现，有助于复杂关系和规则的理解。

面向海量信息的需要，数据库的一种新的应用是数据仓库。数据仓库是面向主题的、集成的、相对稳定的、随时间不断变化的数据集合，用以支持决策制订过程。在数据进入数据仓库之前，必须经过数据加工和集成。数据仓库的一个重要特性是稳定性，即数据仓库反映的是历史数据。与之对比的是，数据可视化需要处理实时获取的数据流。

数据库和数据仓库是大数据时代数据可视化方法中必须包含的两个环节。为了满足复杂大数据的可视化需求，必须考虑新型的数据组织管理和数据仓库技术。

1.6.3　数据分析与数据挖掘

数据分析是统计分析的扩展，指用数理统计、数值计算、信息处理等方法分析数据，采用已知的模型分析数据，计算与数据匹配的模型参数。常规的数据分析包含三步。第一步，探索性数据分析。通过数据拟合、特征计算和作图造表等手段探索规律性的可能形式，确定相适应的数据模型和数值解法。第二步，模型选定分析。在探索性分析的基础上计算若干类模型，通过进一步分析挑选模型。第三步，推断分析。使用数理统计等方法推断和评估选定模型的可靠性和精确度。

不同的数据分析任务各不相同。例如，关系图分析的十个任务是：值检索，过滤，衍生值计算，极值的获取，排序，范围确定，异常检测，分布描述，聚类，相关性。

数据挖掘指从数据中计算适合的数据模型，分析和挖掘大量数据背后的知识。它的目标是从大量的、不完全的、有噪声的、模糊的、随机的数据中，提取隐含在其中的、未知的、潜在有用的信息和知识。数据挖掘可发现多种类型的知识：有关同类事物共同性质的广义型知识；有关事物各方面特征的特征型知识；有关不同事物之间属性差别的差异型知识；有关事物和其他事物之间依赖或关联的关联型知识；根据历史和当前数据推测未来数据的预测型知识；揭示事物偏离常规出现异常现象的偏离型知识。

数据可视化、数据分析与数据挖掘的目标都是从数据中获取信息与知识，但手段不同。两者已成为科学探索、工程实践与社会生活中不可缺少的数据处理和发布的手段。数据可视化将数据呈现为用户易于感知的图形符号，让用户通过交互的方式理解数据。而数据分析与数据挖掘通过计算机自动或半自动地获取数据隐藏的知识，并将获取的知识直接给予用户。

数据挖掘领域注意到了可视化的重要性，提出了可视数据挖掘的方法。其核心是将原始数据和数据挖掘的结果用可视化方法予以呈现。这种方法融合了数据可视化的思想，但仍然是利用机器智能挖掘数据，与数据可视化基于视觉化思考的基本概念不同。

值得注意的是，数据挖掘与数据可视化是处理和分析数据的两种思路。数据可视化更擅于探索性数据的分析，例如：用户不知道数据中包含什么样的信息和知识；对数据模型没有一个预先的探索假设；探寻数据中到底存在何种有意义的信息。

1.6.4　视觉设计

面向广义数据的视觉设计，是信息设计中的一个分支。其可抽象为某种概念性形式的信息，如属性、变量。这又包含了两个主要方向：统计图形学和信息图。它们都与量化和类别数据的视觉表达有关，但其表达目标不同。

统计图形学应用于任意统计数据相关的领域，大部分方法如盒须图、散点图、热点图等方法是信息可视化的最基本方法。信息图限制于二维空间上的视觉设计，偏重于艺术的表达。两者之间有很多相似之处，共同目标是面向探索与发现的视觉表达。特别地，基于数据生成的信息图和统计图形学在现实应用中非常接近，且有时能互相替换。但两者的概念是不同的：统计图形学指用程序生成的图形图像，这个程序可以被应用到不同的数据；信息图指为某一数据定制的图形图像，它是具体化的、自解释性的和独立的，而且往往是设计者手工定制，只能应用于特定数据。由此可见，可视化强大的普适性能够使用户快速应用某种可视化技术处理不同数据，但如何选择适合数据的可视化技术却依赖于用户的知识和经验。

将视觉设计与社会媒体和营销结合，则产生一个新的学科方向：视觉传播。它通过信息的可视化展现、沟通与传播创意与理念，在网页设计和图形向导的可用性方面作用明显。它与艺术和设计关联度高，通常以二维图表形式存在，包括：字符艺术、符号、电子资源等。

考虑到非空间的抽象数据，数据可视化的可视表达与传统的视觉设计类似。然而，数据可视化的应用对象和处理范围远远超过统计图形学、视觉艺术与信息设计等学科方向。其主要目的是利用视觉智能来帮助人们分析理解数据，需要和数据计算技术以及人机交互技术结合来完成任务。

1.6.5　面向领域的可视化方法与技术

数据可视化是对各类数据的可视化理论与方法的统称。在可视化历史上，与领域专家的深度结合诞生了面向领域的可视化方法与技术。

生命科学可视化指面向生物科学、生物信息学、基础医学、转化医学、临床医学等一系列生命科学探索与实践中产生的数据的可视化方法。本质上属于科学可视化。

地理信息可视化是数据可视化与地理信息系统学科的交叉方向。它的研究主体是地理信息数据。地理信息可视化的起源是二维地图制作。在现代，地理信息数据扩充到三维空间、动态变化，甚至还包括在地理环境中采集的各种感知数据（如天气、空气污染、出租车位置信息等）。

商业智能可视化又称为可视商业智能，是在商业智能理论与方法发展过程中与数据可视化融合的概念和方法。商业智能的目标是将商业和企业运营中收集的数据转化为知识，辅助决策者做出明智的业务经营决策。数据包括来自业务系统的订单、库存、交易账目、客户和供应商等，以及其他外部环境中的各种数据。从技术层面上看，商业智能是数据仓库、联机分析处理工具和数据挖掘等技术的综合运用，其目的是使各级决策者获得知识或洞察力。

1.7　可视化和人工智能

人工智能悄然改变着人们的日常生活，如无人便利店、智能监控、无人驾驶和自动泊位系统等应用。人工智能已经成为各高校、研究机构、企业的研究热点，许多研究型大学建立了单独的人工智能研究院系，苹果、脸书、谷歌、微软、阿里巴巴、百度等科技公司也将其视为未来发展的关键技术，在人工智能研究和应用上投入了巨资。

新一代人工智能的发展需要三个条件支持[25]。第一，人工智能需要大量的数据资源以支持复杂模型训练。如AlphaGo的智能来源于每天自我对弈100万盘棋局，并从中学习优化对弈模型。当前移动互联、社交网络、物联网等技术的应用为人工智能的发展大大拓展了数据来源，近十年内产生的数据量多于之前人类产生的总数据量，据预测，到2020年，全球数据总量将在2010年初的基础上增长50倍的规模。第二，人工智能需要强大的计算能力对大数据进行分析，如中国的天网工程利用超级计算能力可在几秒内通过分析比对海量数据确定嫌疑人的行进路线。得益于云计算、GPU并行计算和NPU等技术的发展，当前的计算机计算能力逐渐胜任人工智能应用中大规模计算的要求。第三，人工智能算法的突破。一方面源于机器学习、数据挖掘等领域出现的新技术、新算法，另一方面在于数据量的增加和计算能力的突破使得一些传统技术获得了新生，特别是人工神经网络成功地应用于大型数据集，催生了深度学习技术，解决了许多传统的人工智能问题。由此可见，数据是人工智能的基础，提供了人工智能发展的养料，数据处理方法是人工智能的核心，提供了实现人工智能的工具。数据已经成为未来科技发展的一个关键因素。

人工智能是用人工方法使机器能如人类那样感知和认识世界，并进行思考、决策和行为。人工智能分为运算智能、感知智能和认知智能三个层次。运算智能是快速处理数据和存储记忆的能力，是感知和认知的基础，计算机的运算智能早已超越人类。感知智能模拟人的视觉、听觉及其他感知能力，体现为对语音、图像、文字等信息的识别能力。深度学习方法的突破和重大进展使得机器的感知智能逐步接近人类。据预测，未来五年计算机的语音识别能力将达到人类水平，计算机的人脸识别能力目前已强于人类，对其他物体的识别和理解能力在未来十年也将达到人类水平。认知智能是对人类深思熟虑行为的模拟和拓展，以理解、推理和决策为代表，强调会思考、能决策。因其技术综合性强，更接近人类智能，认知智能研究难度较大，长期以来一直进展缓慢。目前深度学习方法虽然对认知智能提供了一些帮助，但它是一个黑盒模型，人们并不知道黑盒里面的因果关系以及输出和输入间的关联关系，因而缺乏人类的因果关系表达和逻辑推理能力，它的认知智能还远未达到人类水平。

当前人类社会正逐步进入智能时代，催生了大量的人工智能应用和需求。这些需求对机器的认知智能提出了前所未有的要求，人工智能已迈入从感知智能到认知智能的变迁阶段，认知智能将是未来一段时间内人工智能发展的重点，机器认知智能的发展过程本质上是人类脑力不断解放的过程。针对人工智能发展特别是认知智能发展的技术需求，人工智能研究形成了以下的热点和关键技术。

（1）大数据驱动的知识学习。在知识工程中，知识的构建从早期的依赖专家手工编制（如WordNet和CYC）转向基于Wikipedia和开放文档等数据源自动构建，建立以知识图谱为代表的大规模知识库。

（2）从处理类型单一的数据到跨媒体认知、学习和推理。随着科技发展和人类文明的进步，信息传播从文字、图像、音频、视频等单一媒体形态逐步过渡到相互融合的多种媒体形态，显现出跨媒体特性，因而跨媒体分析与推理成为人工智能研究和应用中的重要问题。

（3）从"机器智能"迈向人机混合的增强智能。人工智能（或机器智能）和人类智能各有所长，因此需要取长补短，结合机器的大数据处理分析能力和人类智能的智慧，相互协同工作，实现人类智能系统与机器智能系统的紧密耦合，才能形成更强的智慧和能力。"人+机器"组合将是人工智能研究的主流方向，"人机共存"将是人类社会的新常态。

（4）从聚焦研究"个体智能"到基于互联网的群体智能研究，实现人、机、网、物的融合，形成智能城市等复杂智能系统。群体智能提供了一种通过聚集群体的智慧解决问题的新模式，是对大众智能的反复交互、提升、抽象和利用。在互联网环境下大规模个体为了特定目标基于在线协作信息系统进行在线协作、问题求解，以群体的智慧完成特定任务。

（5）从机器人到自主无人系统的跨越。依靠主动获取的环境信息、视觉信息、声光信息等数据进行智能分析与判断，实现无人系统的智能运行，推动无人驾驶汽车、无人飞行器、医疗机器人等应用的发展。

（6）神经大数据逆向仿真及计算模型建立。现有深度学习算法基于初级视皮层工作原理，尚无法胜任认知智能任务，需要从神经大数据出发，借鉴生物神经机制来实现更强感知/认知功能，开发全新类脑智能模型和算法，通过交互式学习实现模仿人类的认知。

如何实现机器的认知能力，让机器具备理解、推理和决策能力？如何实现上述的关键研究技术？可视化技术和结合可视化的一系列智能技术，在认知智能的实现中起到非常关键的作用。一方面，可视化利用不同的可视通道（颜色、形状、尺寸等）来帮助用户感知和认知数据中的潜在模式。另一方面，可视化中的交互技术，可根据用户的需求提供数据的多种视角来帮助用户理解数据中的关联关系和因果关系。其次，可视分析技术结合了数据挖掘技术与人的逻辑推理技能和领域知识，将人的认知模型嵌入智能系统，形成了一个迭代式的知识产生模型，提高了机器的理解、推理和决策等能力。

本书将介绍上述热点技术所涉及的一些数据类型的可视化方法，图1.11展示了不同的人工智能任务所涉及的主要数据类型（人工智能的各项技术均可能综合应用多种数据类型，因而不限于所联结的数据）。在大数据驱动的知识学习中，知识图谱作为大数据时代的重要知识表示方式之一，成为知识构建的关键技术，知识图谱本质上是一种大规模语义网络，本书第8章的"层次和网络数据可视化"将介绍网络数据的可视化方法。在跨媒体数据研究中，文本、日志、视频、社交网络等数据成为机器推理和分析的重要数据来源，本书第9章将介绍"跨媒体数据可视化"方法。在群体智能研究领域，常通过分析日志、文本数据来刻画个体行为，并以图网络形式建立各个体之间的协同关系。在自主无人系统研究中，自动驾驶汽车和无人机是其中的重点研究方向，其中的一项关键技术是地理信息的获取和分析，本书第6章将介绍"地理空间数据可视化"方法。脑电波、脑组织等时空数据是神经大数据和类脑智能研究中重要研究对象，本书第5章将介绍"时空数据可视化"方法。随着大数据获取手段的多样化和应用的复杂化，人工智能面对的对象大多是包含了多个数据属性的高维且非结构化数据，本书第7章将介绍"高维非空间数据可视化"方法。

可视化和人工智能可以说是一个硬币的两个方面。两者都从数据开始，以知识、决策，或灵感为目的。不同的是，人工智能以模仿、代替人类的部分计算和思维过程为目的，追求分析和决策过程的完全自动化；而可视化以人为核心要素，追求的目标是增强人的认知和决策能力。目的不同导致主要研究方向和评判方法都有区别。可视化研究中的感知、视觉、用户使用研究等都和人的感知相关，其评判方法也常常通过用户使用后定性和定量评估。机器视觉主要研究算法，并使用有确定答案的训练和评判数据。

人工智能和可视化在概念上的区别类似计算机领域里虚拟现实和增强现实两个显示技术的区别。虚拟现实追求对用户视觉完全控制，不论数据还是现实场景，都以虚拟显示的方式呈现给用户。而增强现实在肯定用户对现实世界感知能力的基础上，通过对部分数据的虚拟显示以及与现实场景的位置匹配，达到增强用户视觉感知的目的。两种显示方式

图1.11 不同的人工智能方法和数据类型

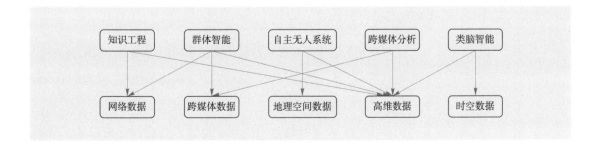

各自有适合的应用场景，不过从近年来的发展趋势看，虚拟现实由于设备体积、分辨率和价格的限制，难以应用到广泛的领域中去。而增强现实通过借助人自身强大的视觉能力和对现实世界的丰富经验，达到了事半功倍的效果，也得到了更广泛的应用和更多工业界的关注。

有趣的是，人工智能和虚拟现实都有着相对可视化和增强现实更悠久的历史。科学工作者们一开始总是希望一个问题有一个简单明了的解决方案，而事实证明很多问题十分复杂，难以依靠计算机完全模拟和解决。例如，寻找治愈癌症的方法是很多生物学家长期奋斗的目标，目前尚没有找到普适的根治方案，为此，人们大量使用计算工具，而可视化正是一种可以提高医疗和诊治效率的有效工具。另外一些场合中，在方案实施之前需要人进行细化和扩充，或检查其效果并验证其正确性。这时，可视化可以作为监控与调试的一个临时性工具，而不是长期使用的必需工具。

概念上的不同并不妨碍可视化和人工智能的共生和相互促进。事实上，近年来两者的研究有了越来越多的交集，一些机器智能工作者会在可视化期刊上发表文章，反之亦然。随着可视化和人工智能研究不断地交叉和交互，两者开始在更深入的层次上协作。可视化模块中的数据处理和变换模块经常性地用到人工智能方法，创造和发展更有效的数据变换和处理模式，和可视化映射模块配合，为用户提供更快捷的交互和更有用的信息。

1.7.1　人工智能对可视化的作用

人工智能对可视化的作用体现在两方面：对数据的前期处理、分析、学习以及对可视化映射方式的选择。

由于可视化的面向对象是用户，可视化的输入数据需要较强的可读性、逻辑性和尽可能少的错误信息。而原始数据往往有大量、无序、重点不突出、包含错误等缺点。在从数据到知识的处理链条上，人工智能可以为数据的预处理、数据变换、数据投影等多个步骤提供准确高效的方法，并且可以通过学习人工处理数据的结果得到方法并应用到其他数据中。

在可视化映射中，对复杂特征的定位和映射方式也比较复杂，人工操作费时费力。人工智能可以通过学习人工操作的结果，优化可视化映射方式，并应用到新的数据中。

另一方面，人工智能也可以用于解读可视化图片的结果。例如，

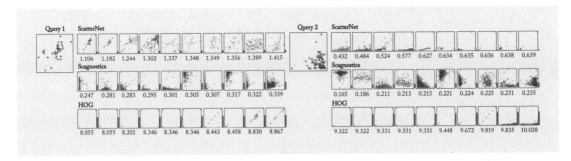

图1.12 经过训练获得的深度神经网络ScatterNet

基于手工标注样本训练出可理解散点图可视化结果的深度神经网络 ScatterNet[9]，可获得比传统的散点图算子效率更高的散点图检索的效果，如图1.12所示。

1.7.2　可视化对人工智能的作用

人工智能作为一个数据处理和转换的工具，其复杂度也在不断增加。这种情况下用户往往不能透彻了解方法本身的工作原理，从而不能有效地调整参数和解读结果。而可视化为用户理解人工智能方法的原理起到了推动作用。近年来，人工智能和可视化领域均有学者研究基于可视化的可解释人工智能方法，通过交互的、易理解的可视化界面，展现复杂的人工智能算法（如深度神经网络）的原理、运行过程、结果和参数对结果的影响等[21]。

可视化也被直接应用到人工智能方法的使用中。多个人工智能工具库有使用可视方法搭建学习网络、数据流和结果显示等模块的功能。例如，Orange 是基于图形界面和用户交互阐述机器学习的工具，如图1.13所示。

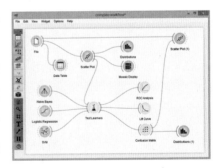

图1.13 Orange工具用可视方式让用户轻松地使用和实验各种人工智能方法

1.7.3　人机融合智能

可视化在支持人的宏观概览、态势感知、证据关联、模糊搜索等方面展示了其天然强大的能力。在大数据的应用背景下，可视化如何增强人的认知，以及如何更好地通过可视化融合人机智能等科学问题，涵盖了认知科学、信息科学、神经科学、数学、统计学等多个学科方向。

2010年后，Science期刊上连续发表文章，借助可视化手段将人机智能有机结合，形成交互分析环境可有效提升数据关联分析的效率。

从认知的角度看，可视化的本质是通过将数据或信息转换为**可视表达**，以人眼的感知能力来增强人的认知能力。其中，可视表达由十余种视觉通道组合而成，编码了数据中重要的部分。将各种复杂的数据或信息转为可视表达，是可视化的核心问题。反观基于计算智能完成信息理解的机器学习理论与方法，其各类方法（如有监督学习、半监督学习、增强学习）的核心问题之一都可总结为：从输入的人类智能和训练样本中，学习出有效的**特征表达**，在特征表达上由机器自动完成给定任务。由此不难发现，可视化的核心模型——可视表达，和机器学习的核心模型——特征表达，存在以下差异。

● 可视表达的生成既有客观的原则和标准，也有体验、经验和直觉等主观成分。机器学习算法通常采用预设的模型和标准，因而特征表达的学习过程，通常更为刚性和客观。

● 可视表达存在无限的变种：在用户交互地操纵可视表达时，可视表达被用户频繁地动态修改，例如选择或拖动视觉元素、重排序、查询、检索、改变视觉映射等操作。机器学习在训练时获得的特征表达，是从样本中获得的所有特征描述的集合。将特征表达应用于新的样本时，特征表达的选取与组合由算法自动完成。

● 良好的可视表达及其交互操纵需尽可能减轻人的感知和认知负担，引导用户高效地完成任务。但可视表达的优化和选取，很大程度上取决于使用者的经验和习惯。而机器学习的特征表达完全交由机器存储和处理，较少需要考虑人为的因素。

从数据分析的角度来看：可视化的本质是构建可视表达，在可视表达基础上由人完成给定任务。面向分析的可视化的精髓是人机交互，这意味着可视化驱动的分析是双向的：人可以交互地改变可视表达。更进一步地，在可视表达和输入数据之间，可增加与两者均关联的特征表达，并允许用户通过可视化界面改变可视表达并进而改变特征表达，或通过机器学习方法改变特征表达进而改变可视表达。这就是近10年来被深入研究的可视分析理论与方法。

下面以网络的可视化为例说明可视分析中的可视表达与特征表达的作用。在获得原始网络数据后，通常要对网络数据计算网络特征、统计属性等操作，也可以采用谱分析等计算图的频谱特征。这些计算均可被看作是特征表达。结点–链接表达和矩阵表达，则是标准的两类可视表达。用户可以在结点–链接表达或矩阵表达上直接交互，实施分析任务：删除或合并结点；移动结点；浏览结点属性；重新排列矩阵等。其中，部分操作，如删除或合并结点，将导致特征表达的重新计算。同时，用户也可以利用特征表达以影响可视表达。例如，基于图的直方图统计，过滤结点–链接表达中展示的结点集和边集。

上述例子表明，在交互的可视化过程，特征表达和可视表达有融合共生的可能性。以常用的高维数据的低维嵌入为例。机器学习领域广为人知的 MDS、SOM、LLP、LLE、IsoMap 等方法，均采用保留局部或全局特征/测度的思路，将高维数据投影到可感知的二维或三维空间，生成新的**特征表达**，以便用户理解数据在高维空间的结构。无独有偶，2008 年深度学习奠基人 Hinton 教授发表的 t-sne 算法及其后面一系列算法，另辟蹊径，以清晰呈现局部数据聚类为优化目标，提出了一类可视化效果更好的投影策略（生成可保留局部聚类信息的**可视表达**）。这两类方法的技术范式基本相同，都包含三个步骤：定义测度和邻域；投影到二维；可视化呈现。其中，前两个步骤可通俗理解为对原始数据集实施某种变换，获得某种新的表达（可视表达或特征表达）。

如果将机器学习的特征表达和可视化的可视表达都看成对数据的变换表达，可从另一个角度看待机器学习和可视化的关系：两者都是在计算符合某种规则的表达；机器学习寻求从数据到任务完成的直接可用的**抽象的**特征表达；可视化寻求从数据到符合人的感知的**具象的**可视表达。这种思考进而引起下面两类问题。

● 如何利用可视化的形象表达能力，增强机器学习的可读性和可用性，进而提高效率？

● 如何利用已有的机器学习抽象的特征表达能力，增强可视化的效率？

自 2016 年以来，人们开始深入研究第一类问题，即基于可视化方法和可视界面，实现可解释的机器学习和人工智能。其后，第二类问题也引起研究者们的关注。相信，这种融合，是人机融合智能的关键要素，以可视化为代表的形象思维方法和以机器学习为代表的计算思维方法的融合，也是未来必然的趋势。

习题一

1. 说明人类视觉智能的重要性并举出几个在现实生活中的应用实例。

2. 可视化的简明定义是"通过数据的可视表达来利用人类的视觉智能，从而增强人们对数据的分析理解能力和效率"，各用一个具体的例子说明需要和不需要可视化辅助解决的任务或问题。

3. 可视化的目标或作用在可视化历史中是如何发展变化的?

4. 各用一个具体的例子说明什么是科学可视化、信息可视化和可视分析。

5. 地理信息可视化是面向领域的可视化中的一种，举出地理信息可视化的实例。

6. 描述数据可视化与信息图在生成方法和目标上的差异。

7. 各用一个具体的例子说明数据可视化的三类通用目标：生成假设，验证假设和视觉呈现。

8. 用可视化软件或工具（如 Tableau、Excel、Weka、Weave）可视化表 1.1 中四个数据集。并用脚本语言或编程语言，计算四组数据集的最小二乘法回归线方程。

9. 思考并试着举出下列人工智能系统中可视化技术可以被有效使用的实际例子：（1）人脸识别；（2）智能汽车；（3）智能物流。

参考文献

[1] ANSCOMBE F J. Graphs in Statistical Analysis [J] . American Statistician，1973，27:17-21.

[2] CARD S K, MACKINLAY J D, SHNEIDERMAN B. Readings in information visualization: using vision to think [M] . San Francisco: Morgan Kaufmann Publishers Inc, 1999.

[3] CHI E H. A Taxonomy of Visualization Techniques using the Data State Reference Model [C] //Proceedings of IEEE Symposium on Information Visualization 2000. Washington: IEEE Computer Society Press，2000:69-75.

[4] CLEVELAND W S. The Elements of Graphing Data [M]. New Jersey: Hobart Press，1994.

[5] EVERTS M H, BEKKER H, ROERDINK J, ISENBERG T. Depth-Dependent Halos: Illustrative Rendering of Dense Line Data [J] . IEEE Transactions on Visualization and Computer Graphics, 2009, 15（6）：1299-1306.

[6] HANSEN C, JOHNSON C. The Visualization Handbook [M] . Waltham Massachusetts: Academic Press，2004.

[7] DEMŠAR, JANEZ, TOMAŽ C, et al. Orange: data

mining toolbox in Python [J] .The Journal of Machine Learning Research，2013, 14（1）: 2349-2353.

[8] LIU T, Upadhyayula S, Milkie D E, et al. Observing the Cell in Its Native State: Imaging Subcellular Dynamics in Multicellular Organisms [J] . Science, 2018.

[9] MA Y X, ANTHONY K H T, WANG Wei, et al. ScatterNet: A Deep Subjective Similarity Model for Visual Analysis of Scatterplots [J] . IEEE Transactions on Visualization and Computer Graphics, 2019, 25（2）.

[10] TAMARA M. Visualization Analysis and Design [J], AK Peters Visualization Series, 2014.

[11] SCHROEDER W, MARTIN K, LORENSEN B. The Visualization Toolkit, Third Edition [M] . New York: Kitware Inc, 2004.

[12] SPENCE R. Information Visualization: Design for Interaction [M] . New Jersey: Prentice Hall, 2007.

[13] THOMAS J, COOK K A. Illuminating the path: the research and development agenda for visual analytics [M] . Washington: National Visualization and Analytics Center, 2005.

[14] SØRENSEN J J , PEDERSEN M K, MUNCH M, et al. Exploring the quantum speed limit with computer games [J] . Nature, 2016, 532（7598）, 210-213.

[15] TUFTE E. The Visual Display of Quantitative Information [M] . Nuneaton Warwickshire: Graphics Press，1992.

[16] TUFTE E. Visual Explanations: Images and Quantities, Evidence and Narrative [M] . Nuneaton Warwickshire: Graphics Press, 1997.

[17] TUFTE E. Beautiful Evidence [M] . Nuneaton Warwickshire: Graphics Press, 2006.

[18] WARD M, GRINSTEIN G, KEIM D. Interactive Data Visualization: Foundations, Techniques and Applications [M] . Natick Massachusetts: A K Peters Ltd, 2010.

[19] WARE C. Information Visualization: Perception for design [M] . Burlington Massachusetts: Morgan Kaufmann Publishers, 2000.

[20] WILKINSON L. The Grammar of Graphics [M] . New York: Springer Press，2005.

[21] WONGSUPHASAWAT, KANIT, et al. Visualizing dataflow graphs of deep learning models in TensorFlow [J] . IEEE transactions on visualization and computer graphics , 2018, 24（1）: 1-12.

[22] ZHANG J J, DONALD A N. A representational analysis of numeration systems [J] . Cognition, 1995, 57（3）, 271-295.

［23］石教英，蔡文立 . 科学计算可视化算法与系统［M］. 北京：
科学出版社，1996.

［24］唐泽圣 . 三维数据场可视化［M］. 北京：清华大学出版社，
1999.

［25］国务院 . 中国新一代人工智能规划 .2017.

［26］陈为，沈则潜，陶煜波 . 数据可视化［M］.2 版 . 北京：电子
工业出版社，2018.

第2章 视觉感知与视觉通道

2

2.1 视觉系统

人类的神经系统包括一个复杂而完整的视觉系统,它给了人类处理一切可视信息的物质基础。视觉系统感知、接受和处理可见光信息,从而形成人们对外部世界的认知。人眼构成了视觉系统的前端,主要负责光信息的转换,而视神经和大脑则是处理信息的核心。光线通过眼球等部位在视网膜变为神经信号,然后通过神经传送到大脑的视皮层进行高级处理。

人类的视网膜细胞承担着光信号的转换功能,主要分为两类:圆锥细胞(cones)和杆状细胞(rods)。其中圆锥细胞具有较小的接受面积(直径约0.01mm),从而可以进行高分辨率地信息转换。同时,它们可以感知光度(较强光)和色彩。另一方面,杆状细胞(rods)的面积较大(直径约0.5mm)仅能感知光的强度,不能感知颜色,但其对光的敏感度是圆锥细胞的一万倍,在微弱光环境下起主要作用。因此人们不能在暗环境中分辨颜色。圆锥细胞一共有三种,它们对不同频率的可见光有不同的响应强度,分别对红、绿、蓝光最敏感。这三种响应的结合共同决定了人类对色彩的感觉,这也是三原色理论的视觉基础。

转换后的图像信息沿着视神经传递到大脑。人类的视神经直接与大脑相连,视皮层位于大脑的后部,它实现了人们对外界的信息的最终理解、存储和联想。人类视觉系统的信息处理能力从数据处理的角度看具有迄今为止最高的带宽[6],大约是100 MB/s(听觉的带宽大约是小于100 B/s)。这些特征也是可视化得以发挥作用的物质基础。

脑科学研究皮层间以及皮层不同区域间的内部连接和信号处理,从而了解人类大脑的工作机制。另一方面,人工智能提出了数学和计算模型来模拟大脑的功能。但这两个领域都需要更多的努力来真正了解和模

拟人脑的工作。此外，
不同领域的科学家，
包括心理学、神经学、

图2.1 基于视觉和先验知识的认知[3]

语言学、细胞生物学，已经使用大量的实验和模型来研究分析人类的视觉认知。这些研究成果使人们了解了视觉感知的特点和模式，这些知识都为可视化的研究和发展起到了基础作用。图2.1是Richard Gregory提出的一种基本的人类认知模式。人类的智能利用先验的知识与实时视觉信号结合，来推理出对环境的认知和理解。可视化技术正是利用特别设计出的数据表达模式，从而使人们获得的视觉信号能够快速而准确地与存储的知识相印证，从而实现对数据的高效理解。

2.2 视觉感知与认知

信息社会每时每刻都在源源不断地产生大量的数据，当今人类直接处理数据的能力已经远远落后于获取数据的能力。数据可视化旨在提供一种直观的可视界面，融合人工智能方法对数据进行处理和分析。用户通过视觉感知，经过大脑解码并形成认知，并在交互分析过程中洞悉信息的内涵，获取解决问题的方法。

感知指客观事物通过人的感觉器官在人脑中形成的直接反映。人类感觉器官包括眼、鼻、耳以及遍布身体各处的神经末梢等，相应的感知能力分别称为视觉、嗅觉、听觉和触觉等。其中与可视化密切相关的主要是指视觉感知。与感知对应的概念是认知，认知心理学将认知过程看成由信息的获取、分析、归纳、编码、存储、概念形成、提取和使用等一系列阶段组成的按一定程序进行信息加工的系统。

心理学上有双重编码理论，即人类的感知系统由负责语言和其他非语言信息（特别是视觉感知方面）的两个子系统组成。此外，大脑对于视觉信息的记忆效果和记忆速度要好于对语言的记忆效果和速度。这也是可视化有助于数据信息表达的一个重要的理论基础。

感知心理学家通常将视觉分为低阶视觉和高阶视觉两种类型。低阶视觉与物体的物理性质相关，包括深度、形状、边界、表面材质等。高阶视觉包括对物体的识别和分类，属于人类的认知能力的重要组成部分。其中，低阶视觉已经在信息可视化和可视分析的研究中得到了广泛的验证。

2.2.1 前注意视觉

　　前注意视觉（pre-attentive）属于低阶视觉，可以用来解释视觉突出的现象。图2.2中后两行复

图2.2 前注意视觉——视觉突出

```
2332769416790518743928823794782937526
7173826727103258610347738234724948733
2332769416790518743928823794782937526
7173826727103258610347738234724948733
```

制了前两行的数字内容，其中数字"8"采用了加深黑色突出。这样的一种颜色突出方式可以让用户在非常短的时间内统计"8"的个数，计数所需时间与其他数字的数量没有关系。

　　前注意视觉是人类视觉认知的重要特点，它可以使人们快速准确地认知图像中的重要信息，因此在可视化设计中可以发挥重要作用。图2.3显示了两个不同的图片来利用视觉寻找红色圆点。图2.3（a）中包括了许多圆点，人们可以立即注意到红色的圆点。图2.3（b）中的红色圆点则隐藏在许多红色的方块中，人们需要一定的时间来发现它。这个例子说明，前注意视觉对色彩差异非常敏感，而形状的不同则不能利用这种低阶视觉实现。

　　利用前注意视觉可以提供快速有效的信息可视化表达。人们可以设计实验来找到对前注意视觉有效的可视化设计方案。图2.4展示了四种不同的设计来检测边界：（a）相同形状的物体，不同颜色的边界可以立即被观察者发现；（b）不同的形状但具有颜色差别的边界也显而易见；（c）颜色混杂，不同形状物体的边界不能立即被发现；（d）相同颜色，不同形状的物体边界也可以很快发现，但不如（a）（b）容易。这个例子说明了前注意视觉对于可视系统是非常重要的资源和工具。

MOOC微视频：
注意力小游戏

图2.3 前注意视觉实例：寻找红色圆点

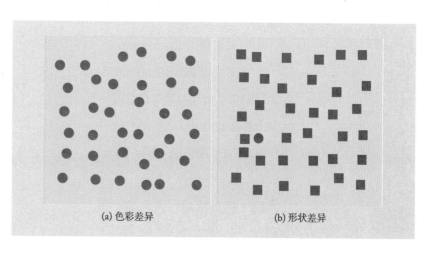

(a) 色彩差异　　　　　　　　　(b) 形状差异

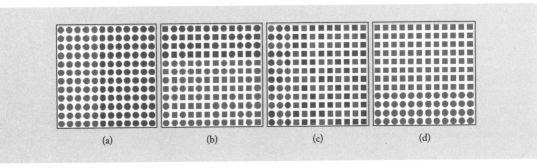

图2.4 前注意视觉实例：边界检测

2.2.2　格式塔理论

格式塔心理学是心理学中为数不多的理性主义理论之一。它强调经验和行为的整体性，反对当时流行的构造主义元素学说和行为主义"刺激–反应"公式。格式塔心理学认为，整体不等于部分之和，意识不等于感觉元素的集合，行为不等于反射弧的循环。如果一个人往窗外观望，他看到的是树木、天空、建筑，而构造主义元素学说认为他应该看到的是组成这些物体的各种感觉元素，例如亮度、色调等。

格式塔理论最基本的法则是简单精炼法则，认为人们在进行观察的时候，倾向于将视觉感知内容理解为常规的、简单的、相连的、对称的或有序的结构。同时，人们在获取视觉感知的时候，会倾向于将事物理解为一个整体，而不是将事物理解为组成该事物所有部分的集合。格式塔法则又称为完图法则，主要包括以下一些原则。

图2.5 贴近原则举例

(a) 观者很难将这十个方形归为一组或几组

(b) 联合利华公司的图标利用
贴近原则区分图案与文字

1. 贴近原则（proximity）

当视觉元素（即一些被人识别的视觉感知对象）在空间距离上相距较近时，人们通常倾向于将它们归为一组。图2.5（a）的9个方形没有相互贴近，因此人们无法将他们归为一组；在图2.5（b）的联合利华公司图标

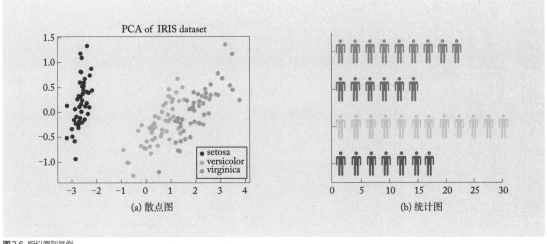

图2.6 相似原则举例

中，不同花纹颜色一致，由于空间距离贴近，因此被识别为组成一个大写的英文字母"U"，从而完成与公司名称文本的分组。

2. 相似原则（similarity）

图2.7 连续原则

人们在观察事物的时候，会自然地根据事物的相似性进行感知分组。通常依据对形状、颜色、光照或其他性质的感知决定分组。例如散点图图2.6（a）和统计图图2.6（b）对不同个体着色，使可视化结果自然体现两个数据聚类。不难看出，贴近原则与相似原则的区别是采用空间距离或属性相似性对数据分组。

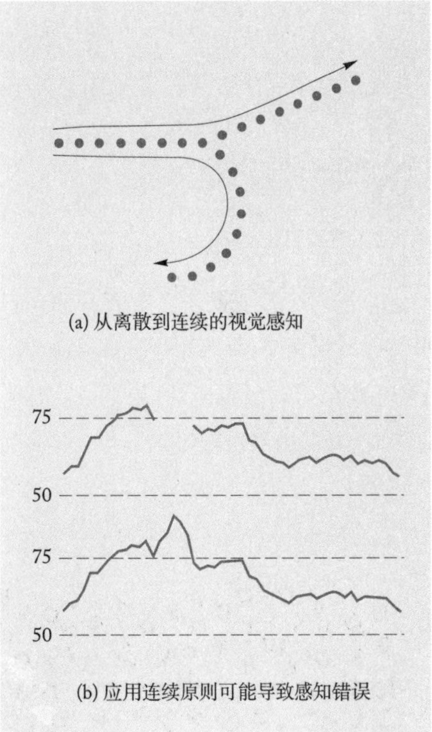

(a) 从离散到连续的视觉感知

(b) 应用连续原则可能导致感知错误

3. 连续原则（continuity）

人们在观察事物的时候会很自然地沿着物体的边界，将不连续的物体视为连续的整体。例如在图2.7（a）中，人们的视觉焦点会沿着散点分布形成连续的曲线。但是，如果数据隔断过大，人眼重建的视觉感知可能与实际数据不符合，如图2.7（b）所示。

4. 闭合原则（closure）

在某些视觉映像中，其中的物体可能是不完整的或者不闭合的，然而格式塔心理学认为，只要物体的形状足以表征物体本身，人们会很容易地感知整个物体而忽视未闭合的特征。例如图2.8（a）和图2.8（b），人们可以很容易从轮廓线中获得关于"点集子类边界"和"IBM"图标的视觉感知，而图中的未闭合特征并不影响人们识别这两种事物。

(a) 对二维平面点集用封闭曲线分为三个区域，令用户将三个点集子类自动识别为三类形状

(b) IBM公司的商标

图2.8 闭合原则举例

5. 共势原则（common fate）

共势原则指一组物体具有沿着相似的光滑路径运动趋势或具有相似的排列模式时，将被识别为同一类物体。例如，如果有一堆点同时向下运动，另一堆点同时向上运动，人们自然地将它们分辨成两组不同的物体。图2.9（a）显示了一堆杂乱的字母，但是人眼下意识地识别出具有相同布局的字母并自动识别语句"look at me, follow me, read me!"；图2.9（b）展示了Hans Rosling的著名可视化工作"各国状态趋势图"的一个实例，每个数据点代表一个国家在某个年份的数据，随

图2.9 共势原则举例

(a) 从一堆字符中认知语句

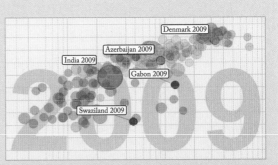

(b) 数据点的时变动态可视化可产生具有相同运动趋势的点聚成一类的视觉感知效果

时间变化时，人眼自动将具有类似运动趋势的点聚类。

6. 好图原则（good figure）

好图原则指人眼通常会自动将一组物体按照简单、规则、有序的元素排列方式识别。这就是说，个体识别世界的时候通常会消除复杂性和不熟悉性，并采纳最简化的形式。这种复杂性的消除有助于形成对被识别物体的理解，而且在人的意识中这种理解高于空间的关系。 图2.10（a）和图2.10（b）展现了对五环形状的两种识别。

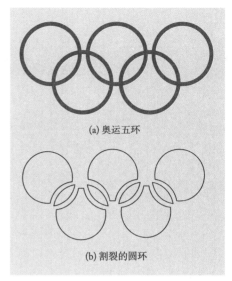

(a) 奥运五环

(b) 割裂的圆环

图2.10 好图原则举例

7. 对称性原则（symmetry）

对称性原则指人的意识倾向于将物体识别为沿某点或某轴对称的形状。按照该原则，数据被试图分为偶数个对称的部分，对称的部分则被下意识地识别为相连的形状，从而增强认知的愉悦度。特别地，如果两个对称的形状彼此相似，它们更易被认为是一个整体。图2.11展示了某国经济大萧条结束后十年中特定行业的工作岗位数量变化情况，

图2.11 对称性原则举例

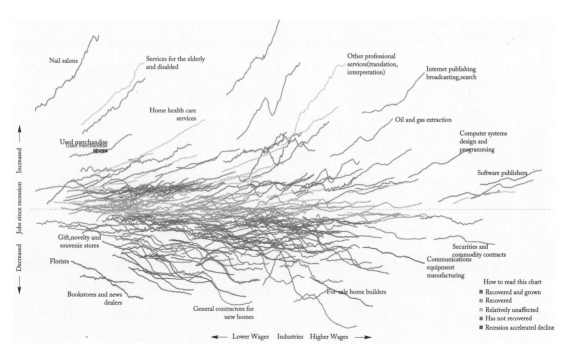

该图表按照相对于经济萧条时的工作岗位数增加与减少对称排列，增强数据的可读性。

8. 经验原则（past experience）

经验原则指在某些情形下视觉感知与过去的经验有关。如果两个物体看上去距离相近，或者时间间隔小，那么它们通常被识别为同一类。图2.12（a）和图2.12（b）分别将同一个形状放置在两个字母和两个数字之间，识别结果分别是B和13。

(a) 形状放在字母中

(b) 形状放在数字中

图2.12 经验原则举例

由上面的描述不难看出，格式塔（完形理论）的基本思想是：视觉形象首先是作为统一的整体被认知的，而后才以部分的形式被认知，也就是说，人们先"看见"一个构图的整体，然后才"看见"组成这一构图整体的各个部分。可视化设计必须遵循心理学关于感知和认知的理论研究成果。信息可视化指将信息映射为图形元素，生成包含原始信息的视觉图像的过程。在信息可视化设计中，视图的设计者必须以一种直观的、绝大多数用户容易理解的数据–可视化元素映射方式，对信息进行可视编码，这其中涉及用户对相应信息视觉元素的心理感知和认知过程。尽管格式塔心理学的部分原理对可视化设计没有直接的影响，但在视觉传达设计的理论和实践方面，格式塔理论及其研究成果将发挥重要作用。

2.2.3 视觉感知的相对性

人类感知系统的工作原理决定于对所观察事物的相对判断。例如，在日常生活中，人们在描述一个物体的外观（如长度、高度、重量等）的时候通常会采用另外一个众所周知的物体作为参照物。Weber定律描述了这一现象：人类感知系统将可察觉的刺激强度变化表达为一个目标刺激强度的百分比。在可视化中，通过相对判断而精确地揭示数据尺度等信息需要一定的前提条件。一般而言，如果物体使用相同的参照物或者相互对齐，则会有助于人们做出更加准确的相对判断。

　　图2.13列举了人在利用视觉感知进行相对判断的例子，矩形B的高度大约是矩形A的高度的1.1倍。如果这两个矩形的位置如图2.13（a）进行放置，它们既没有共同的参照物，也没有对齐（即互为参照物），判断它们的孰高孰低并不容易；使用了一个相同的边框（参照物）包围矩形A和B后，如图2.13（b）所示，由于上部未被填充的区域存在几乎一倍的高度差，因此矩形A和B的高度差别很容易区分；将矩形A和B按照它们的底边对齐，如图2.13（c）所示，则可取矩形B作为矩形A的参照物，这时，矩形A和B的高度区别就一目了然了。

　　另外一些实验表明，视觉感知系统对于亮度和颜色的判断完全是基于周围环境的，即通过判断与周围亮度和颜色的对比获得关注点处亮度和颜色的感知。在这类实验中，相同的亮度或颜色在不同的背景中会使人产生完全不同的视觉感知。以亮度为例，图2.14（a）所示场景中，正方形A和B具有明显不同的灰度（视觉感知上B比A要亮）。然而，通过增加两个灰色条带（如图2.14（b）所示）或覆盖除了正方形A和B以外的区域（如图2.14（c）所示），可以发现，正方形A和B实际上具有相同的亮度。

　　在信息可视化设计中，设计者需要充分考虑到人类感知系统的这种现象，以使设计的可视化结果视图不存在误导用户的可视化元素。

图2.13 相对判断: 尺寸

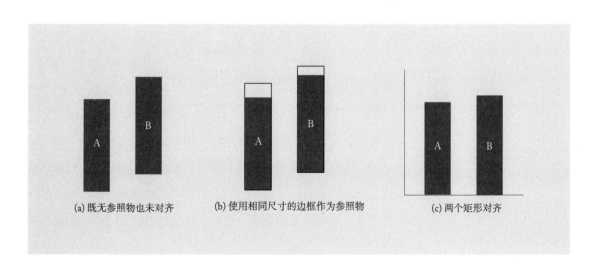

(a) 既无参照物也未对齐　　　　(b) 使用相同尺寸的边框作为参照物　　　　(c) 两个矩形对齐

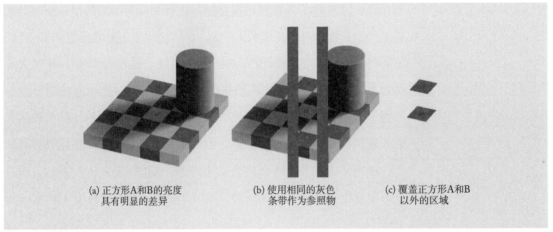

(a) 正方形A和B的亮度　　　　(b) 使用相同的灰色　　　　(c) 覆盖正方形A和B
　　具有明显的差异　　　　　　　条带作为参照物　　　　　　以外的区域

图2.14 相对判断：亮度

2.3　视觉通道

可视化将数据属性采用不同的视觉通道进行编码。由于各个视觉通道特性的差异，当可视化结果呈现于用户时，用户获取信息的难度和所需要的时间不尽相同。

人类感知系统在获取周围信息的时候，存在两种最基本的感知模式。第一种模式感知的信息是对象的本身特征和位置等，对应的视觉通道类型为**定性或分类**。第二种模式感知的信息是对象的某一属性的取值大小，对应的视觉通道类型为**定量或定序**。例如，形状是一种典型的定性视觉通道，人们通常会将形状辨认成圆、三角形或交叉形，而不是描述成大小或长短。反过来，长度则是典型的定量视觉通道，用户直觉地用不同长度的直线描述同一数据属性的不同的值，而很少用它们描述不同的数据属性，因为长线、短线都是直线。

2.3.1　视觉通道的类型

1. 空间

空间是放置所有可视化元素的容器。可视化的展示空间可以是一维、二维或三维。一维可视化的例子有温度计、电表等仪器显示。它们广泛地应用在工作生活的各个方面。它们设计简单、结构简单、理解简单而且不会有歧义。在数据趋向高维、大型、复杂的时代，一维可视化的应用范围有限。

日常工作生活中最常见的可视化媒体是二维的，如计算机屏幕、电视、手机、平板电脑、投影仪、打印机和绘图。在这些二维媒体里，可以不依靠交互和多窗口而完全容纳一维或二维的显示标记，如点、平面曲线和二维箭头等。二维媒体的广泛应用和人类视觉的生理构造相对应。人眼的成像本质是二维的，外部光源透过角膜、晶状体、玻璃体的折射，在视网膜上显出景物的影像，构成光刺激。视网膜上的感光细胞（圆锥和杆状细胞）受光的刺激后，经过一系列的物理化学变化，转换成神经脉冲，由视神经传入大脑层的视觉中枢，继而人脑可以感知到物体，经过大脑皮层的综合分析，产生视觉，看清景物（正立的立体像）。由此可见，人眼在视网膜上的成像是二维的，三维特征（景深，透视变换等）是大脑处理后的产物。这也解释了为什么三维的显示标记经过处理也可以有效地显示在二维媒体中。这些处理包括透视变换、图形变换（位移，旋转）和投影。

虚拟现实、增强现实、三维显示等可视化媒体可以被称作三维媒体。它们通常不是物理意义上的三维媒体：它们采用平面像素而不是三维像素成像，而这些像素通过跟踪用户位置和视角不断地更新，让用户产生类似置身于现实三维环境中的感受。

2. 标记

标记定义为用来映射数据的几何单元，如点、线、面、立方体和椭圆等。标记可以用维度来区分。一维的标记是点，二维的标记有曲线和平面标记，包括方形、长方形、圆形和椭圆形，三维的标记包括三维的面和体，如立方体、球面、球体、椭球面和椭球体。标记还可以划分为局部标记和全局标记。局部标记在可视化空间中标识一点或周围小部分区域，用来代表在此点上的数据。局部标记占用空间小，可以比较密集地排列，缺点是无法有效表达不同区域数据之间的联系。全局标记如流线、流面等不但表示出不同位置上的数据，同时也将数据之间的联系表示出来。图2.15（a）~图2.15（d）给出空间数据场可视化中对流场和张量场可视化的局部标记和全局标记例子，详见本书第5章。

标记设计的自由度很大。很多可视化的设计工作着重于标记设计，既需要考虑标记反映数据的能力，也要考虑用户理解标记的能力和效率。过于简单的标记难以表达复杂的数据，而过于复杂的标记会造成理解困

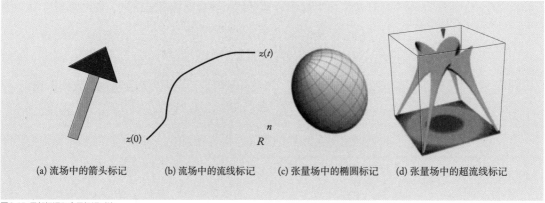

(a) 流场中的箭头标记   (b) 流场中的流线标记   (c) 张量场中的椭圆标记   (d) 张量场中的超流线标记

图2.15 局部标记和全局标记对比

难。图2.16给出了一种设计稍复杂的标记——三元图，这个标记编码的是概率多标签数据，这种数据类型是数据挖掘和机器学习领域中许多不同类型分析模型的常见输出类型。

图2.16 三元图示意图

标记的设计对其他可视化元素的选择有影响。后面介绍的几种可视化元素，包括位置、尺寸、颜色、透明度、方向、纹理，可以看作标记的视觉通道。

3. 位置

在所有常用的视觉通道中，平面位置是可同时用于映射分类的数据属性以及映射定序或定量的数据属性的视觉通道。例如，在平面上相互接近的对象可以归为一类，而相互远离的对象所要传递的信息则可认为不同的分类；另一方面，当使用坐标轴给平面上的对象一个确定的数值位置时，平面位置又可以表示对象所编码的数值信息。因此，平面位置是所有常用视觉通道中比较特殊的一个。

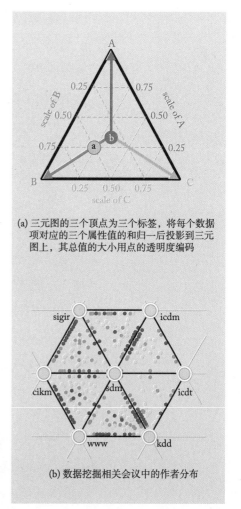

(a) 三元图的三个顶点为三个标签，将每个数据项对应的三个属性值的和归一后投影到三元图上，其总值的大小用点的透明度编码

(b) 数据挖掘相关会议中的作者分布

标记的位置有两个功能。第一，数据中的某些空间位置信息可以用标记的位置来表示，例如地理信息可视化中数据采集点的位置、有限元模拟中网格的位置、流场可视化中临界点的位置等。第二，通过对标记位置的控制，实现可视化显示目标的优化，例如强调某些数据、显示尽可能多的数据、避免标记之间的互相覆盖、避免显示空间的浪费和增强美感等。

由于在可视化设计中，平面位置对于任何数据的表达都非常有效，甚至是最为有效的，在用户设计信息可视化表达前，首先需要考虑的问题是采用平面位置来编码哪种数据属性，这一选择甚至可能主导用户对于可视化结果中包含信息的理解。通常采用这一视觉通道编码数据中相对重要的属性。

水平位置和垂直位置属于平面位置的两个可以分离的视觉通道，当所需要编码的数据属性是一维时，可以仅选择其一。在表达相同的数据信息时，水平位置和垂直位置的表现力和有效性的差异比较小；但也有不少研究指出，受到真实世界中的重力效应的影响，在相同条件下，人们会更容易分辨出垂直位置（即高度）的差异。基于此考虑，显示器的显示比例通常被设计成包含更多的水平像素，从而使水平方向的信息含量可以与垂直方向信息含量相当。

4. 尺寸

尺寸是定量/定序的视觉通道，因此适合于映射有序的数据属性。尺寸通常对其他视觉通道都会产生或多或少的影响：当尺寸比较小的时候，其他视觉通道所表达的视觉效果会受到抑制，例如，人们可能无法区分很小尺寸的形状。

长度是一维的尺寸，包括垂直尺寸（或称高度）和水平尺寸（或称宽度）。面积是二维的尺寸，体积则是三维的尺寸。由于高维的尺寸蕴含了低维的尺寸，因此在可视化设计中应尽量避免同时使用两种不同维度的尺寸编码不同的数据属性。

根据史蒂文斯幂次法则，人们对于一维尺寸的判断是线性的，而对多维尺寸的判断则随着维度的增加而变得越来越不精确，因此在可视化设计时可以使用一维的尺寸（高度或宽度）编码重要的数据属性的值，以方便用户对结果做出较为精确的定量认知和比较。特别应该注意可视化设计中可能会犯的错误：用二维尺寸代表一维数据。如果将二维标记

048

5. 颜色

在所有常用的视觉通道中，颜色最为复杂，也是可以编码大量数据信息的视觉通道之一，因此在可视化设计中最为常用。颜色在可视化设计中的合理运用，也给可视化结果带来丰富多彩的表达力和美感。人眼只能感知可见光波段的电磁波，波长范围在350~750 nm。重要的是，人眼对不同的颜色有不同的聚焦距离，在人类视觉系统的认知中对不同的颜色有不同的反应。如图2.17所示，在黑色的背景中使用红色和蓝色显示字符；显然，红色字符非常清晰，可以提高人们的认知速度；而蓝色在黑色背景中则比较难以认知，显然不是一个好的可视化设计而应该避免。人眼大约可以分辨300种不同的色彩和100~150种亮度差异。

从可视化编码的角度分析颜色，可将颜色分为亮度、饱和度和色调三个视觉通道（HSV），如图2.18所示，其中前两个是定量或定序的

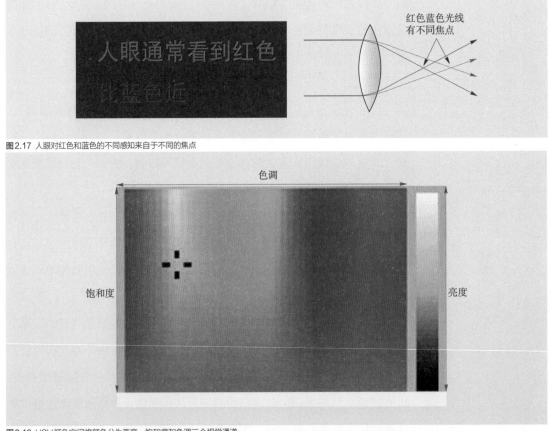

图2.17 人眼对红色和蓝色的不同感知来自于不同的焦点

图2.18 HSV颜色空间将颜色分为亮度、饱和度和色调三个视觉通道

视觉通道，而色调属于定性的视觉通道。因此，颜色是这三个独立的视觉通道的结合整体，从而既是分类的也是定量的视觉通道。另外，人们熟悉的另一种颜色分类是红、绿、蓝三个通道（RGB）。这样的颜色表达被称为颜色空间。HSV和RGB是通用的颜色空间。总体上说，人类可见的颜色可以被不同的颜色空间表达（HSV，RGB，CMYK，CIE，sRGB等），不同的空间之间可以进行转换。它们在不同的应用中有不同的优缺点。

6. 亮度

亮度更适合于编码有序的数据，人们通常习惯于比较亮度的不同程度，并在思维中对这些不同程度进行排序。受到视觉感知系统的影响，人对于亮度区分的分辨能力较低，即亮度作为视觉通道的时候，其可辨性受到限制。因此一般情况下，在可视化设计中尽量使用少于6个可辨的亮度层次。另外，两个不同层次的亮度之间所形成的边界现象比较明显，因此，人在对于亮度的信息感知中缺乏精确性，也就不太适合编码精度要求较高的数据属性。

7. 饱和度

饱和度是另外一个适合于编码有序数据的视觉通道。作为一个视觉通道，饱和度与尺寸视觉通道之间存在强烈的相互影响，在小尺寸区域上区分不同的饱和度比在大尺寸区域上区分困难得多。和亮度一样，饱和度对于数据信息表达的精确性也受到对比度效果的影响。

在大块区域内（如背景），标准的可视化设计原则是使用低饱和度的颜色进行填充；对于小块区域，设计者需要使用更亮的、饱和度更高的颜色填充以保证它们容易被用户辨认。点和线是典型的小块区域的标记，人们对于不同饱和度的辨认能力较低，因此可使用的饱和度层次较少，通常只有3层；对于大区域的标记，如面积（各类形状标记），可使用的饱和度层次则略多。

8. 色调

色调非常适合于编码分类的数据属性，人们对于色调的认知过程中几乎不存在定量的比较思维，而且由于存在冷暖色调的区分，色调在可视化编码中也具有双层分类的表现能力。由于颜色作为整体可以为可视化增加更多的视觉效果，因此在实际的可视化设计中被广泛使用。

然而色调和饱和度一样，也面临着与其他视觉通道相互影响的问题，主要表现为在小尺寸区域上人们难以分辨不同的色调，另外在不连续区域（或不相邻对象）上的色调也难以被准确比较和区分。一般情况下，人们可以较轻松地分辨6至12种不同的色调，而在小尺寸区域着色的情况下，可分辨的色调数量会略有下降。

9. 配色方案

在信息可视化设计中，配色方案是关系到可视化结果的信息表达和美观的重要因素。优化配色方案的可视化结果能带给用户愉悦的心情，从而有助于用户更有兴趣探索可视化所包含的信息，反之则会造成用户对可视化的抵触从而降低了可视化的效果。另外，和谐的配色方案也能增加可视化结果的美感。在设计可视化的配色方案时，设计者需要考虑很多因素，例如可视化所面向的用户群体、可视化结果是否需要被打印或复印（转为灰阶）、可视化本身的数据组成及其属性等。

由于数据具有定性、定量的不同属性，因此将数据进行可视化的时候需要设计不同的配色方案，比如对于定性的分门别类的数据类型，通常使用颜色的色调视觉通道进行编码，因此设计者需要考虑的是如何选择适当的配色方案，使不同的数据能被用户容易地区分（有时候还需要考虑到视觉障碍用户的需求）；如果是定量的数据类型，则通常使用亮度或饱和度进行编码，以体现数据的顺序性质。在进行可视化设计的过程中，设计者还可以应用一些软件工具辅助配色方案的设计，例如较流行的ColorBrewer配色系统和Adobe公司的Kuler配色系统。在ColorBrewer配色系统中，用户首先选择数据的分类数量（定性数据的类别数量，或定量数据的层次级别数量），然后选择数据类型（定性数据，顺序的定量数据，或发散的定量数据），接着选择配色方案后，用户就可以在左下角得到相应的配色方案，包括每个颜色在不同颜色空间的表达值。ColorBrewer配色系统界面如图2.19所示，界面中显示了一组配色方案，将顺序的定量数据分为3类，按照多色调的配色方案，用户得到了左下角使用十六进制表示的三个颜色值。

随着人工智能的不断发展，人们开始寻求智能生成配色方案的方法，以提高设计师的工作效率。目前已经开发出来的工具有Brandmark，这款应用可以智能地设计logo，颜色是通过在大量的配色数据上打标签，以生成各种标签的颜色集。颜色生成采用的是基于 pix2pix算法，使用GAN（生成式对抗网络）来生成新的颜色组合。

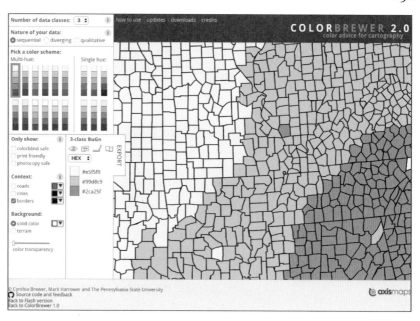

图2.19 ColorBrewer配色系统
界面

10. 透明度

与颜色密切相关的一个概念是透明度。它通常作为颜色的第4个维度，取值范围是［0，1］，在两个颜色混合时可用于定义各自的权重，以调节颜色的浓淡程度。在三维空间数据场可视化或多层二维数据可视化中，透明度作为一个重要参数可用于显示不同深度、层次或显示重要性的数据。视觉感知的研究表明，人眼对透明度的感知有一定限度，低于对颜色色调的感知。

颜色在数据可视化领域通常被用于编码数据的分类或定序属性。当颜色的两种数据编码规则在用户所见的视图空间中存在相互遮挡时，可视化的设计者必须从中选择一种予以显示。但为了便于用户从整体进行把握数据的多重属性和空间分布，可以给颜色增加一个不透明度的分量通道，通常称为α通道，用于表示离观察者更近的颜色对背景颜色的透过程度。当颜色的α值为1时，表示颜色是不透明的；当颜色的α值为0时，表示该颜色是透明的；当颜色的α值位于0到1之间时，表示该颜色可以透过一部分背景的颜色，从而实现当前颜色和背景颜色的混合，创造出可视化的上下文效果。

在计算机中，颜色的混合通常在RGB颜色空间中进行，也就是说在颜色混合的计算中，颜色被表示成一个（r，g，b，α）四元变量，其中r，g，b分别表示颜色的红、绿、蓝分量的值，而α则表示该颜色的不透明度分量的值。在可视化视图中，当两个颜色在一个区域内重叠时，该区域内的颜色是: $(r, g, b) = (r1, g1, b1) * \alpha1 + (r2, g2, b2) * \alpha2 * (1-\alpha1)$。其中 $(r1, g1, b1)$ 和 $(r2, g2, b2)$ 分别表示当前颜色和背景颜色的红、绿、蓝分量的值，$\alpha1$ 和 $\alpha2$ 分别表示当前颜色和背景颜色的不透明度分量的值。

颜色混合效果在科学数据可视化中非常有用，例如，在三维体数据可视化中，直接体绘制中的光线投射算法就是通过屏幕上的每个像素发射一根虚拟光线，累计该光线途经的所有体素的光亮度贡献，其中的累计就是进行颜色混合操作。在信息可视化中，颜色混合同样可以一定程度上避免两种数据编码规则引起的遮挡问题，便于观察者抓住数据的特征。在可视化交互中，当用户通过交互方式移动一个标记而未将其就位时，颜色混合所产生的半透明效果可以给用户非常直观的操作感知，提高用户的交互体验。

由于RGB颜色空间不符合人们日常对颜色的定义方式，通过颜色混合公式得到的新颜色的色调值可能会不同于参与混合的两个颜色，导致颜色的色调无法作为视觉通道用于编码分类数据，因此在信息可视化中应慎用颜色混合。

11. 方向

方向可用于分类的或有序的数据属性的映射，如图2.20所示。方向在其定义域内并非是单调函数，即不存在严格的增或减的顺序。在二维的可视化视图中，它具有4个象限，在每一个象限内，它可以被认为具有单调性，从而适合于有序数据的编码（如图2.20（a）所示），也正因为如此，方向可通过4个象限的区分对分类的数据进行映射（如图2.20（b）所示）。此外，在相邻的两个象限中间的方向呈现中性的特征，因此也可以被用于映射数据的发散性（如图2.20（c）所示）。

图2.20 箭头方向示意图

标记的方向可以用来表示数据中的矢量信息，如风场中的风向、血

(a) 在一个象限内表现为有序性　　(b) 在四个象限表现为分类性　　(c) 在两个象限表现为发散性

管中的血流方向等。局部标记如箭头、短线和椭圆利用方向表示某点上的矢量信息，全局标记如流线则可以利用切线的方向表示流线上所有点的位置。图2.21显示了特朗普在竞选美国总统时，与竞争对手相比，民众支持程度差异的分布示意图。红色箭头显示特朗普在美国各县超过对手的程度，蓝色箭头则显示其对手超过他的程度。箭头只有一个方向，箭头的大小代表编码值的大小，箭头的位置代表美国各县。

12. 形状

对于人类的感知系统，形状是一个包罗万象的词汇。视觉心理专家认为形状是人们通过前向注意力就能识别的一些低阶视觉特征。一般情况下，形状属于定性的视觉通道，因此仅适合于编码分类的数据属性。如图2.22所示，用简单的形状生动地呈现了世界各大城市的图标，这些形状通常是一些广为人知的标志性建筑的抽象，从而有助于人们的理解。

13. 纹理

标记上的纹理也可以用来映射数据。纹理将细小的点和线等组合成不同的模式呈现出来，用于区分不同种类的数据。纹理中的细节也有尺寸、方向、颜色等属性。简单的纹理例子有不同模式的线以及由这些线组成的面。由于纹理可看成空间中表面或体内部的装饰，可以将纹理通过参数化映射到线、平面、曲面和三维体中。

图2.21 箭头方向应用实例

图2.22 形状被用于编码城市图标

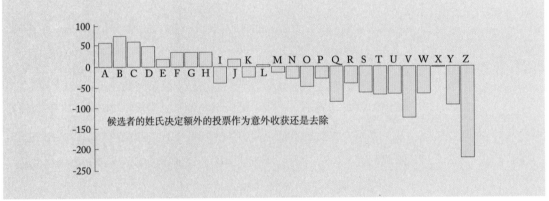

图2.23 采用点划线技术对柱状图的草图风格可视化[9]

纹理可大致分为自然纹理和人工纹理。前者指自然世界中实际存在的规则模式图案；后者指人工生成的规则图案。例如，常见的点划图案（如虚线或点划线）通过不同的图案模式，可用作编码分类型数据属性。图2.23展示了一个结合点划线技术的可视化案例。

14. 动画

计算机动画指由计算机生成的连续播放的动态画面。动画的原理利用了人生理上的视觉残留现象和人们趋向将连续且类似的图像在大脑中组织起来的心理机制。人的大脑将这些视觉刺激能动地识别为动态图像，使两个孤立的画面之间形成顺畅的衔接，从而产生视觉动感。

动画也是可视化编码中的一种常见的视觉通道。以动画形式作为视觉通道包括了运动的方向、运动的速度和闪烁的频率等。

其中运动的方向可以编码定性数据属性，后两者则通常用于编码定量数据属性。

动画作为视觉通道对数据进行编码的时候，其优势和缺点都在于其完全吸引了人的注意力，因此在突出可视化的视觉效果的同时，人通常也无法忽略动画所产生的效果。动画与其他视觉通道具有天然的可分离性，然而由于其过于突出的视觉效果，有时反而会导致其他视觉通道的表达效果受到限制。因此，可视化设计者在使用动画作为视觉通道编码数据信息的时候应慎重考虑其对可视化结果的整体可能产生的不利影响。

2.3.2　视觉通道的特性

某些视觉通道被认为属于定性的视觉通道，如形状、颜色的色调或空间位置，而大部分的视觉通道更加适合于编码定量的信息，如直线长度、区域面积、空间体积、斜度、角度、颜色的饱和度和亮度等。当然，视觉通道的类型不具有明确的界限。

除了感知定性和定量信息外，视觉通道可辨识的另一属性是**分组**。分组通常是指多个或多种标记的组合模式。辨认分组最基本的通道是接近性，根据格式塔原则，人类的感知系统可以自动地将相互接近的对象理解为属于同一组。如图2.24（a）中的6个点被很自然地分为2列，而不是3行，而被理解为孤立的6个点的情况极少会发生。另外，分组通道还包括相似性（如图2.24（b）所示），连接性（如图2.24（c）所示）和包括性（如图2.24（d）所示）等。由于连接性和包括性引入了新的标记，因此从另外一个角度讲，图2.24（d）中的线段可以理解为表现了数据的连接信息，而包围形状则可以理解为凸显了父–子的关联信息。

图2.24 分组的视觉通道

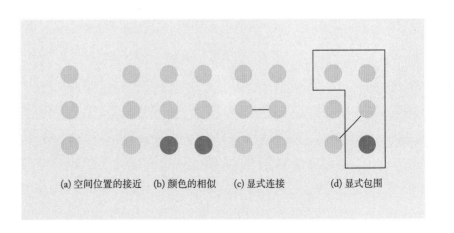

(a) 空间位置的接近　　(b) 颜色的相似　　(c) 显式连接　　(d) 显式包围

就方法学而言，定性的视觉通道适合用于编码分类的数据信息，定量或定序的视觉通道适合编码有序的或者数值型的数据信息，而分组的视觉通道则适合将存在相互联系的分类的数据属性进行分组，从而表现数据的内在关联性。

1. 视觉通道的表现力和有效性

视觉通道的类型反映了可视化不同的数据时可能采用的视觉通道，而视觉通道的表现力和有效性则指导可视化设计者如何挑选合适的视觉通道实现对数据信息完整而具有目的性的展现。

视觉通道的表现力要求视觉通道准确编码数据包含的所有信息。也就是说，视觉通道在对数据进行编码的时候，需要尽量忠于原始数据。例如，对于有序的数据，应使用定序的而非定性的视觉通道对数据进行编码，反之亦然。如果不加选择地使用视觉通道编码数据信息，可能使用户无法理解或错误理解可视化结果。

人类的感知系统对于不同的视觉通道具有不同的理解与信息获取能力，因此进行可视化时，应使用高表现力的视觉通道编码更重要的数据信息，从而使用户可以在较短的时间内精确地获取数据的信息。例如，在编码数值的时候，使用长度比使用面积更加合适，因为人们的感知系统对于长度的判断能力要强于对于面积的判断能力。

图2.25描述了各种类型的视觉通道的表现力排序，从上到下按照表现力从高到低进行排序。需要特别指出的是，这个顺序仅代表了通常情况，根据实际使用的情况，各个视觉通道的表现力顺序也会相应地改变。

2. 视觉通道的表现力判断标准

（1）精确性

精确性标准主要用于衡量人类感知系统对于可视化的判断结果和原始数据的吻合程度。来自于心理物理学的一系列研究表明，人类感知系统对不同的视觉通道感知的精确性不同，总体上可以归纳为一个幂次法则，其中的指数与人类感受器官和感知模式相关。

表2.1列举了根据心理物理学的史蒂文斯幂次法则[8]所描述的一些视觉通道的幂次，该法则用数学公式可以描述为$S=I^n$。其中S表示大脑所得到的感知结果，I则表示感觉器官所感受到的刺激值。幂次法则中n的范围从亮度的0.5到电流值的3.5不等。当n值小于1时，刺激信号被感知压缩，也就是说调整刺激人体感受器官信号的物理强度值并不能使

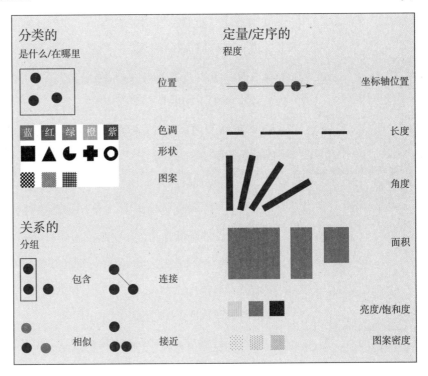

图2.25 视觉通道的表现力排序

得人对该信号的感知得到成比例的响应。例如，亮度变化是典型的次线
性物理信号，亮度加倍后，人们并不能感到两倍的亮度变化；相反，（通
过人体指尖的）电流值则是超线性物理信号，加倍通过人体的电流值会
带来超过3倍的感知上的变化；长度是线性的物理测量，也就是说，长
度的实际变化量与人类对长度的主观感知存在线性的联系。视觉通道感
知的精确性将影响可视化结果对数据信息传递的准确性，因此在表达定
量数据的时候，通常采用例如一端对齐的射线的长度或柱状的高度进行
表示。

（2）可辨性

视觉通道可以具有不同的取值范围，然而如何取值使得人们能够区
分该视觉通道的两种或多种取值状态，是视觉通道的可辨性问题。

某些视觉通道只有非常有限的取值范围和取值数量。例如直线宽度，
人们区分不同直线宽度的能力非常有限，而当直线宽度持续增加时，会
使得直线变成其他的视觉通道——面积。图2.26显示了调整直线宽度

表2.1 不同视觉通道在史蒂文斯幂次法则 $S=I^n$ 中所对应的 n 值。

视觉通道	亮度	响度	面积	长度	灰对比度	电流
幂次	0.5	0.67	0.7	1.0	1.2	3.5

仅能表现三至四种不同的数据属性值。当数据属性值的取值范围较大时，可以将数据属性值量化为较少的类（如图2.26所示的做法），或者使用具有更大取值范围的视觉通道。

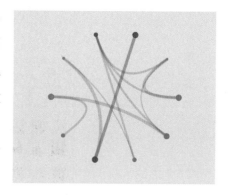

图2.26 使用连线宽度编码权重属性

（3）可分离性

在同一个可视化结果中，一个视觉通道的存在可能会影响人们对另外视觉通道的正确感知，从而影响用户对可视化结果的信息获取。例如，在使用横坐标和纵坐标分别编码数据的两个属性的时候，良好的可视化设计就不能使用点的接近性对第三种数据属性进行编码，因为这样的操作对前两种数据属性的编码产生了影响。

图2.27列举了4对不同的视觉通道。在图2.27（a）中，位置和亮度是一对相互独立的视觉通道：用户可以分别根据点的位置和亮度，将这8个点分为两组。在图2.27（b）中，尺寸和亮度则开始产生影响：根据点的尺寸，用户可以很容易地将这8个点分成两组；然后在尺寸较大的组内，用户根据亮度仍能容易地将其中的4个点分成两组，而在尺寸较小的组内若再将点根据亮度进行分组，用户则需要更加集中注意力。造成这种现象的主要原因是点的尺寸会影响到人们视觉系统对亮度的判断，且尺寸越小，影响程度越大，因此尺寸和亮度不再是相互独立的视觉通道。类似地，人类视觉系统对尺寸和色调的判断也会存在相互干扰。在图2.27（c）中，设计者通过水平尺寸和竖直尺寸将8个标记元素分为两组，但观者在潜意识中趋向于将其中的8个对象分为三组，而不是设计者希望的两组。

图2.27 视觉通道可分离性举例

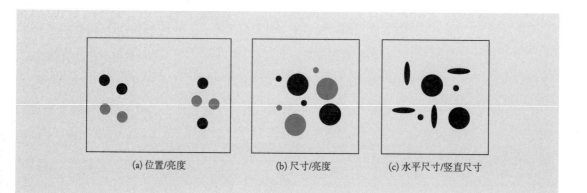

(a) 位置/亮度　　(b) 尺寸/亮度　　(c) 水平尺寸/竖直尺寸

　　如图2.28所示，结合了数种不同的视觉通道，并且可以促进用户对可视化结果的信息获取。图2.28展现的是1980到2012年间支付中产阶级工资的工作类型的变化，其中纵坐标代表的是每1000个中产阶级就业岗位中包含当前岗位的个数。线段的方向编码不同岗位数变化的趋势，线段的颜色编码该工作岗位的男女比例，同时不同大类的工作岗位通过在横轴上的不同位置区分开来，达到分组的效果。从图中可以看到，这些职位中较少的是男性占主导地位的生产行业，而更多的职位则是对女性更开放的工作。

　　（4）视觉突出

　　视觉突出是指在很短的时间内（200~250ms），人们仅仅依赖感知的前注意力即可直接察觉某一对象和其他所有对象的不同。视觉突出感知能力使得人们发现特殊对象所需的时间不随着背景对象的数量变化而变化。图2.3和图2.4就是色彩和形状视觉突出的例子。另外，亮度也可以用于视觉突出。图2.29（a）和图2.29（b）中，人眼可根据圆点的亮度，在很短的时间内发现黑色的圆点。在图2.29（c）中，黑色圆点仍然可以较快被发现，但其明显性相对较弱，这是因为亮度视觉通道的表现力要大于形状通道的表现力。而在图2.29（d）中，人们需要通过顺序搜索和比较才能找到相异于所有其他对象的黑色圆点（位于右上角）。

　　许多视觉通道都具有视觉突出特点，也有些视觉通道无视觉突出功能。如图2.30所示的例子，观察者只能仔细查看所有的对象，最终发现平行的两条线组成的标记是区别于所有其他对象的。另外，尽管

图2.28 视觉通道可分离性举例

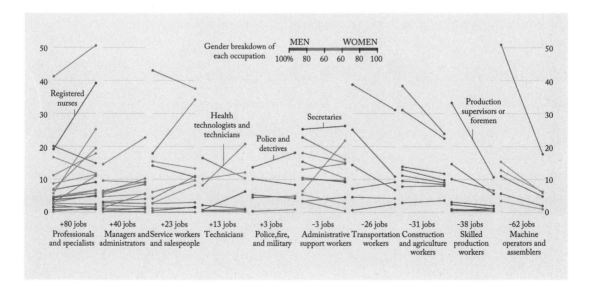

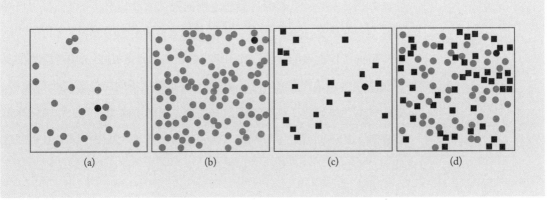

图2.29 视觉突出实例

很多视觉通道支持视觉突出功能，但是它们的组合却可能不再支持视觉突出，图2.29（d）中的黑色圆点很难由于视觉突出的原因被发现。动画也

图2.30 无视觉突出特点的视觉通道的例子

具有明显的视觉突出特点，如图2.31所示，该可视化根据时间的变化，通过动画的形式展现了美国进出口贸易的演变过程。这里面动画的使用不会显得十分突兀，相反，通过其视觉突出的特点，有利于用户观察变化的过程。

图2.31 使用动画的视觉突出实例

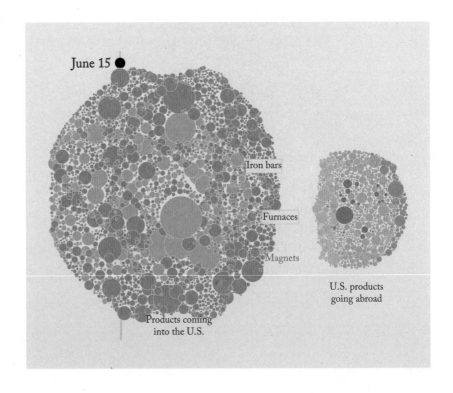

习题二

1. 设计配色方案常是设计师在进行可视设计过程中煞费苦心的一件事，人工智能可以使这个过程变得高效。请查阅通过人工智能来设计配色方案的几个工具，了解工具的设计理念。

2. 人工智能的主要发展方向：运算智能、感知智能、认知智能。请查阅相关资料，了解人工智能的这三个发展方向以及现今的发展热潮。

3. 在进行颜色的计算时通常需要在不同的颜色空间中进行数值转换，请用任何一种熟悉的编程语言实现几个常用的颜色空间相互转换算法。

4. 机器学习领域中所谓的降维就是指采用某种映射方法，将原高维空间中的数据点映射到低维度的空间中。请查找几种机器学习降维方法，并理解这几种降维方法体现的格式塔理论。

5. 熟悉 ColorBrewer 的在线颜色选择工具。

6. 描述计算机视觉与可视化的差异。

参考文献

[1] CAO N, LIN Y R, GOTZ D. Untangle map: Visual analysis of probabilistic multi-label data [J] . IEEE transactions on visualization and computer graphics, 2016, 22 (2) : 1149-1163.

[2] COLIN W. Information Visualization, Perception for Design [M] . Third Edition. San Francisco: Morgan Kaufmann, 2012.

[3] GREGORY R. The Intelligent Eye [M] . London: Weidenfeld and Nicolson, 1970.

[4] HARROWER M, BREWER C. ColorBrewer.org: An Online Tool for Selecting Colour Schemes for Maps [J] . The Cartographic Journal, 2003, 40 (1) : 27-37.

[5] ITTEN J. The Art of Color [M] . Hoboken, New Jersey: John Wiley & Sons, 1974.

[6] KEIM D, KOHLHAMMER J, ELLIS G, et al. Mastering the Information Age Solving Problems with Visual Analytics [M] . Goslar: Eurographics Association, 2010.

[7] STARR C, EVERS C, STARR L. Biology: Concepts and Applications [M] . Belmont, CA: Thomson- Brooks/ Cole, 2006.

[8] STEVENS S. Psychophysics: Introduction to Its Perceptual, Neural, and Social Prospects [M] . New Jersey: Transaction Publishers, 1986.

[9] WOOD J, ISENBERG P, ISENBERG T, et al. Sketchy Rendering for Information Visualization [J] .IEEE Transactions on Visualization and Computer Graphics, 2012, 18 (12) : 2749-2758.

第3章 数据

了解数据的基本属性和基本处理分析方法是进行人工智能研究和应用的前提。本章将介绍数据的基本属性和特征，并从数据预探索、数据预处理、数据存储和数据分析 4 个方面阐述数据处理分析的基本步骤和方法。最后描述可视化在其中的作用。

3.1 数据基础

3.1.1 数据属性

现实生活中常见的数据集合包括各种表格、文本语料库和社会关系网络等。这些数据集合中包含以数据对象或数据记录的形式出现的多个数据实体。例如，某公司的全年销售记录相当于一个包含多条详细销售记录的数据集（表格），而每条详细销售记录则是一个数据对象。

数据对象往往包含一个或多个描述数据对象特征的量，即属性。例如，在销售记录实例中，每条销售记录包含多个字段，如交易时间、买方、项目、型号、单价、数量、金额和备注等，这些字段描述了一个数据对象（一笔交易）的总体特征，每一个字段都是该数据对象的一个属性，代表数据对象某一方面的特征。

对数据属性进行分类的依据是该属性取值的类型。表3.1简要展示了不同的数据属性类型实例[5]。

● **类别型属性**

类别型属性是用于区分不同的数据对象的符号或名称，这些符号或名称没有顺序关系。类别性属性之间的比较关系只有"相同"和"不相同"两种。例如，某调查问卷中的国别信息可以认为是每个问卷对象中的一个类别型属性，因此每两张问卷之间的国别信息只有相同和相异两

表3.1 三种属性类型及实例

属性类型	实例
类别型	销售商品的品名（多元类别）；客户性别（二元类别）
序数型	销售时间（按时间先后排序）
数值型	商品单价

种关系。

对于类别型属性可以利用其附加属性进行排序操作。例如，可按照英文单词顺序对国别信息进行排序，或按照姓氏笔画对姓名进行排序。然而，这种排序并不是类别型属性本身拥有的性质。为了完成数值计算等操作，也可将类别型属性转换为数值（如使用国家代码来代表国家名称）。

二元属性是类别型属性的一种特例，它的属性值集合只有两个元素。例如，性别只有男性和女性两种取值，开关状态只可取闭合或断开两种状态，疾病化验结果只有阴性和阳性两种等。

● **序数型属性**

序数型属性的属性值之间具有顺序关系，或者存在衡量属性值间顺序关系的法则。数据对象间的顺序关系是相对存在的，它们除了可进行"相同"或者"不相同"运算外，还可参与比较大小或先后的运算，但它们之间的差运算是没有意义的。例如，高等院校中的教师等级可以认为是一种序数型属性，按顺序排列有助教、讲师、副教授和教授。序数型属性值有时也用于主观色彩较强的排序场合，例如，对公司服务质量的调查选项可设置为不满意、一般、基本满意、满意4种等级。

● **数值型属性**

数值型属性使用定量方法表达属性值，通常使用整数或实数进行表征，例如长度、重量、体积、温度等常见物理属性。数值型属性又可以分为区间型数值属性和比值型数值属性。区间型数值属性的起始值可在整个实数区间上取值，这种类型的数值可以进行差异运算，例如相邻两月的销售额之差可以表达月销售额增长。比值型数值属性拥有基准点（通常为零点），例如月客户数量、销售商品重量等。

3.1.2 数据的结构

大数据的"大"不仅体现在数据量，也体现在数据结构类型的多样，不同的数据结构类型需使用不同组织形式的存储结构保存数据。

（1）结构化数据

结构化数据即行数据，可用二维表结构来逻辑表达实现，主要存储于关系型数据库中。存储时先预先确定它们的存储结构，再导入数据内容，数据存储结构一般保持不变。对这类数据读取和处理均比较方便。

目前的海量数据中，大约有20%属于结构化数据，企业产生的数据大多以这种形式存储。

（2）非结构化数据

非结构化数据不方便用数据库二维逻辑表表示，需存储在非结构化数据库中，它们突破了关系数据库的结构定义不易改变和数据定长的限制。非结构化数据中数据结构不规则或不完整，没有预定义的数据模型，它包括了所有格式的办公文档、文本、图片、XML、HTML、各类报表、图像和音频/视频信息等。如个人产生的数据大多为非结构化数据，对它们需要用文本和视频处理功能等手段进行分析。

（3）半结构化数据

半结构化数据介于结构化数据和非结构化数据之间，格式较为规范。一般为纯文本数据，包括日志、XML、JSON等格式的数据。它们的结构一般是自描述性的，数据的结构和内容混合在一起，没有明显的区别，数据模型主要使用树和图的形式。

3.1.3　数据相似性度量

在数据处理时常常需要比较各个对象之间的相似程度。例如，在Web上进行图像搜索时，需要将查询图像与Web数据库中的已有图像进行匹配对照，根据它们之间的相似程度返回Web数据库中与查询图像最相似的图像。在网上购物时，网站会根据顾客当前购买的商品，向他们推荐可能感兴趣的相关商品，这些商品与已购买的商品在某些方面具有较大的相似性。这些应用都需要计算不同对象之间的相似度。相似度的值一般取在区间 [0, 1]：如果两个对象完全不相似，则其相似度为0；相似度越高，对象之间的相似性越大。与相似度相对应的度量是相异度，其最小值通常为0，最大值随不同定义方法而异。

相似度的定义方式与适用领域、数据类型有关。实际应用时，可由领域专家确定如何定义对象之间的相似性度量。下面按照数据属性类型介绍一些常用的相似度（相异度）定义。

● 类别型属性

如果两个对象X，Y，均有p个类别属性，则它们的相异度定义为$d(X,Y)=(p-m)/p$，这里m是X，Y中取值相同的属性数目。例如，学生档案中包含性别、籍贯和年级三个类别属性，两个学生的档案分别为（男，浙江，二年级）和（男，湖南，二年级），则他们的相异度为：(3-2)/3=1/3。

二元属性常常用1和0代表它的两种取值，此类属性对象常用的相异度定义有杰卡德（Jaccard）距离和海明（Hamming）距离。

杰卡德距离：设对象X，Y中取值同为1的属性有p个，X取1且Y取0的属性有q个，X取0且Y取1的属性有r个，则X，Y的杰卡德距离为$d(X,Y)=(q+r)/(p+q+r)$。例如，考查两患者X，Y的症状情况（发烧，咳嗽，白细胞升高，呕吐，流鼻涕），如果取值分别是（1，1，0，0，1）和（1，0，0，1，0），取值为1表示有此症状，0表示无此症状，则杰卡德距离为$(2+1)/(1+2+1)=3/4$。杰卡德距离常用于比较两文档的相似性。预先定义一组字符串，每个字符串在文档中出现时将它的值置为1，否则0，则以这些字符串作为属性的杰卡德距离可以用于衡量两文档的相异度。

海明距离主要用于度量两个等长字符串之间的相异性，它表明两个字符串在多少个对应位置出现了不同字符。例如，字符串"toned"与"roses"之间的汉明距离为3。在信息编码中，为了增强容错性，应最大化编码间的最小海明距离。

● 比值型数值属性

距离可被用来衡量两个比值型数值属性对象的相异度，一个距离函数$d(X,Y)$，其定义需要同时满足以下几个准则：

● 非负性，$d(X,Y) \geq 0$（$d(X,Y)=0$当且仅当$X=Y$，即任何对象到自己的距离为0）；

● 对称性，$d(X,Y)=d(X,Y)$，即X到Y的距离等于Y到X的距离；

● 三角形不等式（两边之和大于第三边），$d(X,Y)+d(Y,Z) \geq d(X,Z)$。

下面介绍常见的几类距离函数，设对象X，Y均为n维数据，$X=(x_1, x_2, \cdots, x_n)$，$Y=(y_1, y_2, \cdots, y_n)$。

欧氏（Euclidean）距离：欧氏距离是最常见的一种距离计算方法，用于计算欧氏空间中两点之间的直线距离。两个n维向量X，Y间的欧氏距离定义为

$$d(X,Y)=\sqrt{\sum_{i=1}^{n}(x_i-y_i)^2}$$

曼哈顿（Manhattan）距离：在规则布局的街道中，从一个十字路口前往另外一个十字路口，行走距离不是两点间的直线距离，而是垂直的移动路线，即"曼哈顿距离"，也称为城市街区距离（City Block Distance）。两个 n 维向量 X，Y 间的曼哈顿距离定义为

$$d(X,Y) = \sum_{i=1}^{n} |x_i - y_i|$$

切比雪夫（Chebyshev）距离：在国际象棋中国王走一步可以移动到相邻的8个方格中的任意一个，则国王从格子 (x_1, y_1) 走到格子 (x_2, y_2) 最少需要 $\max(|x_2-x_1|, |y_2-y_1|)$ 步。多维矢量空间有一种类似的度量，称为切比雪夫距离。两个 n 维向量 X，Y 间的切比雪夫距离为

$$d(X,Y) = \max_{1 \le i \le n} (|x_i - y_i|)$$

闵可夫斯基（Minkowski）距离：它是一类距离的定义。两个 n 维向量 X，Y 间的闵可夫斯基距离为

$$d(X,Y) = \left(\sum_{i=1}^{n} |x_i - y_i|^p \right)^{1/p}$$

其中 p 是一个参数，当 $p=1$ 时，即为曼哈顿距离；当 $p=2$ 时，为欧氏距离；当 $p \to \infty$ 时，则是切比雪夫距离。

闵可夫斯基距离的缺点是将各个分量等同看待，没有考虑各个分量的不同意义。例如，三个二维对象 X，Y，Z 的（温度，压强）分别是（100，10）、（110，10）和（100，20），则它们之间的闵氏距离 $d(X, Y) = d(Y, Z)$，但温度10摄氏度并不等价于压强的10个大气压。对此，常用标准化欧式距离或马氏距离改进距离计算。

标准化欧氏（Standardized Euclidean）距离：将各个分量都用样本的均值和标准差进行"标准化"，再用欧式距离计算标准化后数据的相异性。假设 n 维向量样本集第 i 维的均值为 μ_i，标准差为 σ_i，对象 X "标准化"后的第 i 维的数据为：$x_i' = (x_i - \mu_i)/\sigma_i$，标准化后各维数据的均值为0，标准差为1，$X$，$Y$ 的标准化欧式距离为

$$d(X,Y) = \sqrt{\sum_{i=1}^{n} \left((x_i - y_i)/\sigma_i \right)^2}$$

如果将方差的倒数看成是一个权重，这个公式可以看成是一种加权欧氏距离。

马氏（Mahalanobis）距离：设有 m 个样本向量 X_1, X_2, $\cdots$, X_m, 它们的均值为 μ, 协方差矩阵记为 Σ, 则某个样本向量 X 到此样本集的马氏距离表示为

$$d(X) = \sqrt{(X-\mu)^T \sum{}^{-1}(X-\mu)}$$

其中两个样本向量 X, Y 之间的马氏距离定义为

$$d(X, Y) = \sqrt{(X-Y)^T \sum{}^{-1}(X-Y)}$$

若协方差矩阵是单位矩阵（各个样本向量之间独立同分布），有

$$d(X, Y) = \sqrt{(X-Y)^T \sum{}^{-1}(X-Y)} = \sqrt{\sum_{i=1}^{n}(x_i - y_i)^2}$$

即为欧式距离，马氏距离的优点是与量纲无关，可排除变量之间的相关性的干扰。

夹角余弦（Cosine）和 Tonimoto 系数：几何中两向量的夹角余弦可以衡量这两个向量方向的差异，这一概念推广到高维，衡量两个 n 维向量之间的差异：

$$s(X, Y) = \frac{X \cdot Y}{\|X\|\|Y\|} = \frac{\sum_{i=1}^{n} x_i y_i}{\sqrt{\sum_{i=1}^{n} x_i^2 \sum_{i=1}^{n} y_i^2}}$$

夹角余弦距离的取值范围为 $[-1, 1]$。它的值越大表明两个向量的夹角越小。在搜索引擎技术中，夹角余弦相似性在计算文档的相似性时得到了广泛的应用。夹角余弦的不足是只考虑了向量之间的夹角，而没考虑两向量长度上的差异，一个改进方法是采用 Tonimoto 系数，它衡量两个矢量的相似性：

$$T(X, Y) = \frac{X \cdot Y}{\|X\|^2 + \|Y\|^2 - X \cdot Y}$$

其中，X, Y 矢量长度差异越大，Tonimoto 系数就越小。通常应用于 X, Y 为布尔向量情形，即 X, Y 的各分量只取 0 或 1。

相关系数与相关距离：相关系数是衡量随机变量 X 和 Y 相关程度的一种方法，它的取值范围是 $[-1, 1]$。相关系数的绝对值越大，则表明 X 和 Y 相关度越高。当 X 和 Y 线性相关时，相关系数取值为 1（正线性相关）或 -1（负线性相关）。相关系数的定义为

$$\rho_{XY} = \frac{\text{Cov}(X,Y)}{\sqrt{D(X)}\sqrt{D(Y)}}$$

这里 Cov（X, Y）是 X 和 Y 的协方差，D（X），D（Y）是 X 和 Y 的标准差。相关距离的定义为

$$D_{XY} = 1 - \rho_{XY}$$

兰氏（Lance）距离：两个矢量 X, Y 的兰氏距离定义为

$$d(X,Y) = \sum_{i=1}^{n} \frac{|x_i - y_i|}{x_i + y_i}。$$

- **序数型属性**

假设某个序数属性 t 有 N_t 个可能取值，排序后顺序为 1，2，$\cdots$，N_t，则将属性值归一化到 [0，1] 区间中的值。如果某个对象序数属性的取值为 k，则它归一化后的值为（$k-1$）/（N_t-1）。若有多个属性，则将这几个属性的归一化值组成矢量，再利用比值数值属性的距离函数计算归一化矢量之间的距离，作为两个序数属性对象的相似性度量。例如，英语口语考试成绩分为（不流利、较流利和流利）三档，作文考试分为（不及格、及格、中等、良好和优秀）五档，假如学生 X，Y 的两门成绩分别为（不流利和及格）和（较流利和优秀），则它们归一化后的数据矢量分别是（（1–1）/（3–1），（2–1）/（5–1））=（0，0.25）和（（2–1）/（3–1），（5–1）/（5–1））=（0.5，1），取欧氏距离，得 $d(X,Y) = \sqrt{(0.5-1)^2 + (1-0.25)^2} = \sqrt{13}/4$。

- **区间型数值属性**

计算区间型数据属性的相似性需要将区间 [a，b] 看成二维空间中的点（a，b），两个区间 $X=$ [x_1，x_2] 和 $Y=$ [y_1，y_2] 之间的相似性可表达为计算两个二维向量（x_1，x_2）和（y_1，y_2）之间的相似性，即转化为比值型属性的距离计算。

不同应用对相似性度量的要求也不一样。特别在数据挖掘领域，大多数算法都需要一种特定的与其目标相适应的相似性度量方法。现实世界中的应用需处理各种复杂类型的数据，因此，针对特定的应用或者新的数据类型，需要定义新的相似性度量函数。例如，可采用最大子图度量处理图数据，而采用直方图距离和相对熵（Kullback–Leibler）距离来衡量两个概率分布之间的相似性。

MOOC 微视频：
一些相似性度量
的例子

3.1.4 数据统计特征

数据统计是把握数据的全貌、了解数据分布状况的有力工具。例如，通过对人口普查数据的统计分析，可以获得各个年龄段的人口分布情况，为国家政策提供决策分析。如果所获得的是研究对象的一部分数据（即样本数据），则可应用概率论的理论并根据样本信息对总体进行科学的推断，获得数据总体的规律性。

样本数据的基本统计特征分为三类：一类是集中趋势度量，它表示数据分布的集中位置，寻找数据中的代表值或者中心值，主要有均值、中位数、众数等；第二类是离中趋势度量，它表示数据的分散程度，描述一组数据的波动性，反映了数据远离中心值的程度，主要有极差、标准差、变异系数、四分位数、四分位数极差等；第三类表示数据分布形状，主要有偏态和峰态[4]。

最常见的统计特征是均值和方差。假设某个属性变量X有n个采样样本x_1，x_2，$\cdots$，x_n，均值反映了全体数据分布的中心：

$$\overline{x} = \frac{1}{n}\sum_{i=1}^{n} x_i$$

如果每个样本的重要性不同，则可以对每个样本x_i赋予独立的权重ω_i，重要的样本赋予更大的权重，用加权平均值来描述数据中心：

$$\overline{x} = \sum_{i=1}^{n} \omega_i x_i \bigg/ \sum_{i=1}^{n} \omega_i$$

例3.1 某公司当月销售的五种产品的数量和单价分别为（10，15，20，10，10）和（1.0，1.2，1.5，0.8，1.0）万元，则这些商品的平均价格即为5种价格关于数量的加权平均值：

$$\overline{x} = \frac{10\times1.0+15\times1.2+20\times1.5+10\times0.8+10\times1}{10+15+20+10+10} = \frac{76}{65} \approx 1.17 \ (\text{万元})$$

标准差和样本标准差衡量所有的样本点偏离均值的程度。标准差的定义为

$$\sigma = \sqrt{\frac{1}{n}\sum_{i=1}^{n}(x_i - \overline{x})^2}$$

实际应用中的很多数据集大约有2/3的数据点落在区间$[\overline{x}-\sigma, \overline{x}+\sigma]$中，99%的数据点落在$[\overline{x}-3\sigma, \overline{x}+3\sigma]$中。因此，对于采样样本更多使用无偏的样本标准差表示：

$$s = \sqrt{\frac{1}{(n-1)}\sum_{i=1}^{n}(x_i - \overline{x})^2}$$

均值和标准差容易计算，应用广泛，但只适合于数据分布较对称且没有极端异常值的数据集。例如，10个人中9人的月收入是1千元，1人的收入是2万元，则其平均工资是2900元，但没有一个人的工资接近此平均值，标准差是5700，则大部分人的收入差异是［2900-5700，2900+5700］=［-2800，8600］，此预期范围包含了负数。由此可知，均值和标准差虽然数学性质优良，但容易受到极端值影响。对明显不对称或者有极端异常值的数据集有一组更灵活和稳定的统计特性，它们是中位数、分位数、百分位数和四分位数间距。

中位数指样本按从小到大排列后处于中间位置上的值。例如，在数据样本集{1, 3, 3, 3, 4, 4, 5, 6, 6, 8, 12}中，中间位置是第6个位置，中位数是4.当数据集中的样本数目是偶数时，中位数可以定义为中间两个数的平均值。

例3.2　一家电器商城12个员工在某天售出的电视机数量按照升序排列如下：1,3,3,3,4,4,5,6,6,8,12,14，则中位数为（4+5)/2=4.5。

中位数依赖数据的排序位置确定，而不是使用全部数据求得，因而会损失部分数据信息，但它较少受到极端异常值影响。

百分位数是中位数的推广，表明数据集中小于它的数的比例，例如第10百分位数指数据集中有10%的点的值比它小。在例3.2中有12个数据，第10百分位数在位置（12+1）×10%=1.3位置处，即在第1和2个数据间且离第1个数据30%位置处，因而第10百分位数是1+（3-1）×30%=1.6。

三个四分位数Q_1，Q_2，Q_3将数据分成均匀的四份，因而Q_1，Q_3分别为数据排序后位于25%和75%位置上的值。Q_2为中位数。在例3.2中Q_1的位置在（12+1）×25%=3.25处，因而Q_1=3+（3-3）×25%=3，Q_3的位置在（12+1）×75%=9.75处，Q_3=6+（8-6）×75%=7.5。

四分位数间距指测量数据分布宽度的值，定义为第75百分位数与第25百分位数之间的距离$IQR=Q_3-Q_1$，反映了中间50%数据的离散程度，在例3.2中四分位数间距为IQR=7.5-3=4.5。四分位间距不受极端异常值影响。

当一个数据分布较对称时，它们的均值与中位数比较接近，而当分布变得扭曲不对称时，用中位数衡量数据分布的中间位置比均值更加合理。同样地，当分布中有异常值时，将标准差作为衡量分布的分散度并不合理，应使用四分位数间距描述偏态分布数据的特征。由于中位数和百分位数的计算涉及数据的排序，计算复杂度是 $O(n^2)$，而均值和方差的计算复杂度是 $O(n)$，因而在大多数情况下仍然采用均值和方差衡量数据的统计特性。经典的盒须图方法可以表达这些统计特性和异常点。

众数指数据中出现次数最多的值。例3.2中的众数是3，一组数据中可能没有众数或者有几个众数。如果数据集中只有一个众数，则此数据集是单峰的，有多个众数则是多峰的。众数不受数据集中极端异常值的影响，在数据分布偏斜程度较大时应用。众数、中位数与均值的关系如图3.1所示。

极差值指在一组数据中最大值与最小值之差，它仅描述数据的分布范围，并不能充分表达数据的分布信息。

标准差反映样本数据的绝对波动状况。当样本的数据均较大时，标准差一般也较大，当样本数据均较小时，标准差一般也较小。因此，采用相对波动的大小，即变异系数更能反映样本数据的波动性。变异系数的定义是标准差与均值的比值：

$$C_V(\%) = \frac{\sigma}{\bar{x}} \times 100\%$$

例如，两个产品的采样检查结果是：产品甲，均值是10，标准差是0.1；产品乙，均值100，标准差0.2。则 $C_{V甲} = \frac{0.1}{10} = 1\%$，$C_{V乙} = \frac{0.2}{100} = 0.2\%$。尽管 $\sigma_甲 < \sigma_乙$，但乙的加工稳定性更好。变异系数主要用于单位不同或者均值相差悬殊的数据。

偏态指数据分布的不对称性。其度量值称为偏态系数：

图3.1 众数、均值与中位数关系

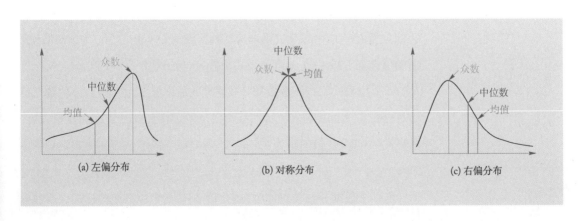

(a) 左偏分布　　(b) 对称分布　　(c) 右偏分布

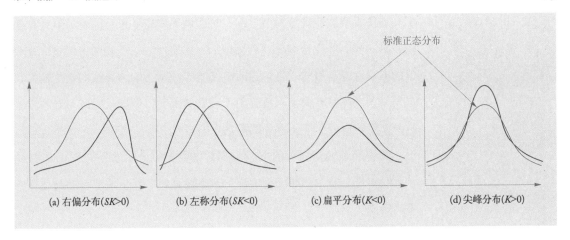

(a) 右偏分布(SK>0)   (b) 左称分布(SK<0)   (c) 扁平分布(K<0)   (d) 尖峰分布(K>0)

图3.2 偏态与峰态示意图

$$SK = \frac{v_3}{\sigma^3} = \frac{n\sum_{i=1}^{n}(x_i - \bar{x})^3}{(n-1)(n-2)s^3}$$

这里，v_3是三界中心距，如图3.2所示。若$SK=0$，表明数据对称分布；若$SK>0$，表明数据为右偏分布；若$SK<0$，表明数据是左偏分布的。

峰态指数据分布的扁平程度，用峰态系数K度量：

$$K = \frac{v_4}{\sigma^4} - 3 = \frac{n(n+1)\sum_{i=1}^{n}(x_i - \bar{x})^4 - 3\left(\sum_{i=1}^{n}(x_i - \bar{x})^2\right)^2(n-1)}{(n-1)(n-2)(n-3)s^4}$$

这里，v_4是四界中心距。若$K=0$，则数据的扁平程度与标准正态分布相当；若$K>0$，则数据分布比正态分布更尖锐；若$K<0$，则数据分布比正态分布更扁平。

3.1.5 数据的不确定性

在数据存储、处理、计算等过程中通常假设所有数据是真实和准确无误的。但在现实环境中，由于测量误差、采样误差、模型误差、网络传输延迟等原因，获得的数据往往具有某些不确定性。不确定性数据可分为存在不确定性和属性不确定性。存在不确定性指数据是否存在具有一定的概率。属性不确定性指属性的值不是一个单一值，而是按一定的概率取多种值，这些误差信息通常用一个概率密度函数或其他统计量（如均值、方差和协方差等）表示。数据不确定性的产生原因多种多样，可能原因有以下几种[12][14]。

1. 数据本身存在误差。测量仪器的优劣、测量者知识水平的高低、采样产生的误差等，都使测量获得的数据可能以某个概率偏离真实的值；

不同的仿真或数值计算模型会引入一定的不确定性，对同一数值计算模型，不同的参数设置也会引起数据的不确定性；在无线网络传输中，数据的准确性受到带宽、传输延时、能量等因素影响，导致网络传输的数据与原始数据存在误差，而且由于带宽的限制，数据只能以离散的方式进行采集传输，又将会产生采样误差。

2. 从低精度数据集合转换到高精度数据集合的过程引入不确定性。例如，将低分辨率图像转换成高分辨率图像时，新生成像素的颜色存在不确定性。

3. 满足特殊应用需求。例如，为了保护个人的隐私，在某些应用中需要对原始数据进行变换、扰动和添加噪声。

4. 缺失值处理。由于设备故障、保密限制、历史原因等因素造成数据丢失、与其他字段不一致等情形，导致数据不完整。例如，在用GPS获取移动对象的位置时，由于受技术手段限制，移动对象的位置测量信息存在误差，或因移动对象暂时不在服务区，导致缺失值。对缺失数据以服从特定概率分布的估计值代替或者直接删除含缺失值的记录，将改变原始数据的分布特征。

5. 数据集成。不同数据源的数据信息可能存在不一致，在数据集成过程中将引入不确定性。例如，Web页面更新不同步将导致许多页面的内容并不一致。

在经济、军事、物流、金融和电信等应用领域，数据的不确定性普遍存在。传统的针对确定性数据的管理、处理技术无法有效地应用到不确定性数据上，在对相关数据进行存储、分析、处理时必须考虑数据的不确定性，才可能获得正确的处理结果。

对不确定性数据的处理可分为数据管理和数据挖掘两大方面。目前，不确定数据管理研究已经相对成熟，传统的关系型数据存储技术仍然是实现不确定性数据存储的主流技术。概率数据库方法将不确定性引入到关系数据模型，取得较大研究进展，可处理不确定性数据的存储和查询。在传感器网络、卫星遥感图像、医疗信息等应用产生的巨量数据，仅仅靠数据管理及查询技术无法发现数据间的内在联系，也无法发现其中蕴含的数据模式及潜在知识规则。将数据挖掘技术引入不确定数据管理中，可有效解决这些问题。相对而言，不确定数据挖掘的手段不多，主要聚焦于聚类、离群点检测、关联规则挖掘和数据流挖掘等。

3.2　数据分析与探索

数据从获取到分析的一般过程如图3.3所示，分为数据获取、数据初探、数据预处理、数据存储和数据分析五个阶段。其中，获取的元数据和预处理后的数据存储于数据库或数据仓库中。

3.2.1　数据获取

数据的来源多种多样，常见的有以下几类：① 企业应用产生的数据，如各类交易数据，包括信用卡刷卡数据、POS机数据、电子商务数据、互联网点击数据、销售系统数据、客户关系管理数据、公司的生产数据、库存数据、订单数据、供应链数据等，又如移动通信数据，包括移动通信公司数据库中记录的客户通信记录数据等。② 个人使用者自身产生的数据，包括通过电子邮件、微信、博客、推特、维基、脸书等产生的文本信息数据流，以及图片、音频、视频和符号数据等。③ 机器和传感器数据，如汽车中的监视器连续提供的车辆机械系统整体运行情况数据，又如来自智能温度控制器、智能电表上的数据等。④ 专业研究机构产生的大量数据，如CERN 的离子对撞机运行产生的每秒40TB的数据。此外还可以在许多公开的数据源中获得部分数据。

3.2.2　数据初探

数据前期探索的主要任务是进行数据质量分析和特征分析，检查数据中是否存在"脏数据"，并分析数据的本质、描述数据的形态特征和解释数据的相关性等。通过前期探索，可以更好地开展后续的数据分析和探索工作。

1. 数据质量分析

由于各种原因，采集到的数据中可能存在测量误差、数据缺失等状况，因而数据不能很好地反映客观世界的属性，导致分析结果与真实情况之间存在较大的偏差，因此数据质量分析是数据探索和分析中的重要

图3.3 数据从获取到分析的全链条过程。

一环，是保证数据分析结论有效性和准确性的基础。数据质量分析结果也引导着数据预处理过程，解决数据中的数据质量问题。常见的数据质量问题体现在以下一些方面。

（1）有效性

在数据与实际语义对应时，都会带有一定的约束条件。这些约束条件涉及数据类型以及数据类型相关的属性，目的是使数据有效地反映现实。例如，气温可使用数值型数据进行描述，且由于需要衡量温度的顺序关系，该数值型属性也是有序的，这就构成了数据在数据类型方面的"有效性"。同时，气温的范围一般固定在某个区间内（如某地的气温变化范围在-10℃至30℃之间），超出该范围的数据（如100℃）即视为"无效"数据。除此之外，约束还包括相关性约束（如夏季气温不会出现零下的情况，而冬季也不会出现零上30℃的气温，即气温与时间的相关性约束）、唯一性约束（某时间点某气象站的温度测量数据有且只有一个）等。

（2）准确性

当数据有效性得以保证后，数据是否准确地反映了现实情况也是数据质量考查的内容之一。有效的数据能够反映实际状况，但并不意味着能够达到准确客观。受到数据度量规则、测量手段、传送方式和存储方式等因素的影响，现实情况下大部分自然采集的数据都或多或少有误差，需要进行领域相关的处理。数据的准确性经常需要使用目标数据以外的数据源作为衡量标准，或构建适用于目标数据的度量方法来测量其准确度。

（3）完整性

数据完整性包含两个层面的完整性。从数据集角度讲，采集后的数据集是否包含了数据源中所有的数据点。例如，公司在进行财务审核之前必须确保所有收支数据都可用。对于单个数据样本而言，每个样本的属性是否完整。例如，调查问卷中必填项目是否已填写完整。

（4）一致性

整个数据集中的数据所适用的衡量标准应该一致。例如，公司的交易货币种类可能包含多种货币单位。当公司处理交易金额时，所采用的货币单位必须统一。

（5）时效性

时效性反映了数据在时间维度的特性。当数据不适合当下时间段内的分析任务时，这些数据就变成了"过时"数据，因而无法采用。假设公司目前专注于某年度六月的市场销售记录调查，以分析出当月的销售趋势或其他有用的商业信息。当各地经销商提交的销售数据不在当月范围内，或是提交时间过晚（例如七月提交了六月的销售数据），这些数据将被视作失去了"时效性"，即不符合当下"分析本月销售趋势"这一分析任务。对于时变数据（如微博消息记录、销售记录、一段时间内的手机通话记录等）来说，时效性作为其特殊要求变得尤为重要。

（6）可信性

数据的可信度基于数据质量的其他属性，反映数据源中有多少数据是使用者信赖的数据。例如，气象站的某些气温传感器可能传送一些错误的数据，在之后的数据采集中，无论数据是否及时、有效地被传送，气象人员还是会根据气温传感器的历史正确率决定是否信任该气温传感器的数据。

2. 数据特征分析

数据特征分析的目的是形成对数据基本的了解，了解数据的规模、数据类型、数据的概率分布等。常通过绘制图表、计算数据特征量等手段进行数据特征分析，常采用的特征分析方法有以下几种。

（1）分布分析

揭示数据的分布特征和分布类型。对于定性数据，可用饼图和柱状图（如图3.4所示）等方式展示数据的分布情况。对于定量数据，通过绘制频率分布直方图、茎叶图来表征数据的分布特征，了解其分布形式是对称还是非对称的，发现某些特大或特小的可疑值等。

（2）对比分析

把两个相互联系的指标进行比较分析，从数量上展示和说明研究对象的规模大小、水平高低、速度快慢，以及各种关系是否协调。它适用于两个指标间的横纵向比较和时间序列间的比较分析。比较方法有绝对数比较和相对数比较两种形式，相对数包括结构相对数如食品支出额占消费支出额的比重、比例相对数如人口性别比例、比较相对数如不同地区商品价格比较、强度相对数如人均收入水平等。

（3）统计量分析

用统计指标对定量数据进行统计描述，常从集中趋势和离中趋势两个方面进行分析。集中趋势度量反映了数据整体的平均水平，常使用

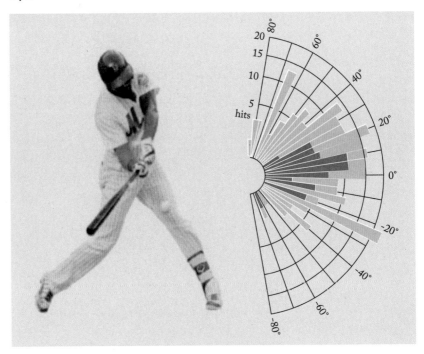

图3.4 通过柱状图展示一名运动员击球角度的统计数据

的指标是均值、中位数和众数；离中趋势度量反映个体离开平均水平的变异程度，常使用的指标是标准差（方差）、极差、四分位间距和变异系数。

（4）周期性分析

探索某个变量随着时间变化而呈现出的周期变化趋势。常见的周期性趋势有年度周期性趋势、季节性周期性趋势、月度周期性趋势、周度周期性趋势，以及时间尺度更短的天、小时周期性趋势。如在对某地用电量预测时，通过观察和分析用电量的时序图，获得用电量的多种尺度的周期性趋势如图3.5所示。

（5）相关性分析

分析连续变量之间线性相关程度的强弱，并用适当的统计指标来表示。常使用Pearson相关系数、Spearman秩相关系数、判定系数等指标来判断变量之间的相关性。此外散点图或散点图矩阵、平行坐标也常用于考查两个或者多个变量之间的相关性。

（6）贡献度分析

依据帕累托法则（又称20/80定律），在任何一组东西中，最重要的东西只占约20%，其余80%是次要的，因而同样的投入在不同的地方会产生不同的效益。数据前期探索中可通过绘制帕累托图找出数据中的关

趋势分析

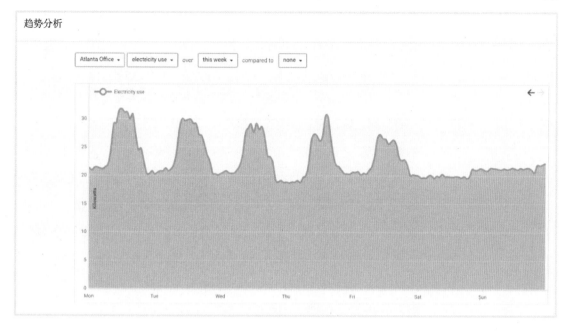

图3.5 Atlanta办公室一周用电量时序图

键属性。这种分析对于机器学习中的样本选取也有重要指导作用。例如，对于餐饮企业，贡献度分析可用于改善某菜系中盈利最高的前20%的菜品，从而合理配备供给资源，提高利润投入比。

3.2.3　数据预处理

现实世界采集到的数据大多有噪声的、不完整的、不一致的，甚至包含错误，无法直接进行数据分析和可视化，或者分析结果差强人意。因此，从数据中提取有效信息之前，数据预处理是一个不可或缺的过程，它可提高数据分析的质量，降低实际分析所需的时间。

根据场景、需求和任务类型的不同，数据预处理技术可分为数据清理、数据集成、数据转换和数据规约等。实际的数据预处理过程中不一定包含全部四个阶段，它们的使用过程没有先后顺序，某个预处理阶段也可能需要多次进行。

1. 数据清理

数据清理指修正数据中的错误、识别离群点及更正数据不一致的过程。从应用角度讲，未经清理的数据中包含相当多的错误，可能导致数据无法利用、数据分析结果错误，甚至使得数据分析方法变得混乱，无法实施数据分析过程。例如，未填写性别的调查问卷使所有与性别相关的数据分析任务无法执行；由于传感器错误造成的数据采集错误使数据分析结果变得毫无意义，无法客观反映实际情况等。数据清理涉及的典型数据错误类型有以下几种。

（1）缺失值

数据缺失是数据使用者经常遇到的数据错误类型。对于缺失数据，经常使用的策略有删除错误数据记录、按照一定方法进行缺失数据填补两种。删除错误数据记录简单直接，代价与资源较小，并且易于实现。然而，直接删除记录将浪费该记录中被正确填充了的属性。例如，某份调查问卷缺失性别一项，但问卷中的其他信息仍然具备价值。特别地，当数据缺失问卷占总问卷数比例较大时，直接抛弃错误数据记录显然不可取。在这种情况下，填补缺失数据，使得记录完整是更好的数据清理策略选项。然而，使用何种方法进行数据填补是其中的核心问题。实际数据处理过程中的常用数据填充方式有以下几种。

● 使用常量代替缺失值。这种方法的优点是花费代价较低。然而这些默认填充值在实际应用中可能没有任何意义（例如，将问卷中缺失性别的位置填充为"未知"，但这并不会给与性别相关的数据分析带来多大作用），或会引起数据准确性降低（例如，默认填充为"男性"或"女性"，但一些问卷的实际性别值可能与默认填充值相反）。

● 使用属性平均值进行填充。这种方法常用于数值型数据。对于拥有正常分布的数据属性，可使得该属性的统计特征不会发生太大变化。一种改进策略是填充与该样本属于同一类的数据在该属性上的均值。

● 利用回归、分类方法进行预测式填充。当拥有一部分完整数据记录时，可以通过构建基于该部分完整数据的预测模型对有缺失属性的数据记录进行缺失属性值预测，其中回归和分类是最常使用的两种方式。

● 人工填充。这种方法使用人力来进行数据清理，成本消耗大，难以应对较大数据规模的数据清理任务。

（2）噪声值

噪声值是被测量变量的随机误差或方差[5]。测量手段的局限性使得数据记录中总是含有噪声值。这些记录值通常具有数据有效性，但并不准确。对于这种噪声数据，经常使用回归分析、离群点分析（如图3.6（a）和图3.6（b）所示）等方法来找出数据属性中的噪声值。

（3）不一致数据

真实数据库中常出现数据内容的不一致，某些数据不一致可手工修正，如数据输入时的录入错误，可通过与原始记录对比进行更正。一些知识工程工具也可用以检测违反规则和约束条件的数据。此外在已知属性间依赖关系的前提下，可以查找出违反函数依赖关系的属性值。

还有一类常见的数据不一致现象是同一属性在不同数据库中的取名不规范、不统一，需在数据集成时解决此类不一致问题。

2. 数据集成

上述数据清理方法一般应用于同一数据源的不同数据记录上。在实际应用中，经常会遇到来自不同数据源的同类数据，且在用于分析之前需要进行合并操作。实施这种合并操作的步骤称为数据集成。有效的数据集成过程有助于减少合并后的数据冲突，降低数据冗余程度等。

数据集成需要解决的问题有以下几个方面。

（1）属性匹配

对于来自不同数据源的记录，需要判定记录中是否存在重复记录，而首先需要做的是确定不同数据源中数据属性间的对应关系。例如，从不同销售商手中收集的销售记录可能对用户id的表达有多种形式（销售商 A 使用 "cus_id"，数据类型为字符串；销售商 B 使用 "customer_id_number"，数据类型为整数），在进行销售记录集成之前，需要先对不同的表达方式进行识别和对应。

（2）冗余去除

数据集成后产生的冗余包括两个方面：数据记录的冗余，例如，Google 街景车在拍摄街景照片时，不同的街景车可能有路线上的重复，这些重复路线上的照片数据在进行集成时便会造成数据冗余（同一段街

图3.6 异常点检测，距离回归函数和聚类边界较远的点是可能的噪声数据

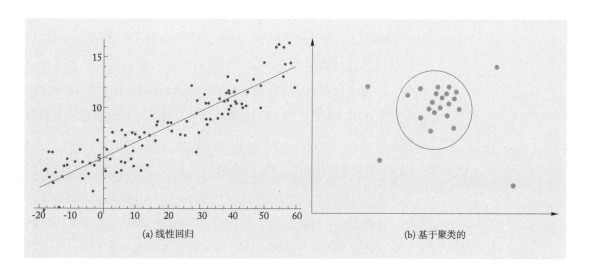

(a) 线性回归　　　　　　　　　　　　　　(b) 基于聚类的

区被不同车辆拍摄）；因数据属性间的推导关系而造成数据属性冗余，例如，调查问卷的统计数据中，来自地区A的问卷统计结果注明了总人数和男性受调查者人数，而来自地区B的统计结果注明了总人数和女性受调查者人数，当对两个地区的问卷统计数据进行集成时，需要保留"总人数"这一数据属性，而"男性受调查者人数"和"女性受调查者人数"这两个属性保留一个即可，因为两者中任一属性可由"总人数"与另一属性推出，从而避免了在集成过程中由于保留所有不同数据属性（即使仅出现在部分数据源中）而造成的属性冗余。

（3）数据冲突检测与处理

来自不同数据源的数据记录在集成时因某种属性或约束上的冲突，导致集成过程无法进行。例如，当来自两个不同国家的销售商使用的交易货币不同时，无法将两份交易记录直接集成（涉及货币单位不同这一属性冲突）。

3. 数据转换

数据转换的作用是将数据转换成适合数据分析的描述形式，常用的数据转换方法包括以下几种。

（1）数据光滑

使用分箱、回归或聚类技术，去掉数据中的噪声。

（2）数据聚集

对数据集进行汇总或聚集操作，如聚集每个县的销售额以获得每个省或整个国家的销售总额。这一操作常在联机分析处理（OLAP）时用于构建数据立方体。

（3）数据泛化

使用高层概念替换低层或"原始"数据，它是从相对低层概念到更高层概念且对数据库中与任务相关的大量数据进行抽象概述的一个分析过程，如用老、中、青分别代替不同的年龄区间（51~70岁，36~50岁，20~35岁），又如将数据中的城市属性泛化到更高层次的国家属性。

（4）数据规范化

将属性数据按比例缩放到特定的小区间中，以消除数值型属性因大小不一致而造成分析结果的偏差，如将一个城市的房价映射到[0，1]上。数据规范常用于最近邻分类、神经网络等挖掘算法的预处理过程中。对于基于距离的挖掘算法，规范化可以消除因属性取值范围不同而影响挖掘结果的公正性。对于神经网络算法规范化可以提高模型学习速度。常用的规范化范围有最大最小规范化、零均值规范化和十基数变换规范化。

（5）属性构造

属性构造也称为特征构造，根据已有的属性构造新的属性并添加到属性集中。新的属性可表达某类特征，以帮助分析更深层次的知识。如根据车辆行驶时间属性和速度属性可以构造出行驶里程属性。属性构造处理可以减少决策树构造时出现的碎块数量，也可帮助发现属性间的相互关系。

4. 数据规约

随着大数据的出现，数据分析变得非常耗时和复杂，使得传统的数据分析方法不再可行。数据规约技术用于获取数据集的一个精简表示，在保证原始数据信息内涵减少最小化的同时削减数据集规模。对规约后的数据集分析将更加有效，并可产生几乎相同的分析结果。常见的数据规约方法有以下几种。

（1）数据立方聚集

数据立方体存储多维信息。每个单元存放多维空间中的一个数据点，例如，某公司三年销售额的数据立方从时间、公司分支、商品类型三个维度描述了公司的销售额。每个属性维度都对应一个概念分层，允许在多个抽象层进行数据分析。如通过在时间维度上聚集此数据立方可以分析各分支公司对各类商品的三年销售总额。

（2）维规约

维规约使用数据编码或变换方法获得原数据的"压缩"表示。若规约后的数据只能近似地重构原始数据，则该数据规约是有损的；若构造的数据没有丢失任何信息，则是无损的。常使用的有损维规约方法有小波变换和主成分分析（PCA）等。PCA方法可将多维数据降为任意维数，它可用于取值有序和无序的属性，还可用于稀疏或异常数据。离散小波变换则更适合处理高维数据。

（3）数值规约

数值规约利用更简单的数据表达形式来替代原有数据，以达到减少数据量的目的。数值规约技术包含参数和非参数两类基本方法。参数方法利用一个参数模型来计算原来的数据，只需存放模型的参数，如在线性回归模型 $Y=\alpha X+\beta$ 中，只需存储 α 和 β 两个参数就可以通过自变量 X 预测因变量 Y。非参数方法则利用聚类、抽样和直方图等方法获得代表性数据来替代原始数据。

（4）属性子集选择

属性子集选择用于检测和削减无关、弱相关或者冗余的属性或维数。数据集的某些属性与数据分析任务并不相关，如分析某种疾病与人们的饮食习性关系时，个人的电话号码与分析任务无关。如将电话号码属性加入数据分析中，会降低分析结果的有效性，也影响分析效率。属性子集选择的目标是找出最小属性集，使得数据子集的概率分布尽可能地接近原有数据的分布。其优点是减少了数据分析模式中属性数量，简化了模型，使得模型更易于理解。

选择属性子集时，常使用启发式算法来压缩属性的搜索空间。如从一个空属性集开始，每次从原有的属性集中选择一个当前最优的属性添加到当前属性子集中，直到满足一定阈值或者无法再找出最优属性为止。

（5）离散化和概念分层生成

数据离散化将属性的连续值域划分为若干区间，以减少给定连续属性的取值个数。可用区间的标签表示区间内的实际数据值，从而减少和简化原始数据。

3.2.4　数据存储

数据预处理之后的重要步骤是存储数据，以供后续查询和分析。作为整个数据分析及数据可视化过程的基础，数据存储保证了后续过程中数据的正常访问。数据分析与可视化所涉及的数据存储组织形式主要包括文件存储与数据库存储两大类。

1. 文件存储

作为操作系统中数据存储的基本单位，可视化所使用的数据可以直接以文件方式进行存储。该方式中，数据存储的灵活性非常高，使用者可以按照任意格式对所存储的数据进行格式组织，有利于使用者从存储底层开始对存储过程进行调整和优化。然而对于一般用户，这种方式可能会造成访问烦琐、数据约束难以添加等困难，但便捷的数据访问和数据约束设置通常是普通用户经常使用的数据存储高级功能。

从数据安全的角度看，直接使用文件进行存储也会造成安全控制和管理上的诸多不便。

基于文件的典型数据存储格式有电子表单格式与结构化文件格式。

（1）电子表单：电子表单中比较通用的格式是逗号分隔符文件格式（comma-separated values，CSV），每一行为一个数据记录，数据记录中以逗号作为字段分隔符号。以CSV格式存储的文件类似于表格形式。办公软件、商业智能和科学计算领域均使用CSV格式进行数据交换。

（2）结构化文件格式：XML（Extensible Markup Language）文件是结构化文件格式的典型代表。它使用标签形式对数据中的每个记录进行定义，并允许自定义文件属性的描述和约束。很多专业领域的数据交换格式都由XML扩展而来。

2. 数据库

现代数据库管理系统除了具有数据存储管理功能外，还提供丰富的数据查询和分析的功能。从数据库结构模型角度分类，现代数据库系统可大致分为关系型数据库与非关系型数据库两大类。

（1）关系型数据库

关系型数据库的数据模型基础是关系模型，它使用关系代数对数据进行建模与操作，主要包含关系数据结构、关系操作集合和关系完整性约束三部分。关系数据模型中的数据以表格的形式进行表达和存储，数据之间的关系由属性之间的链接进行表达，这样使得用户对数据的感受和理解更加直观。SQL（结构化查询语言）是一种基于关系代数演算的结构化数据查询语言，在关系型数据库系统中作为查询语言出现。

（2）非关系型数据库

随着数据存储要求和访问要求的不断增长，基于传统关系模型的关系型数据库渐渐暴露出一些弊端，例如事务一致性、读写实时性、复杂SQL查询等特性导致的关系型数据库性能下降等。这导致在某些应用场合，关系数据库的特性并没有发挥出应有的作用，反而成为限制系统性能的瓶颈。在一些无需考虑关系数据库某些特性、甚至是关系模型的情形，非关系型数据库成为有效的替代方案。非关系型数据库不使用SQL作为查询手段，数据存储往往不以表格结构为基础，表达数据的关联时也不需要使用表之间的合并操作。从数据库规模角度看，非关系型数据库扩展性较高，可以胜任大尺度数据存储管理任务。数据类型方面，非关系型数据库一般有文档存储、图存储、键–值存储和列存储等类型。

3. 数据仓库

数据仓库是一种特殊的数据库，它一般用于海量数据存储，并直接支持后续的分析和决策操作。与一般的前台业务操作数据库相比，数据仓库通常拥有更大的存储容量，数据流入并存储后很少更改。因此，数据仓库中存储了海量的历史数据，而业务操作数据库通常只维护一部分当前经常使用的数据。

相比数据库等其他存储系统，数据仓库的主要特征包括：面向主题、集成化、非易失和时变[6]。"面向主题"指数据仓库中的数据以分析主题的形式进行组织，围绕主题的数据组织形式有助于分析人员对某一主题中的问题进行分析。"集成化"指数据仓库中的数据可能来自多个数据源，不同数据源之间的数据需要进行预处理（清理、整合、转化等）后才会被统一地存储于数据仓库中，以保持数据仓库中数据属性、约束和结构的完整和一致。"非易失"指即使数据被更新，数据历史也会完整地以快照形式保存在数据仓库中，而不是简单地将历史值抹去后用更新值覆盖。"时变"指装入数据仓库的数据通常都隐式包含时间信息，以此记录较长时间跨度内的数据。

3.2.5　数据分析

数据分析的目的是萃取和提炼隐藏在一大批数据中的信息，以找出所研究对象的内在规律，从而帮助人们理解、判断、决策和行动。例如，开普勒通过分析行星角位置的观测数据，找出了行星运动规律；企业的领导人通过市场调查，分析所得数据以判定市场动向，从而制订合适的生产及销售计划。

广义的数据分析可分为三个类别：统计分析、在线分析（OLAP）和数据挖掘。它们处理数据的数量级递增。统计分析一般针对样本数据，分析过程基于已有的假设，着重于验证假设。OLAP将数据实体的多项重要属性定义为多个维度，允许用户比较不同维度上的数据。因此，OLAP可看成多维数据的分析工具，侧重于查证假设。数据挖掘通常不预设假设，侧重于主动地发现数据中隐藏的有用信息。这些信息可能是预料之中，也可能是预料之外的。数据挖掘力求解决实际问题，处理的数据通常比较复杂。

1. 统计分析

统计分析指对数据进行整理归类并进行解释的过程。按功能标准分类可分为统计描述和统计推断。统计描述指应用统计特征、统计表和统计图等方法，对资料的数量特征及其分布规律进行测定和描述，主要涉及数据的集中趋势、离散程度和相关强度。最常用的统计特征有均值、标准差和相关系数等。统计推断指用概率方法判断数据之间是否存在某种关系及用样本统计特征来推测总体特征的一种重要的统计方法。在现实问题中，由于总体数据量可能很大，难以对总体逐一采集数据，需要通过随机采样的方法获取该总体的随机样本，再通过统计推断来定性或定量地分析所研究总体的特征值，因此，统计推断在现代统计学中的地位和作用越来越重要，已成为统计学的核心内容，是数据分析的重要方法。统计推断主要包括参数估计和假设检验。

参数估计问题也可以分为两种情形。一是总体的分布类型已知，而它的某些参数未知，需要确定其数字特征，从而决定其概率分布函数。例如，已知测量物体重量过程中所产生的误差服从正态分布 $N(\mu, \sigma^2)$，于是，确定测量某个物体重量过程中所产生的误差分布转化为求解未知参数 μ 和 σ 问题。另一类是在实际问题中，事先并不知道总体服从什么分布，只关注总体的某些数字特征，如均值和方差。例如，某零件厂生产的零件寿命不尽相同，为评估产品质量，需估计零件的平均寿命（总体均值）、寿命长短差异（总体方差）和零件在某个概率下处于哪个寿命区间等。上述两类问题都涉及估计总体分布的一些数字特征，它们与概率分布中的参数有一定关系，因此称为参数估计问题。参数估计根据所得出结论的方式不同有两种形式：点估计和区间估计。点估计以样本的某些统计量作为总体参数的估计值，而区间估计则计算参数的分布范围，并指出该参数以多大的概率（置信度）被置于此范围。

常用的点估计方法有矩估计和极大似然估计。矩估计采用样本的各阶矩作为总体各阶矩的估计量，建立含有待估参数的方程，从而解出待估参数。矩估计方法直观，对于大部分分布都可以用样本矩来作为总体矩的估计量，但如果假设的分布不存在矩，如柯西分布，则无法用矩估计方法。

点估计用一个确定的值去估计未知的参数，具有较大的风险。所估计的总体参数与样本估计量刚好吻合的可能性较小。但所估计的总体分布参数落在以估计值为中心的某一小区间内的概率较大，求这种区间的方法即为区间估计法。

统计分析方法有其自身的局限，归结起来有以下三点。

● 现实生活极其复杂，诸多因素常常纠缠交错在一起，仅靠统计分析方法难以全面地解释这些因素及其相互关系。

● 统计分析方法的运用依赖于数据资料本身的性质、统计方法的适用程度和用户对统计原理及统计技术的理解、掌握程度与应用水平。方法选择不当，往往导致错误的分析结论。

● 统计推断以概率为基础，获得的结论并非绝对正确。例如，从样本统计量推断总体参数的信息时，当在0.95概率基础上比较两个总体平均数是否相等并认为它们之间存在或不存在显著差异时，推断错误的可能性尚有5%。

2. 探索性数据分析

探索性数据分析（exploratory data analysis）指对已有的原始数据在尽量少的先验假定下，将统计方法与作图、制表、方程拟合和特征量计算等手段相结合，探索数据的结构和规律的一种数据分析方法[13]。探索性数据分析主要应用于数据的初步分析，帮助用户辨析数据的模式和特点，并灵活地选择合适的分析模型，揭示数据相对于常见模型的种种偏离。在此基础上，再采用假设检验和区间估计等统计分析方法，可以科学地评估所观察到的模式。

相对于传统统计方法，探索性数据分析有以下特点。

● 传统统计方法通常先假定一个模型（如正态分布），再使用此模型进行拟合、分析及预测。现实中的多数数据并不满足假定的理论分布，因此统计结果常常并不令人满意。而探索性数据分析方法从原始数据出发，不拘泥于模型的假设，处理数据的方式灵活多样，更看重方法的稳定性，而不刻意追求概率意义上的精确性。

● 传统的统计方法比较抽象和深奥，需要专家使用。探索性数据分析方法的分析工具简单直观，易于普及。它强调采用数据可视化工具揭示数据中隐含的有价值的信息，发现其遵循的普遍规律及与众不同的突出特点。

探索性数据分析是现代数据可视化的前驱，其中的大部分可视化手段构成了数据可视化的基础，具体方法详见本书第4章和第7章。

3. 数据挖掘

面对"堆积如山"的数据集合，传统的统计分析方法只能获得这些数据的表层信息，而不能获得数据属性的内在关系和隐含的信息。大量的数据被搁置，导致"数据爆炸但信息贫乏"的现象。

数据挖掘指从数据中发现知识的过程[3]。数据挖掘的对象是大规模的高维数据，这些数据可能来自于数据库、数据仓库或者其他数据源，可以是任何类型的数据，如数据流数据、有序数据、网页数据、多媒体数据、文本数据、空间数据等。数据挖掘与传统数据分析的本质区别在于数据挖掘是在没有明确假设的前提下去挖掘信息和发现知识。例如，将数据挖掘用于数据库的目的不是数据查询，而是发现新的数据模式，如根据顾客的收入、购物历史等预测顾客的购物爱好。数据挖掘也特别关注异常数据，如根据与以往年份商品销售情况的差异分析出顾客口味的变化，又如当数据挖掘用于网络数据时，可以根据消息流的异常检测发现网络入侵。

数据挖掘的常见功能可以分为预测、聚类分析、关联分析和异常分析等。

分类和回归是数据挖掘中预测问题的两种主要类型。分类将事物打上一个类别标签，预测的结果为离散值，如判断一幅图像中的动物是狗还是猫。回归模型则利用数学模型来预测一个数值，预测的结果是连续的，例如，通过地段、人口等因素预测一个地区的房价。常用的分类器有决策树、K最近邻、SVM、神经网络等。

聚类指将数据集聚集成几个簇（聚类），使得同一个聚类中的数据集之间最大限度地相似，而不同聚类中的数据集最大限度地不同，利用分布规律从数据集中发现有用的规律。例如，市场营销中可以将客户聚集成几个不同的客户群，从而发现客户群及其相应的特征，由此对不同的客户群采用不同的营销策略。

聚类与分类的区别在于，聚类不依赖于预先定义好的类，不需要训练集，因此通常作为其他算法（如特征和分类）的预处理步骤。常见的聚类方法有基于划分的方法、基于层次的方法、基于密度的方法、基于模型的方法和基于网格的方法等。K-means算法是其中应用最广泛的方法。K-means算法认为两个对象的距离越近，其相似度就越大。该算法认为聚类簇是由距离靠近的对象组成，因此该算法的目标是获得紧凑且独立的簇。

当数据集中的属性取值之间存在某种规律，则表明数据属性间存在某种关联。数据关联是数据集中的一类重要的可被发现的知识，反映了事件之间依赖或相关性的知识。最典型的关联规则例子是"尿布与啤酒"的故事：沃尔玛的超市管理人员分析销售数据时发现了一个令人难于理解的现象，在某些特定的情况下，啤酒与尿布两件看上去毫无关系的商品会经常出现在同一个购物篮中。

关联分析是一种在大规模数据集中寻找有趣关联关系的非监督学习算法。这些关系有两种形式：频繁项集和关联规则。频繁项集是经常一起出现的物品的集合，关联规则暗示两种物品之间可能存在很强的关系。常通过计算支持度和置信度来获得频繁项集和关联规则。

在海量数据中，有少量数据与通常数据的行为特征不一样，在数据的某些属性方面有很大的差异。它们是数据集中的异常子集，或称离群点。通常，它们被认为是噪声，常规的数据处理试图将它们的影响最小化，或者删除这些数据。然而，这些异常数据可能是重要信息，包含潜在的知识。例如，信用卡欺诈探测中发现的异常数据可能隐藏欺诈行为；临床上异常的病理反应可能是重大的医学发现。

异常检测的基本方法是寻找观测结果与参照值之间有意义的差别。常见的方法有以下几种。

● 请领域专家标志部分正常数据对象和离群点对象，利用这些对象建立离群点监测模型，所使用的方法又可分为监督方法、半监督方法和无监督方法。

● 统计学方法：对数据的表现做出一个统计模型假定，符合此模型的被认为是正常数据，而不符合该模型的数据是离群点。

● 基于邻近性的方法：在特征空间中，如果数据远离它最邻近的数据，则认为它是离群点。

● 聚类方法：对数据聚类后，小的或者稀疏的簇中的数据可判定为离群点。

3.3　可视化+

在数据分析过程中，可视化通过交互式视觉表现的方式来帮助人们探索和理解复杂的数据。因此，可视化可以适用于数据从获取到知识计算的各个环节，通俗地称这种思想为"可视化+"。

适度地在大数据与人工智能的各个方法中应用可视化+，能迅速和有效地简化与提炼数据流，帮助用户交互地筛选出大量的数据，有助于使用者更快更好地从复杂数据中得到新的发现，成为用户了解复杂数据、开展深入分析不可或缺的手段。可视化贯穿了数据分析的整个流程，成为数据分析中必不可少的分析手段。

3.3.1　可视数据探索

早期的统计学家结合统计和二维可视化技术，发展了一门称为探索式数据分析的方法。在前期探索中，可视化能够帮助我们：① 了解数据的基本特征；② 发现数据潜在的模式；③ 指导下一步的建模策略；④ 为工程提供参考信息和必要的更正。

常用可视化手段有：① 利用直方图查看数据的大体分布；② 利用箱线图分析数据的均值、最大最小值、方差等；③ 利用细密的直方图展示单个属性的密度值，利用气泡图（如图3.7所示）展示多个属性的密度值，还常用热力图展示二维空间上的密度和值分布；④ 利用散点图和散点图矩阵分析两两变量之间的关联性，利用平行坐标分析多个变量之间的关联性；⑤ 利用曲线图、趋势图展示时序数据的变化趋势；⑥ 利用树图、饼图查看数据中部分与整体的关系。

3.3.2　数据预处理与可视化

数据预处理是可视化之前的数据处理阶段不可或缺的组成部分。另一方面，可视化也可以提高数据预处理过程的效率。图3.8展示了使用网络的矩阵视图进行数据清理的实例。一些经过精心设计的可视化工具允许用户交互地进行数据清理工作，包括对数据记录和属性的分割、合并和转换操作等。

3.3.3　数据存储与可视化

数据存储集合中的数据可通过可视化工具进行查看，可视分析工具则可支持分析人员对数据进行分析。例如，微软在Excel中集成了三维的可视化工具GeoFlow和Power Map，支持分析最高达100万行的

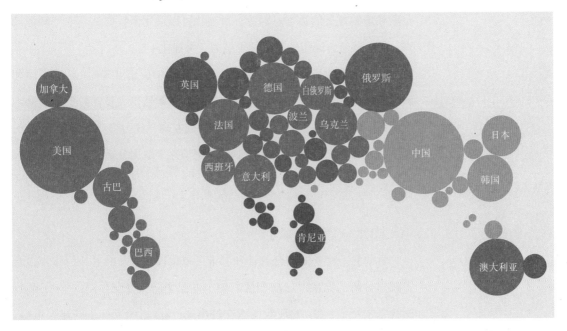

图3.7 通过气泡图展示北京奥运会各国奖牌数量分布

Excel工作簿，并可将结果与Bing Map结合，支持地理空间大数据可视化。数据库工具Ploceus[9]使用网络形式对关系型数据库中的表格数据进行可视化，将多维、多层次的表格数据映射为结点–链接图进行分析，并支持表格上的各种代数运算，提供了动态网络操作和视觉探索的无缝整合分析体验，并提供了若干数据查询和操作功能。数据仓库工具Polaris[11]系统以多维数据立方体方式对数据仓库中的高维数据进行可视化和分析。

3.3.4 可视数据挖掘与可视分析

传统的数据挖掘完全依赖机器智能来获取数据中的知识，理论模型和算法复杂，学习过程长。另一方面，机器智能在面临许多复杂情况时仍然远不及人脑智能的水平。例如，人眼很容易识别某张肖像画的绘制对象，但计算机很难将其与绘制对象进行匹配。此外，数据挖掘的结果通常带有噪声，必需人工解释和滤波，而这需要高效的人机交互界面才能完成。

在数据挖掘过程中，使用可视化技术，可以帮助用户更紧密地参与到整个挖掘过程中，更好地发挥人的感知与判断能力。在这种情况下，可视数据挖掘[10]应运而生。它使数据挖掘过程以计算机为中心向以人为中心转变，可视化的引入使整个数据挖掘过程清晰可见。与数据挖掘

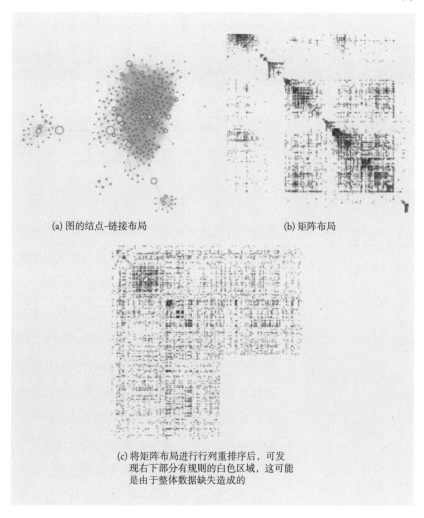

(a) 图的结点-链接布局　　　　　　　　　　　　　　(b) 矩阵布局

(c) 将矩阵布局进行行列重排序后，可发
现右下部分有规则的白色区域，这可能
是由于整体数据缺失造成的

图3.8 使用简单可视化方法对
网络结构数据进行可视化清理的
例子[7]

相比，可视数据挖掘更容易处理复杂数据和噪声，且更加直观和易用。

可视数据挖掘的关注重点是高维非结构化数据，因而主要依赖于高维数据可视化方法，详细技术参见本书第7章。

实际上，可视化技术应当应用于数据挖掘过程的各个阶段。例如，在挖掘模型设计中可视化反馈可以使用户迅速了解到有关数据属性的更多信息，更清楚应该从哪些数据着手进行挖掘；而在挖掘过程中根据可视化反馈，用户可以对当前挖掘过程的进展情况和产生的效果进行评估，调整下一步挖掘的方向和方法。例如，CNNVis[8]（如图3.9所示）展示了各神经元对各类图像的激活值，从而帮助用户分析各个神经元的功能，并以此为指导手工调节相应权重来优化训练神经网络的效果；对挖掘结果的可视化可以让用户知道原先选择的模型是否正确，发现数据挖掘过程中得到的新规律，如图3.9所示的视频行人识别系统中，通过分类结

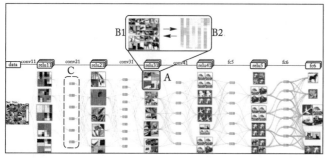
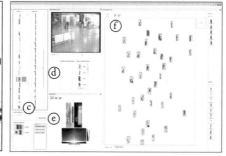

图3.9 面向深度神经网络的可解释的可视化工具CNNVis[8]

果的可视化让用户判断当前模型对哪些数据分类效果不佳，对这些数据用户重新手工标识后加入训练器以提高分类模型的准确率。这些因素促使可视化人机交互与数据挖掘的进一步融合。

从本质上说，数据可视化旨在提供一种直观的视觉界面，让用户通过人脑智能发现数据中蕴涵的知识。数据挖掘则通过计算机的计算能力，即机器智能来实现对数据特征的计算和知识的挖掘。新时期科学发展和工程实践的历史表明，数据分析所产生的知识与人类掌握的知识的差异正是导致新知识发现的根源，而表达、分析与检验这些差异必需人脑智能的参与。为此，需要一种新的结合可视化和数据挖掘的分析模式，称为可视分析，即以视觉感知为基本通道，通过可视化和交互界面，将人的智能特别是"只可意会，不能言传"的人类知识和个性化经验融入整个数据分析和推理决策过程中，以迭代求精的方式将数据的复杂度降低到人类和计算机能处理的范围，获取有效知识。

显然，可视分析不是可视化与数据挖掘方法的简单叠加。可视分析的流程是一个螺旋式的探索过程，需要依据人的知识和经验，通过人机交互，逐步明晰数据挖掘的目标，融入新的知识，发现隐含在数据背后的现象与规律。

习题三

1. 有如下二维数据集，包含了五个二维数据 P_1, P_2, P_3, P_4, P_5：

	P_1	P_2	P_3	P_4	P_5
X坐标	−1.00	−0.50	0.00	0.50	1.00
Y坐标	0.13	0.24	0.35	0.40	0.35

请给定一个新的数据点 P= (−0.40, 0.20)，求 P 与上述点的曼哈顿距离、切比雪夫距离和夹角余弦值（保留两位小数）。

2. 用样本估计整体，现有 10 个样本数据如下：

47	49	57	49	54	52	57	49	51	35

请计算样本的均值、中位数、四分位数间距、极差和标准差；分析数据的偏态和峰态；绘制样本数据的盒须图，如果存在异常值，请在图中标出。

3. 请对以下身高体重数据绘制散点图，并做线性回归分析。

身高 （cm）	169	163	179	158	170	175	160	155
体重 （kg）	54	51	74	49	65	70	50	45

4. 使用常见高维数据集熟悉常用数据挖掘方法，如 K-means 聚类分析、决策树分类等。
   一些常见的高维数据集有 Iris Data Set、Automobile Data Set 等。

5. 请描述在进行数据分析时，统计分析方法、探索性数据分析和数据挖掘三类方法各有什么侧重点和优势。

参考文献

[1] CHA S. Comprehensive Survey on Distance/Similarity Measures between Probability Density Functions [J]. International Journal of Mathematical Models and Methods in Applied Sciences, 2007, 1 (2): 300-307.

[2] DEZA E, DEZA M M. Dictionary of Distances [M]. Amsterdam: Elsevier Science, 2006.

[3] FAYYAD U, STOLORZ P. Data Mining and KDD: Promise and Challenges [J]. Future Generation Computer Systems, 1997, 13(3): 99-115.

[4] FREEDMAN D, PISANI R, PURVES R. Statistics [M]. New York: W. W. Norton&Co., 2007.

[5] HAN J, KAMBER M. Data Mining: Concepts

and Techniques [M] . 3rd edition. Burlington,
Massachusetts: Morgan Kaufmann Publishers, 2011.

[6] INMON W H. Building the Data Warehouse [M] . 4th
edition. Hoboken, New Jersey: John Wiley & Sons,
2005.

[7] KANDEL S, HEER J, PLAISANT C, et al. Research
Directions in Data Wrangling: Visualizations and
Transformations for Usable and Credible Data [J] .
Information Visualization Journal, 2011, 10 (4) : 271-
288.

[8] LIU M, SHI J, LI Z, et al. Towards better analysis
of deep convolutional neural networks [J] . IEEE
transactions on visualization and computer graphics,
2017, 23 (1) : 91-100.

[9] LIU Z, NAVATHE S, STASKO J. Network-based
Visual Analysis of Tabular Data [C] // IEEE Conference
on Visual Analytics Science and Technology 2011.
Washington D C: IEEE Computer Society Press, 2011:
41-50.

[10] ROSSI F. Visual Data Mining and Machine Learning
[C] //Proceedings of European Symposium on Artificial
Neural Networks. Belgium 2006: D Facto Publishing,
2006: 251-264.

[11] STOLTE C, TANG D, HANRAHAN P. Polaris: A
System for Query, Analysis and Visualization of
Multi-dimensional Relational Databases [J] . IEEE
Transactions on Visualization and Computer Graphics,
2002, 8 (1) : 52-65.

[12] TAYLOR B, KUYATT C. Guidelines for Evaluating
and Expressing the Uncertainty of NIST Measurement
Results [R] . Washington D C: U.S. Department
of Commerce, Technology Administration, National
Institute of Standards and Technology, 1994.

[13] TUKEY J. Exploratory Data Analysis [M] . Boston:
Addison-Wesley, 1977.

[14] WILKINSON L, WILLS G. The Grammar of Graphics
[M] . New York: Springer, 2005.

第4章 数据可视化流程

经过多年的研究和应用，在可视化设计、开发和应用方面已积累了大量的经验。尽管不同领域的数据可视化将面对不同的数据、面临不同的挑战，但可视化的基本步骤、流程和体系是共同的。本章概要地介绍数据可视化的基本流程和核心步骤，总结基本的可视化图表映射方法，并阐述数据可视化的基本设计理论。

4

4.1 数据可视化流程

可视化不是一个单独的算法，而是一个流程。除了视觉映射外，也需要设计并实现其他关键环节如前端的数据采集、处理和后端的用户交互。这些环节是解决实际问题必不可少的步骤，且直接影响可视化效果。作为可视化应用的设计者，解析可视化流程有助于把问题化整为零，降低设计的复杂度。作为可视化开发者，解析可视化流程有助于软件开发模块化，提高开发效率、缩小问题范围、重复利用代码。作为可视化软件工具开发者，解析可视化流程有助于设计工具库、编程界面和软件模块。

可视化流程以数据流向为主线，其主要模块包括数据采集、数据处理和变换、可视化映射和用户感知。整个可视化过程可以看成数据流经一系列处理模块并得到转换的过程。用户通过可视化交互和其他模块互动，通过反馈提高可视化的效果。具体的可视化流程有很多种。图4.1为一个可视化流程的概念图。

数据采集 数据是可视化的对象。数据可以通过仪器采样，调查记录，模拟计算等方式采集。数据的采集直接决定了数据的格式、维度、尺寸、分辨率和精确度等重要性质，并在很大程度上决定了可视化结果的质量。在设计一个可视化解决方案的过程中，了解数据的来源、采集

图4.1 可视化流程概念图

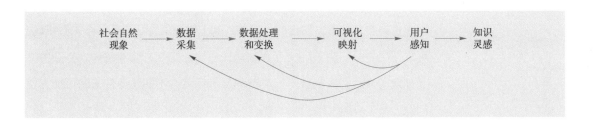

方法以及数据的属性，才能有的放矢地解决问题。例如在医学可视化中，了解MRI和CT数据的来源、成像原理和信噪比等有助于设计更有效的可视化方法。复杂的数据采集可以通过人工智能来优化采样方式，或改进传感器位置布局来更好地采集数据等。

数据处理和变换 数据的处理和变换可以认为是可视化的前期处理。一方面原始数据不可避免含有噪声和误差。另一方面，数据的模式和特征往往被隐藏。而可视化需要将难以理解的原始数据变换成用户可以理解的模式和特征并显示出来。这个过程包括去噪、数据清洗、提取特征等，为之后的可视化映射做准备。人工智能的兴起为数据变换和处理提供了丰富的工具。人工智能里研究的数据分割、分类、降维、投影等方法可以直接用于可视化前的数据处理，为可视化提供更易于人理解的数据。

可视化映射 可视化映射是整个可视化流程的核心。该步骤将数据的数值、空间坐标、不同位置数据间的联系等映射为可视化视觉通道的不同元素，如标记、位置、形状、大小和颜色等。这种映射的最终目的是让用户通过可视化洞察数据和数据背后隐含的现象和规律。因此可视化映射的设计不是一个孤立的过程，而是和数据、感知、人机交互等方面相互依托、共同实现的。在复杂的数据中，可视化映射往往也比较复杂，有时需要有专业知识的用户通过交互找到比较理想的映射方式。用户的交互过程往往费时费力，而人工智能可以用来学习用户建立的可视化映射方式，对其改进并推广到更多数据中去。

用户感知 用户感知从数据的可视化结果中提取信息、知识和灵感。也许可视化和其他数据分析处理方法最大的不同是用户的关键作用，可视化映射后的结果只有通过用户感知才能转换成知识和灵感。用户的目标任务可分成三类：生成假设、验证假设和视觉呈现。数据可视化可用于从数据中探索新的假设，也可证实相关假设与数据是否吻合，还可以帮助专家向公众展示数据中的信息。用户的作用除被动感知外，还包括与可视化其他模块的交互。交互在可视化辅助分析决策中发挥了重要作用。有关人机交互的探索已经持续很长时间，但智能、适用于海量数据可视化的交互技术，如任务导向的、基于假设的方法还是一个未解难题。可支持用户分析决策的交互方法涵盖底层的交互方式与硬件、复杂的交互理念与流程，需克服不同类型的显示环境和不同任务带来的可扩充性问题。

以上几个可视化模块构成大多数可视化方法的核心流程。作为探索数据的工具，可视化有它的输入和输出。可视化的对象或者说研究的问题并非数据本身，而是数据背后的社会自然现象和过程。例如，基于医学图像研究疾病攻击人体组织的机理，气象数值模拟研究大气的运动变化、灾害天气的形成等。可视化的最终输出也不是显示在屏幕上的像素，而是用户通过可视化从数据中得来的知识和灵感。

图4.1中各模块之间的联系并不仅是顺序的线性联系，而是在任意两个模块之间都存在联系。图4.1中的顺序线性联系只是对这个过程的一个简化表示。例如，可视化交互是在可视化过程中，用户控制修改数据采集、数据处理和变换、可视化映射各模块而产生新的可视化结果，并反馈给用户的过程。

下面介绍几种代表性的可视化模型。图4.2是Haber和McNabb提出的泛可视化流水线[3]，描述了从数据空间到可视空间的映射，包含串行处理数据的各个阶段：数据分析、数据过滤、数据的可视映射和绘制。这个流水线常用于科学计算可视化系统中。

图4.3是Card，Mackinlay和Shneiderman描述的信息可视化流程模型，改进了由Ed Chi提出的数据状态模型：将流水线改进成回路，用户可在任何阶段进行交互。

可视分析学的基本流程则通过人机交互将自动处理和可视分析方法紧密结合。图4.4展示了一个典型的可视分析流程图。这个流水线的起点是输入的数据，终点是获得的知识。从数据到知识有两个途径：对数据进行交互可视化，以帮助用户感知数据中蕴含的规律，或按照给定的先验假设进行数据挖掘，从数据中直接提炼出数据模型。用户既可以对可视化结果进行交互的修正，也可以调节参数以修正模型。

图4.2　由Haber和McNabb提出的可视化流水线

在许多应用场合，需要在可视分析或自动分析之前对多源、异构的

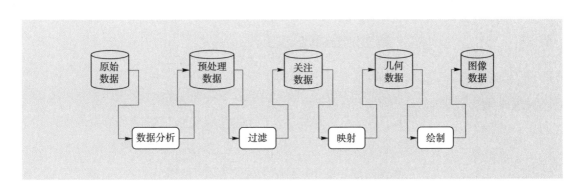

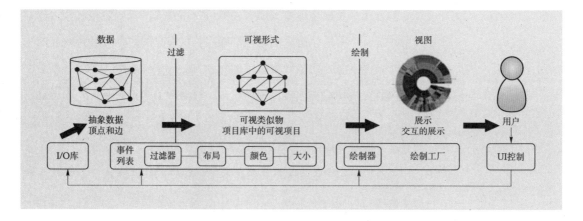

图 4.3 信息可视化参考流程

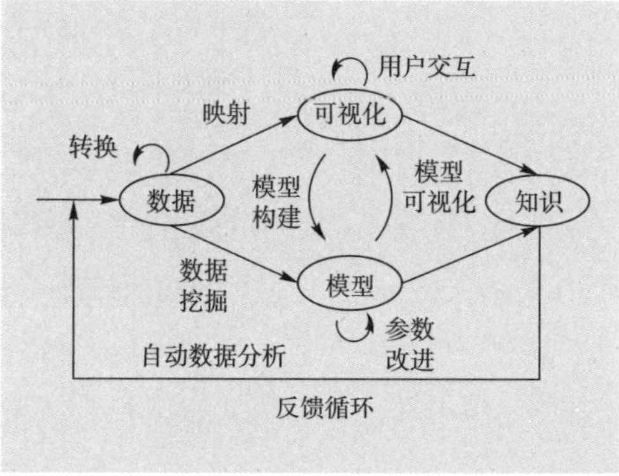

数据进行整合。因此，流程的第一步是对数据进行预处理和变换，导出统一的表达，便于后续的分析。其他的预处理任务包括数据清洗、数据规范、数据归类等。

图 4.4 欧洲学者 Daniel Keim 等提出的可视分析学标准流程

数据预处理后，分析人员可以在对数据进行自动分析或交互可视分析之间选择。如果选择自动分析，则通过数据挖掘方法从原始数据中生成数据模型。可视化界面为分析人员在自动分析方法基础上修改参数或选择分析算法提供了方便，并可提高模型评估的效率。允许用户自主地组合自动分析和交互可视分析的方法是可视分析学流程的基本特征，整个流程迭代地对初始结果进行改善和验证，有助于及早发现任何中间步骤的错误结果或自相矛盾的结论，从而快速获得高可信度的结果。

4.2 数据处理和数据变换

在可视化流程中，原始数据经过处理和变换后得到干净、简化、结构清晰的数据，并输出到可视化映射模块中。数据处理和变换直接影响到可视化映射的设计，对可视化的最终结果也有重要的影响。

数据处理和变换在科学领域里的应用范围很广，历史也很悠久。例如，传统的统计学、信号处理、时变函数分析等都可以用于对数据的处理。计算机科学的兴起帮助这些学科把它们发展出来的算法更快、更方便地应用在具体问题中。然而，随着科学技术、工程技术和社会的发展，无论是仪器采集还是模拟计算产生的数据，都越来越趋向于海量、高维、高精度和高分辨率，对原始数据直接进行可视化不但可能超过计算机内存和处理器的极限，也会超过用户感知的极限。

人工智能和大数据近年来的增速发展为这个问题提供了解决方案。同属人工智能领域的数据挖掘、模式识别、计算机视觉和机器学习为海量数据的处理和变换提供了优于传统数据处理方法的效率、有效性和易用性。同时，人工智能还开辟了计算机对数据和数据处理方法进行学习的领域。传统的数据处理方法是提前研究后固定下来的，除了参数的设定，方法本身不随数据而改变。这样，海量数据中存在的大量信息无法反馈给处理方法，白白浪费了。人工智能方法对数据本身进行挖掘和学习，其方法随所见数据量的增加而逐渐提高精度和速度。在数据量日益增长，采集数据的成本不断降低的今天，通过机器学习的方式不断加强处理数据的能力有可能对数据处理有革命性的改进。

从可视化角度看，信息并非越多越好。通过数据简化，可以有选择地控制所显示数据的尺寸和复杂度，达到从数据中有效获得知识和灵感的目的。数据简化的两个着眼点是降维和重新采样。

经过处理和变换的数据通常会损失原始数据中的一些信息或加入本来不存在的信息。例如，在采用平滑滤波器去噪的过程中，会损失一些高频信号。某些领域的专家希望直接处理原始数据，而不希望有滤波或插值等中间过程。当然，数据的有效处理和变换可屏蔽噪声等干扰信息，强化有意义的信息，是挖掘数据中有价值的催化剂。在设计可视化时，需要慎重考虑数据的性质、用户需求，有针对性地使用数据处理和变换，并向用户表明数据处理和变换可能造成的信息损失或增加。

基于可视化设计者的角度，计算机不需要、也不可能完全理解数据并直接简化成知识。可视化设计旨在为用户提供可视界面，让用户基于个性化知识和经验，加上对复杂数据的视觉观察获得知识和灵感。另一方面，从最终的数据理解和知识发现的目的看，可视化和人工智能又是一致的。总而言之，数据可视化与人工智能方法各司其职、密不可分、互相促进。特别地，可视化中使用的数据处理和变换方法借鉴和发展了人工智能相关学科的经验与技巧。

下面讨论一些在可视化中常用的数据处理和变换类型。有兴趣的读者可以进一步阅读数据挖掘、模式识别、计算机视觉和机器学习领域的相关文献。

4.2.1 数据滤波

数字滤波器在信号处理中的作用是从数据信号中去除不需要的部分。在可视化中常采用数据滤波来去噪。事实上，在数据采集的过程中噪声不可避免。如果数据来源于传感器，那么仪器的误差和环境中的光、电、磁信号噪声会造成数据中的噪声。如果数据源于模拟计算，则初始数据、计算参数、计算网格的不确定性和数值计算精度的限制会造成数据中的噪声。这些噪声在可视化中会遮盖数据本身的特征，形成对用户的误导。

很多噪声信号的频率比有效数据信号高（例如电视中的雪花噪声和视频画面），因此可以用低通滤波器有效地去除。这个操作可以在空间域

图4.5 数据滤波

（通常是采集信号的空间）或频域（即信号频率的取值空间）中进行。空间域的信号可以通过傅立叶变换与对应的频域信号相互转换。在频域中去高频很简单，即用一个方块滤波器设定频率阈值并截取阈值以下的信号，舍弃阈值以上的信号。在空间中这个操作是数据信号和给定滤波器的卷积。

为了理解卷积操作，图4.5（a）中显示了一个一维离散数据用移动窗口平均的过程。在这个数据中，A点受噪声的影响产生异常值。用方框显示的移动窗口以A点为中心，包括了A点周围的5个点，取其平均值作为A点去噪声后

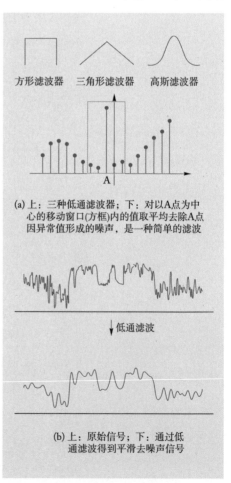

方形滤波器　三角形滤波器　高斯滤波器

A

(a) 上：三种低通滤波器；下：对以A点为中心的移动窗口(方框)内的值取平均去除A点因异常值形成的噪声，是一种简单的滤波

↓低通滤波

(b) 上：原始信号；下：通过低通滤波得到平滑去噪声信号

的值。卷积的原理和移动窗口平均的方式很接近，不同之处在于卷积使用滤波器做加权平均。

低通滤波器有很多选择。理想的频域低通滤波器自然是截取低频信号的方形滤波器。与之对应的空间低通滤波器是 $\mathrm{sinc}(x) = \sin(x)/x$ 滤波器，但因为其计算复杂，往往被其他滤波器取代，如三角滤波器和高斯滤波器等，如图4.5（a）所示。低通滤波器所覆盖的面积需要等于1，以保持整体数据值的恒定。图4.5（b）显示了一个连续一维信号经过低通滤波后的信号。

除低通滤波器之外，滤波器还包括高通滤波和频带滤波等，分别用于过滤低频信号或除指定频段外的所有频率信号。例如，在需要检测数据中边界时可以用高通滤波，原因是边界附近的数据变化较大，频率较高。

卷积操作的另一个应用是数据重建。例如，在图4.5（a）中，如果A点的数据缺失，可以用它附近点的加权平均来重建A点的值。数据重建是数据和滤波器在数据缺失点的卷积。

如果噪声的特征比较复杂，可以引入人工智能方法学习噪声的特征并有针对性地滤掉。

4.2.2　数据降维

MOOC微视频：
降维方法展示

高于三维的数据超出了可视化可显示的维度，需要发展新的思路。可选择的方法有维度选择（选择重要的维度）、低维空间嵌入（简称降维）、维度堆叠（将多个维度摊平到低维空间）等。其中，维度选择、低维空间嵌入的方法属于人工智能中机器学习方法；维度堆叠的思想被广泛应用于高维数据可视化显示环节，如平行坐标法、维度堆叠法，详见本书第7章。

高维数据的数据降维方法有多种，包括将高维数据压缩在低维可以显示的空间中；设计新的可视化空间；直观呈现不同维度的相似程度等。数据降维的方法分为线性和非线性两类，其目的都是在降低数据维度的同时尽量保持数据中的重要属性、重要结构或关联。线性方法包括多维尺度分析（multidimensional scaling，MDS）、主成分分析（principal components analysis，PCA）和非负矩阵分解（non-negative matrix factorization，NMF）。非线性方法的代表有等距特征映射（isometric

104

feature mapping，ISOMAP）、自组织映射（self-organizing mapping，SOM）、局部线性嵌入（locally linear embedding，LLE）和t-分布随机近邻嵌入（t-distributed stochastic neighbor embedding，t-SNE）等等。在本书第7章中将对数据降维进行详细的介绍。

4.2.3　数据采样

原始数据以离散形式出现在数据采集、存储和计算的环节，在将离散数据转换为连续信号进行处理或将数据的维度和粒度进行变换时，需要对数据进行重新采样，使之满足所要求的分辨率、精度、粒度或尺寸。常见的例子包括：放大缩小视角、填补缺失信息、计算某精确位置的数据。针对离散数据集，往往通过插值法得到给定位置处的采样数据。数据插值的方法有分段常数插值、线性插值、多项式插值和样条插值等，在信号处理和数值计算的书中均有系统的介绍[1]。

分段常数插值即取距离采样点最近的数据作为采样点值。在一维空间中的线性插值相当于用直线连接相邻的两数据点，然后基于采样点的位置在直线上取值。如果在两个点 (x_1, y_1)，(x_2, y_2) 之间做线性插值，则插值点 $y=y_1+(y_2-y_1)(x-x_1)/(x_2-x_1)$。多项式插值是线性插值的推广，这个方法用多项式曲线代替分段直线。多项式插值比线性插值平滑，但复杂度较高。样条插值用低阶曲线分段插值，并确保曲线间连接的平滑性。图4.6（a）~图4.6（d）展示了三种一维空间中的插值方法。

上述方法可以推广到二维或高维空间中：在二维规则网格中的线性插值称为双线性插值，同理可得三维空间中的三线性插值。

常见的数据采样方法包括随机采样、分层采样、聚类采样、重要性采样等。这些采样方法在可视化和机器学习领域都有广泛应用。机器学习方法经常应用在可视化映射之前的数据处理，相应的数据采样方法也就渗透到可视化结果中。

4.2.4　数据聚类和剖分

高维、大尺度和多变量数据导致可视化时信息超载。通过聚类可以将数据中类似的采样点放在同一类中，在可视化中仅显示类别，而隐藏具体的数据点，以减少视觉干扰并展示数据中重要的结构。与简单的降维和插值不同，利用聚类和切分可以把数据中有相似特征的区域和相邻

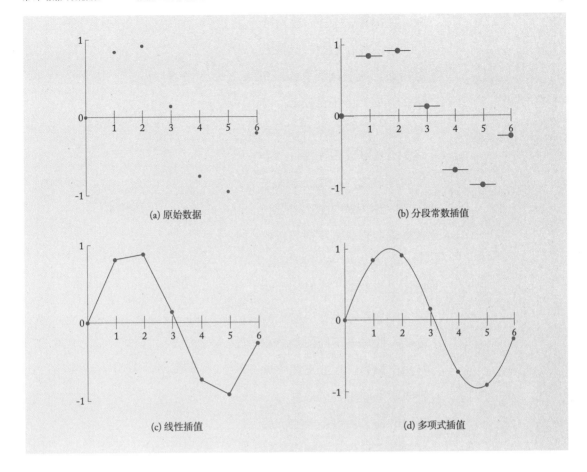

(a) 原始数据 　 (b) 分段常数插值

(c) 线性插值 　 (d) 多项式插值

图4.6 一维数据插值

区域分开来，基于数据本身性质和特征实现数据的简化。

数据聚类的例子包括在社交网络里对不同人群的聚类，在生物领域对基因序列的聚类，在多媒体领域对文本、图像和视频的聚类等。很多复杂数据的可视化利用聚类来简化数据的复杂度，提取重要信息。

举一个简单的例子。图4.7（a）显示一个银行里某些储户按存款和年龄分布的信息。这里并没有明显的线性关系，即储户的存款并非按年龄线性增长。对这个数据进行简单的聚类后，在图4.7（b）中将数据点按点与点之间的平面距离聚合成四个具有类似特征的类。这里可以看到在一定年龄段储户的存款随年龄而增长（左下类），当达到一定年龄后反而会减少（左上类）。而两个含有单一元素的类（右上和右下类）则很可能是离群值，不具有代表性。

数据聚类是人工智能大领域中模式识别和数据挖掘两个小领域的核心问题[2]。大多数聚类方法需要定义数据点之间的相似度，将相似度高的数据点聚为一类。这里介绍两种简单的方法：层次聚类和k-均值聚类。

层次聚类法[8]假设相距较近的点比相距较远的点更相似。基于这个思路，算法将数据集中相距较近的点划归在一起形成聚类。一个聚类大致可以用连接该类中不同部分之间的最大距离来定义。当取不同的距离值时，数据集会聚合成不同数目的类，可以用一个分支图表示。层次聚类并不产生单一的分类，而是提供多个层次上的分类，低层中不同的类会在高层中融合。在分支图中纵轴表示每层中各类融合的距离，横轴上列出各个类。层次聚类方法根据不同类之间

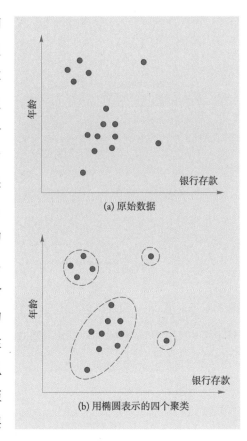

(a) 原始数据

(b) 用椭圆表示的四个聚类

图4.7 银行储户聚类

链接的准则可以分为单链接（两个类中数据点间最小距离）和全链接（两个类中数据点间最大距离）等方法。层次聚类可以为可视化提供一个连续的数据简化，用户通过改变聚类层次观察不同程度简化后的数据。

另一种常用的聚类方法是以 k-均值聚类方法[5]为代表的基于中心点的聚类方法。k-均值方法由用户输入聚类数目 k，随机取 k 个数据点作为中心，将所有数据点按距离分配到这些中心所在的类中，计算新的中心，重复地计算中心点的位置并聚类，一直到聚类不再变化为止。k-均值方法简单而且对很多数据聚类效果好。缺点是需要用户输入 k 值，而且趋向于得到类似大小的类。

当然除了这些方法以外，还有大量聚类方法，如高斯混合模型、只需要相似度矩阵就能聚类的谱聚类（spectral clustering）、基于密度的DBSCAN等，各有所长，有兴趣的读者可以阅读相关资料。

4.2.5 数据配准与转换

数据可视化往往需要在同一空间中显示不同时间、不同角度、不同

MOOC微视频：
k-均值聚类动
画演示

仪器或模拟算法产生的数据。例如，医生在观察病人的医学图像时会把当前的图像和该病人以前扫描的图像或健康人的图像做比较，观察其异同。气象专家在观察气象数据时会比较模拟算法产生的结果、气象台观测数据以及卫星图片等。这种不同数据之间的比较需要在同一空间中配准。图4.8（a）和图4.8（b）示意了数据配准的过程。不同尺寸、方向的数据通过配准统一取目标数据的尺寸和方向。配准后的数据更便于比较和发现细微的不同点。

数据配准的方法很多，在空间数据场分析和可视化中应用广泛，如医学影像处理。实现两个空间数据场的配准，大多需要计算两个数据之间的相似度，并通过对其中一个数据场的位移和变形来提高两者的相似度，达到配准的目的。按计算相似度的方式，可以将数据配准分为基于像素强度的方法和基于特征的方法。基于像素强度的方法用数据场采样点强度的分布计算两个数据的相似度，而基于特征的方法用数据场中的特征如点、线、等值线等检测两者的相似度。从图像变形的角度可以将数据配准分为仿射变换和弹性变换。仿射变换包括位移、旋转和缩放等，是全局性变换。弹性变换可以对图像的局部做非线性变形，具有更多的灵活性，也提高了复杂度。考虑到数据场的多元性，数据配准有单一模式配准和多模式配准。前者假设所有数据场的生成方式相同、参数一致，因而同样的特征对象在数据场中的取值相同；多模式配准则没有这个限制。

图4.8 数据配准

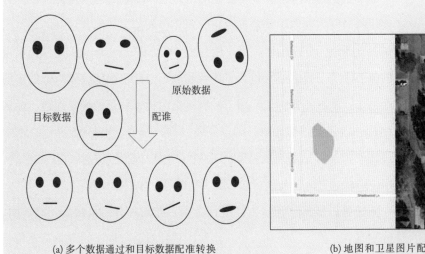

(a) 多个数据通过和目标数据配准转换　　　　　　(b) 地图和卫星图片配准后可以
　　到同一空间中方便数据间的比较　　　　　　　　在同一空间内观察两种信息

在可视化中还经常用到数据转换函数，如将数据的取值映射到显示像素的强度范围内（规范化），对数据进行统计如计算其平均值和方差，或变换数据的分布（例如将指数分布的数据用对数函数转化为直线分布）等。当数据经过这些变换后，需要告知用户变换的函数和目的，以帮助用户分析可视化，避免解读上的偏差。

4.3 可视化编码

可视化映射是信息可视化的核心步骤，指将数据信息映射成可视化元素，映射结果通常具有表达直观、易于理解和记忆等特性。可视化元素由三方面组成：可视化空间、标记和视觉通道。数据的组织方式通常是属性和值，例如在学生成绩数据中，"学号"属性对应了一个数字串，"姓名"属性对应了一个字符串，而"成绩"属性则对应了数字。与之对应的可视化元素是标记和视觉通道，其中，标记是数据属性到可视化元素的映射，用以直观地代表数据的属性归类，视觉通道是数据属性的值到标记的视觉呈现参数的映射，用于展现数据属性的定量信息，两者的结合可以完整地将数据信息进行可视化表达，从而完成可视化映射这一过程。

4.3.1 标记和视觉通道

本书第2章已经介绍了可视化视觉通道。高效的可视化可以使用户在较短的时间内获取原始数据更多、更完整的信息，而其设计的关键因素是视觉通道的合理运用。可视化编码（visual encoding）是信息可视化的核心内容。数据通常包含了属性和值，因此可视化编码类似地由两方面组成：图形元素标记和用于控制标记的视觉特征的视觉通道。标记通常是一些几何图形元素，如点、线、面、体等，如图4.9所示。视觉通道用于控制标记的视觉特征，通常可用的视觉通道包括标记的位置、大小、形状、方向、色调、饱和度、亮度等，如图4.10所示。

标记可以根据空间自由度进行分类，如点具有零自由度，线、面、体分别具有一维、二维和三维自由度。视觉通道与标记的空间维度相互独立。视觉通道在控制标记的视觉特征的同时，也蕴含着对数据的数值信息的编码。人类感知系统则将标记的视觉通道通过视网膜传递到大脑，

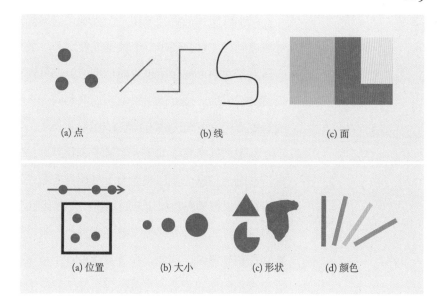

图4.9 可视化表达标记示例

(a) 点   (b) 线   (c) 面

(a) 位置   (b) 大小   (c) 形状   (d) 颜色

图4.10 可视化表达的常用视觉通道

处理并还原其中包含的信息。

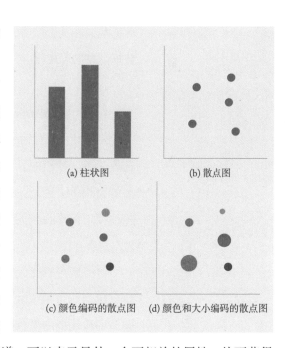

(a) 柱状图   (b) 散点图

(c) 颜色编码的散点图   (d) 颜色和大小编码的散点图

图 4.11 可视化表达应用举例

图 4.11中列举了一个应用标记和视觉通道进行信息编码的简单例子。首先，单个属性的信息可以使用竖直的位置进行编码表示，在图4.11（a）中，每个条状的高度编码了相应属性所具有的数量大小。然后，通过增加一个水平位置的视觉通道，可以表示另外一个不相关的属性，从而获得一个散点图的可视化表达，在图 4.11（b）中，散点图精确地利用竖直的位置和水平的位置（属视觉通道）控制点（即标记）在二维空间中的具体位置，达到了编码数据信息的目的。通常，在二维显示空间增加一个空间位置的视觉通道（如深度的位置）不可行。幸运的是，除了空间位置，可用作视觉通道的元素还有大小、形状、色调等。例如，赋予点（标记）不同的颜色和大小，可编码第三和第四个独立属性，其结果如图4.11（c）和图4.11（d）所示。

图4.11所示的例子采用一个视觉通道编码一个数据的属性，多个视觉通道同样可以为展示一个数据属性服务。虽然这样做可以让用户更加容易地接收到可视化所包含的信息，但在可视化设计时能够利用的视觉通道是有限的，过度使用视觉通道编码同一个数据属性可能会导致视觉通道被消耗完而无法编码其他数据属性。

标记的选择通常基于人们对于事物理解的直觉。然而，不同的视觉通道在表达信息的作用和能力上可能具有截然不同的特性。为了更好地分析视觉通道编码数据信息的潜能并将之利用以完成信息可视化的任务，可视化设计人员首先必须了解和掌握每个视觉通道的特性以及它们可能存在的相互影响，例如：在可视化设计中应该优选哪些视觉通道？具体有多少不同的视觉通道可供使用？某个视觉通道能编码什么信息，能包含多少信息量？视觉通道表达信息能力的区别？哪些视觉通道互不相关而哪些又相互影响等。只有熟知视觉通道的特点，才能设计出有效解释数据信息的可视化。

4.3.2 可视化编码元素的优先级

在设计可视化时有很多选择。例如，在显示地图上的温度场时，可选择颜色、线段的长度或圆形的面积等。因此，需要在多种可用的可视化元素之间做出选择。

和代表可视化元素承载信息能力的可视化表达力不同，可视化的有效性取决于用户的感知。尽管不同用户的感知能力会有差别，仍然可以假设大多数人对可视化元素的感知有规律可循。事实上，Cleveland等人观察到，当数据映射为不同的可视化元素时，人对数据感知的准确性是不同的。图4.12

图4.12 可视化元素在数值型数据可视化中的准确性排序

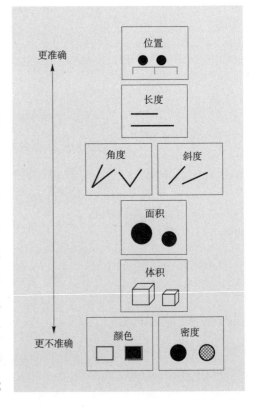

给出了他们实验获得的数值型数据可视化编码元素的优先级。

显然，可视化的对象不仅包含数值型数据，也包含非数值型数据。图4.12的排序对数值型数据的可视化有指导意义，但对非数值型数据并不通用。例如，颜色对区分不同种类数据非常有效，而它排在图4.12的最底层。图4.13显示可视化元素对数值型数据、有序型数据和类别型数据的有效性排序。可视化元素在这三种数据中的排序不一样，又有一定的联系。例如，标记的位置是最能准确反映各种类型数据的可视化元素。颜色对数值型数据的映射效果不佳，却能很好地反映类别型数据甚至有序型数据。而长度、角度和方向等可视化元素对数值型数据有很好的效果，却不能很好地反映有序型数据和类别型数据。

4.3.3 源于统计图表的可视化

在数据可视化的历史中，从统计学中发展起来的统计图表可视化发源较早，应用甚广，并且是很多高级可视化方法发展的起点和灵感来源。本小节介绍基于图表的可视化。作为可视化的核心，本书后续各章节会详细介绍面向不同可视化问题的其他可视化方法，如时空数据可视化映射、高维数据可视化映射等。

1. 单变量数据

单变量数据的关注点是数据分布的总体形状、分布比例与密度。以下介绍单变量数据统计图表方法。

图 4.13 基本数据类型适用的可视化编码方式，优先级自上而下

● 数据轨迹图：一种以x坐标显示自变量，坐标显示因变量的标准的单变量数据呈现方法。可直观呈现数据分布、离群值、对均值的偏移等信息。图4.14呈现了Twitter舆情系统根据用词的褒贬程度对美国在线影视服务商Netflix、Hulu和Redbox的评价分数。

● 抖动图：将数据点布局于一维轴时，可能产生部分数据重合，例

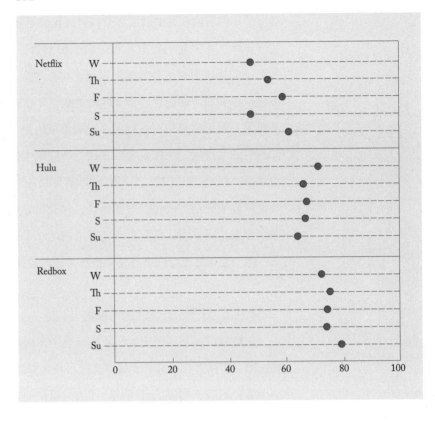

图4.14 数据轨迹图

如，历届美国总统的在职期限的数据集。抖动图将数据点沿垂直横轴方向随机移动一小段距离，如图4.15（a）所示。从此图可看出，美国总统大部分任期是48个月或96个月。这个技术同样可以用于后面提到的双变量数据。

图4.15 抖动图在一维数据以及散点图（x, y两个维度）抖动前与抖动后的展现

● 柱状图：由一系列高度不等的纵向长方形条纹组成，表示不同条件下数据分布情况的统计报告图。长方形条纹的长度表示相应变量的数量、价值等，常用于较小的数据集分析。沿柱状图的柱子方向，可根据

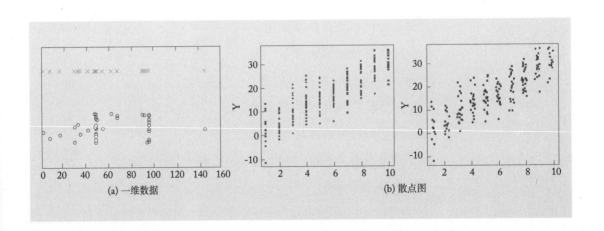

(a) 一维数据　　　　　　　　　(b) 散点图

另外一个维度的数值按比例进行剖分，形成堆叠柱状图，图4.16（a）编码了不同国家（x轴）不同年龄段（柱子方向，即y轴）的人口数量。在此基础上，还可以沿坐标轴增加对偶视图，称为对偶堆叠柱状图，如图4.16（b）所示，展现了不同国家男性（左边）和女性（右边）的平均退休年龄和平均寿命。

● 直方图：对数据集的某个数据属性的频率统计图。单变量数据的取值范围映射到x轴，并分割成多个子区间，每个子区间用一个高度正比于落在该区间数据点的个数的长方块表示。直方图可以直观地呈现数据的分布、离群值和数据分布模态。长方块宽度的选择合适与否决定了直方图的质量，宽度过大会丢失许多数据集的详细信息，宽度过小会导致大部分矩形只包含少量数据（甚至没有），导致分布的形状非常不明显。直方图主要用于描述数据的分布状况，常见的分布有正常型、折齿型、缓坡型、孤岛型、双峰型和峭壁型，如图4.17（a）~图4.17（f）所示。

直方图与柱状图的区别是：直方图的条与条之间无间隔，而柱状图

图4.16 柱状图

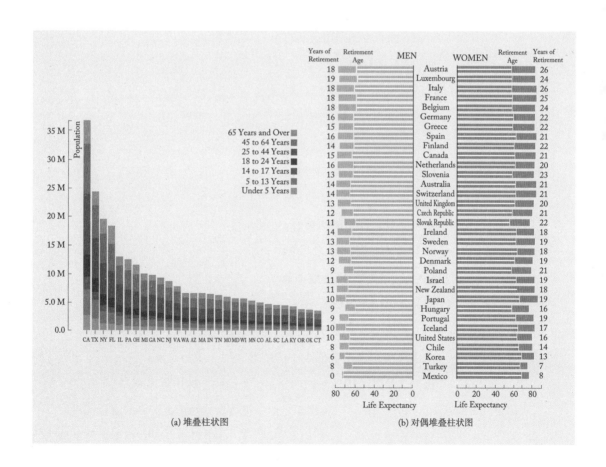

(a) 堆叠柱状图　　　　　　　　　　(b) 对偶堆叠柱状图

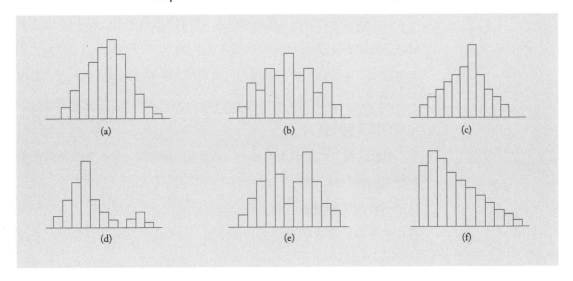

图4.17 常见一维直方图类型

有间隔；柱状图横轴上的数据是一个孤立的具体数据，而直方图横轴上的数据为一个连续的区间；柱状图用条形的高度（或长度）表示统计值，而直方图是用条形的面积表示统计值。

- 核密度估计图：对一维变量而言，核密度估计（KDE）其实是一种直方图的扩展，相当于是一种对直方图平滑的技术。如图4.18（a）所示是原始的直方图，图4.18（b）是KDE之后的结果。不同的KDE参数（带宽）会有不同的结果。

图4.18 KDE以及生成的大致过程

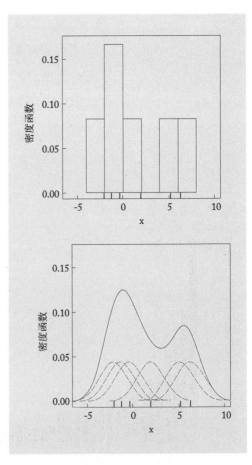

- 饼图：用圆形及圆内扇形面积表示数值大小的图形，用于表示总体中各组成部分所占的比例。如图4.19所示饼图显示了梵高画作的用色比例。

- 盒须图：一种用于显示一组数据分散情况资料的统计图，由一个盒子和两边各一条线组成，提供了一种用5个点对数据集做简单总结的

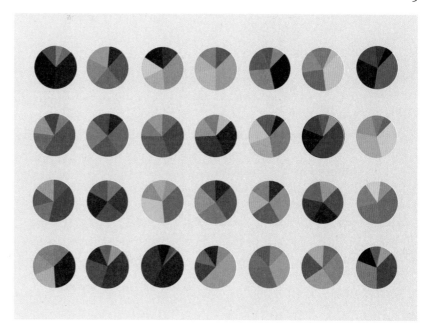

图4.19 展现梵高每幅作品的颜色组成的饼图可视化

方式。盒子中间和上下边缘分别对应数据的中位线、上四分位数和下四分位数。上下两条线表示数据中除去异常值外的最大最小值。盒须图使读者能直观明了地察觉数据中的异常值，还可以通过同时绘制多个

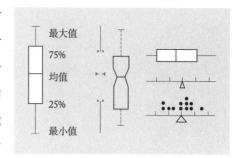

图4.20 标准盒须图

数据集的盒须图比较它们的统计性态，如图4.20所示。

2. 双变量数据

处理双变量数据集时主要关心两个变量之间是否存在某种关系及这种关系的具体形式。以下介绍双变量数据的统计图表方法。

● 散点图：一种以笛卡儿坐标系中点的形式表示二维数据的方法。每个点的横、纵坐标代表该数据在该坐标轴所表示维度上的属性值大小。散点图在一定程度上表达了两个变量之间的关系。散点图的不足是难以从图上获得每个数据点的信息，但结合图标等手段可以在散点图上展示部分信息，如图4.21所示散点图是美国纽约时报的一个互动数据新闻，允许网络用户对"本拉登被击毙"这一事件发表自己的观点，横轴从左到右表示负面（–1）到正面（1）；纵轴从下到上表示不重要（–1）到重要（1）。用户选择了自己的观点（任意象限中的任意一个位置）后，相

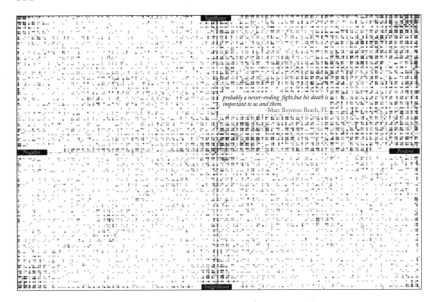

应位置自动展现一个像素。

● 线图、对数线图与半对数线图：描述两个变量之间的关系最常用的方式是将一个变量随另一个变量变化的过程以折线段的方式，绘制于笛卡儿直角坐标系，称为线图。为了方便观察以指数速度变化的变量之间的关系，可以选择某个轴展示原始数值的对数值。这种图称为对数线图，它能有效呈现数据的大幅度变化，将乘法运算转化成了加法运算，揭示数据中的指数分布。两个坐标轴均使用对数值的图称为对数线图，只有一个坐标轴使用对数值的图称为半对数线图。图4.22展现了原始数值和对数线图的比较。

3. 多变量数据

当处理多变量数据时，绘图方法变得复杂，需采用一些实用的可视化方法。本小节介绍两个最基本的多变量统计图表方法，更多高级方法详见本书第5章（时空数据场）、第6章（地理信息空间）和第7章（高维非空间数据场）。

● 等值线图：利用相等数值数据点的连线来表示数据的连续分布和变化规律。等值线图中的曲线是空间中具有相同数值（高度、深度等）的数据点在平面上的投影。典型的等值线图有平面地图上的地形等高线、等温线、等湿线等。图4.23是中学地理中常见的等高线图以及其绘制原理的展示。

● 热力图：热力图使用颜色来表达位置相关的二维数值数据大小。

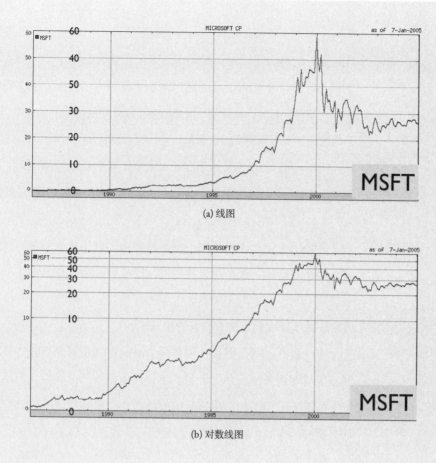

(a) 线图

(b) 对数线图

图4.22 微软公司的股票价格走势图

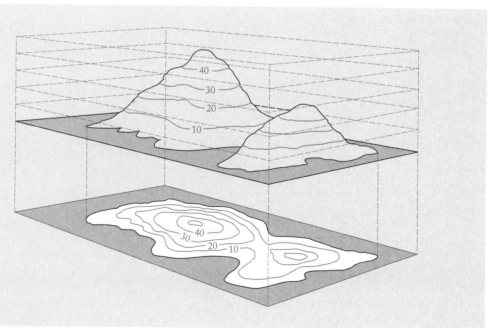

图4.23 等高线图及其绘制原理

这些数据常以矩阵或方格形式整齐排列，或在地图上按一定的位置关系排列，由每个数据点的颜色反映数值的大小。可以用多变量的核密度估计来进行对热力图绘制。如图4.24采用了热力图显示了杭州机场繁忙程度（人口密度的分布），颜色越红表示密度越大，越蓝表示越小。

● 颜色映射图：一种在三变量数据可视化中应用较广的技术，可应用于不同的任务和不同类型的数据集，主要用于强调某些肉眼难以区别的数据区域。例如，可以用颜色代表美国各州的男女售房代表的售房情况，颜色越蓝表明在这个州男性售房比女性成绩越突出，反之颜色越红，表明女性越突出。

4. 时序数据

走势图（sparkline）是一种紧凑简洁的时序数据趋势表达方式，常以折线图为基础，大小与文本相仿，往往直接嵌入在文本或表格中。由于尺寸限制，走势图无法表达太多的细节信息。如图4.25所示将每个收入阶段的税率变化走势在柱状图中显示。

多变量时序堆叠图是一种将多个时间序列按时间轴对齐并进行堆叠展示的可视化方法。如图4.26所示，展示了不同时间段人们不同行为的分布情况。不同颜色的流表示不同的行为，横轴代表一天的时间，纵轴代表某种行为的人数占总调查人数的百分比。

图4.27归纳了根据分析需求可采用的基本型统计可视化方法。

图4.24 使用热力图表示杭州市萧山机场繁忙程度

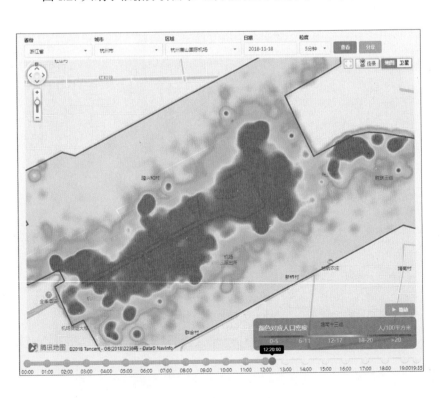

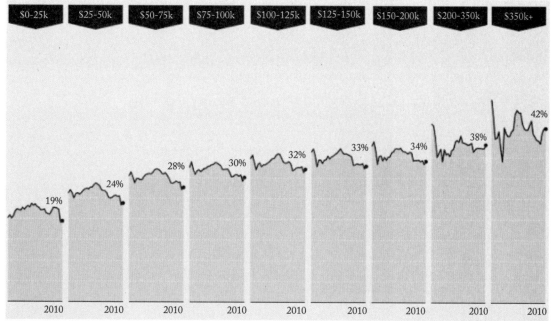

图4.25 时序走势图

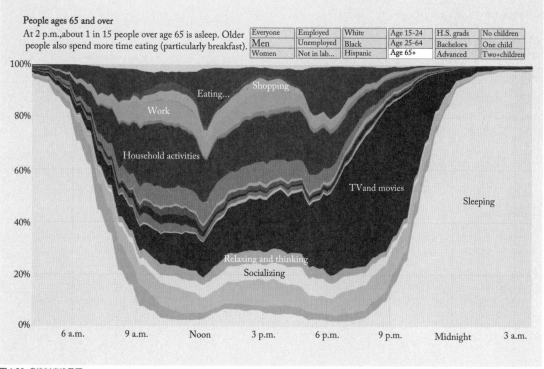

图4.26 多维时序堆叠图

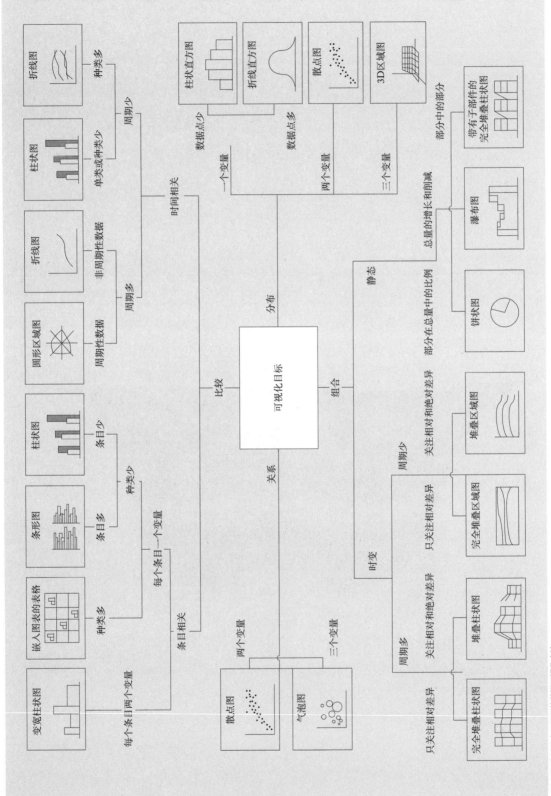

图4.27 根据分析需求采用的数据可视化方法

4.4　可视化设计

可视化方法众多，设计者面临很多选择。一方面这为实现不同风格的可视化设计提供了方便，另一方面也造成了寻求最佳设计的难度。在设计时有一些具体的并且适合大多数可视化的标准可以帮助设计者实现这些目标。下面列出一部分标准。

● **表达力强**　可视化的目的是反映数据的数值、特征和模式。能否真实全面地反映数据的内容是衡量可视化最重要的标准。表达力通常在 0 和 1 之间。显示信息越多，表达力越强。当表达力远小于 1 时，数据信息不能在可视化中有效地表达，此时需要增加和增强可视化元素，来扩大显示信息量，或改进可视化映射方式，来加强对数据信息的表达。当表达力接近 1 时，数据信息比较完整地显示在可视化中，是一种理想状态。当表达力大于 1 时，显示数据信息中存在冗余。冗余并非都需要去除，一定程度的显示数据信息冗余在某些情况下有助于强化用户对重要数据信息的认知。由于用户交互是很多可视化不可分割的一部分，表达力也应该把用户在交互中获得的信息考虑在内。潜在表达性即表示在用户交互过程中可视化呈现的数据信息和原始数据信息的比例。

● **有效性强**　有效性代表用户对可视化显示信息的理解效率。一个有效的可视化利用合适的可视化元素组合，在短时间内把数据信息以用户容易理解的方式显示出来。有效性可以用类似表达性的公式表示：计算机用来显示数据信息的时间越短，用户理解显示信息的时间越短，有效性就越高。和潜在表达性类似，潜在有效性表示在用户交互过程中用户对可视化显示信息的理解效率。将表达力和有效性作为可视设计的指标早在 20 世纪 80 年代就已被提出。

● **简洁**　简洁明了地传达信息是可视化的一个目标。简约的目标在很多学科领域例如机器学习、模式识别、计算机视觉等中都有体现，有时也称为奥卡姆的剃刀。这一思想可以追溯到亚里士多德等早期哲学家，简约的思想体现在用最简单的假设来解释现象。在可视化中，可以把这个思想理解为用最简单的可视化来表达需要显示的信息。简洁的可视化有几个优点。第一，在有限的显示空间里，简洁的可视化能够表达更多的数据。第二，简洁的可视化往往易于理解。第三，简洁的可视化不容易产生误解。

● **易用** 可视化和其他很多计算机数据分析和处理的学科不同，它需要用户作为分析理解数据的主体进行可视化交互和反馈。因此，易用性是可视化设计中需要考虑的目标。首先，用户交互的方式应该自然、简单、明了。一些软件因为追求性能，设计很多的菜单、按钮、滑动条等，似乎给用户提供了很多选择，却牺牲了用户操作的方便性。一个例子是Adobe公司的Photoshop图像处理软件，虽然它功能完善而强大，用户却需要相当长的学习过程，很多简单的操作被隐藏在三、四级菜单中，难以发现。因此很多用户宁愿选择更简易的图像处理软件如Paint，Gimp等。可视化的设计中也要注意这个问题。并不是功能和选择越多越好，而要针对用户的需要和数据的性质设计相应的可视化交互方式。其次，易用性也体现在硬件方面。如果用户群使用不同的计算机、操作系统、显示设备，那么在设计可视化时就要考虑在不同平台上的安装和运行。

● **美感** 可视化和绘画、平面设计等艺术形式都依靠人的视觉感知。与绘画不同，可视化的侧重点不是视觉美感，而是对数据内涵的揭示。即使如此，视觉上的美感可以让用户更易于理解可视化表达的内容，更专注于对数据的考察，从而提高可视化的效率。美感并没有严格的定义，也会因人而异。在数据可视化中视觉美感包括标记设计上的简洁、空间的合理应用、色彩的协调搭配等。

可视化在原始数据和人类对数据认知之间架起一座桥，在辅助用户进行客观事件的分析与决策的环节具有至关重要的作用。因此，可视化设计的首要原则是准确地展示和表达原始数据所包含的信息。在不违背首要原则的前提下，设计者也可以根据数据的特点以及用户的预期和需求，提供其他有效的手段辅助用户对数据的理解。

优秀的可视化呈现可以提高用户在单位时间内获取数据信息量的能力，然而也有不少因素会影响可视化表达数据的效率。例如，过于复杂的可视化可能会给用户带来理解上的麻烦，甚至可能引起用户对设计者意图的误解和对原始数据信息的误读；缺少交互控制的可视化可能会阻碍用户以更直观的方式获得可视化所包含的信息；可视化的美学设计也能影响用户的情绪，从而影响可视化作为信息传播和表达手段的功能。

可视化的设计制作包括三个主要步骤：① 确定数据到图形元素（即标记）和视觉通道的映射；② 视图的选择与用户交互控制的设计；③ 数据的筛选（在有限的可视化视图空间中选择适量的信息进行编码，以避免在

数据量大的情况下产生视觉混乱，即可视化的结果中需要保持合理的信息
密度）。本节将围绕这三个主要步骤简单叙述可视化设计的一些基本原则。

4.4.1 可视化设计框架

可视化设计是一门理论和实际应用相结合的学科，高效的数据可视
化需要运用心理学、数据挖掘、物理学等学科的理论知识，同时也需要
融合设计者对相关领域的理解和工作经验。感兴趣的读者可以阅读参考
文献中的一些书籍，并分析一些典型的可视化应用。

数据可视化设计可以通过
从粗到精、循序渐进的方式进
行。一个循环的设计可以划分
成四个级联的层次，如图4.28
所示。简言之，第一层是刻画
真实用户的问题，称为问题刻
画层。第二层是数据层，根据
特定领域的任务将数据映射到
抽象且通用的任务及数据类型。
第三层是编码和交互层，设计

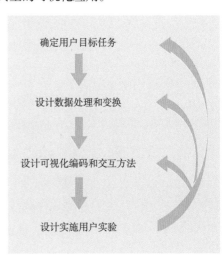

图4.28 数据可视化的循环式设
计模型

与数据类型相关的视觉编码及交互方法。最底层的任务是设计并实施用
户实验。各层之间既有顺序，又有反馈。上层的输出是下层的输入，如
图4.28中的箭头所指。上层的设计错误最终会传导到下面各层。假如在
数据层作了错误的决定，最好的视觉编码和算法设计也无法创建一个解
决问题的可视化系统。在设计过程中，这个模型中每个层次都存在挑战：
定义了错误的问题和目标；处理了错误的数据；可视化的效果不明显；
可视化系统运行出错或效率过低。从实验中得到的用户反馈又作为输入
开始下一个设计循环。如此将可视化设计以螺旋上升方式提高。

划分四个阶段的优点在于：无论各层次以何种顺序执行，都可以独
立地分析每个层次的执行情况。实际上，这四个层次极少按严格的时序
过程执行，而往往是迭代式的逐步求精过程：某个层次有了更深入的理
解之后将可更好地实现其他层次。

在第一层中，可视化设计人员采用以人为本的设计方法，了解目标
受众的需求。显然，让用户自行描述平常的工作过程、思考实际需要，

无法满足要求。因而需要采用有目标的采访或软件工程领域的需求分析方法。设计人员首先要了解目标用户的任务需求、数据属于哪种特定的目标领域等。每个领域通常都有特定的术语来描述数据和问题，并有一些固定的工作流程来描述数据在解决每个领域问题中所发挥的作用。通常情况下，领域工作流程特征描述的结果是一个详细的问题集或者用户收集异构数据的工作过程。描述必须要细致，因为这可能是领域问题的直接复述或整个设计过程中数据的描述。大多数情况下，用户知道如何处理数据，但难以将需求转述为数据处理的明确任务。因此，设计人员需要收集问题相关的信息，建立系统原型，并通过观察用户与原型系统的交互过程判断所提出方案的实际效果。

第二层根据第一层确定的任务将所提供的该领域的数据转化为利于可视化的形式。各领域采用特定术语描述问题，可视化设计人员的困难在于如何将这些不同领域的需求转化为不依赖于特定领域概念的通用任务。例如，高层次的通用任务分类包括不确定性计算、关联分析、寻证、参数确定等。与数据相关的操作则包括取值、过滤、统计、极值计算、排序、确定范围、提取分布特征、离群值计算、异常检测、趋势预测、聚簇和关联。从分析角度看，通用任务包括识别、判断、可视化、比较、推断、配置和定位。在数据层中，可视化设计人员需要考虑是否需将用户提供的数据集转化为另一种形式以及转化的方法，以便于选择合适的可视编码，完成分析任务。

第三层是可视化研究的核心内容：设计可视编码和交互方法。视觉编码和交互两个层面通常相互依赖。为应对一些特殊需求，第二层确定的抽象数据应用于指导视觉编码方案的选取。第四层根据前三层的结果设计并实施用户实验，采集结果和用户反馈，准备下一个设计循环。

Munzner提出的可视设计嵌套模型[7]与上述模型类似，但分为了领域问题概括、数据和操作抽象、编码交互设计以及最后的算法设计（针对生成可视化的设计而言）。嵌套模型意味着上游任务输出会作为下游任务的输入；并且也会有这样的挑战，就是上游的错误会传播到下游中去。

4.4.2　数据的筛选
可视化设计一个需要解决的关键问题是设计者必须决定可视化所能处理的数据的信息量。一个好的可视化必须展示适量的信息内容，以保

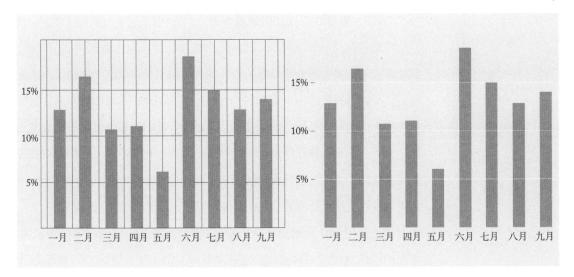

图4.29 数据−墨水比示意

证用户获取数据信息的效率。而在失败的可视化案例中，主要存在两种极端情况，即过多或过少地展示了数据的信息。E. Tufte用数据−墨水（data-ink ratio）比衡量信息可视化的表达效果。数据−墨水比最初定义是用于绘制数据的墨水除以总的用于打印可视化结果的墨水的比值，也等于1减去那些可擦除部分的比例。显然这个值越接近1越好。图4.29左边是一个低数据−墨水比的作品，而右边则是同样的数据，但是一个高数据−墨水比的可视化结果。

　　第一种极端情况是可视化展示了过少的数据信息。在实际情况中，很多数据仅包含了两到三个不同属性的数值，甚至这些数值可能是互补的，即可由其中的一个属性的数值推导出另外一个。例如，男性和女性的比例（如果相加起来等于100%）。在这类情况下，直接通过表格或文字描述即可完整而快速的传达信息，并且还能省下不少版面空间。总之需要记住的是，可视化只是辅助用户认识和理解数据的工具，可视化过少的数据信息并不能给用户对数据的认识和理解带来好处。

　　另外一个极端情况是设计者试图表达和传递过多的信息。包含过多信息的可视化可能会使得可视化结果变得混乱，造成用户难以理解、重要信息被掩藏等弊端，甚至让用户自己都无法知道将关注哪一部分。

　　因此，一个好的可视化应向用户提供对数据进行筛选的操作，从而可以让用户选择数据的哪一部分被显示，而其他部分则在需要的时候才显示。另外一种解决方案是通过使用多视图或多显示器，将数据根据他们的相关性分别显示。

4.4.3 数据到可视化的直观映射

在选择合适的可视化元素（标记和视觉通道）进行数据映射的时候，设计者首先需要考虑的是数据的语义和可视化用户对象的个性特征。一般而言，数据可视化的一个重要的核心作用是使用户在最短的时间内获取数据的整体信息和大部分的细节信息，这通过直接阅读数据显然是无法完成的。另外，如果可视化的设计者能够预测用户在观察使用可视化结果时的行为和期望，并将之指导自己的可视化设计过程，就能在一定程度上促进用户对可视化结果的理解，从而提高可视化设计的可用性和功能性。

数据到可视化元素的映射需充分利用人们已有的先验知识，从而降低人们对信息的感知和认知所需要的时间。如图4.30所示的可视化设计实际上是一个散点图的可视化技术应用。在点标记的选择上，设计者使用了众所周知的一些纹理贴图以表示不同的行星，用横轴表示距离，纵轴表示公转时间，同时使用了标签对各行星的数据进行标注，整体信息一目了然。

对于空间属性，如纬度和经度，将其映射到空间位置是最常用，也是最直观的数据映射方式。若两种数据属性存在时间上的关联，可使用动画形式。由于在许多文化中存在冷暖色调的传统，将温度、高度等信息映射为颜色非常直观。高度或者线段的长度则适合于对温度的数值或其他一些仪器读数的数值的映射。

图4.30 使用散点图的形式可视化行星到太阳的距离和行星公转时间

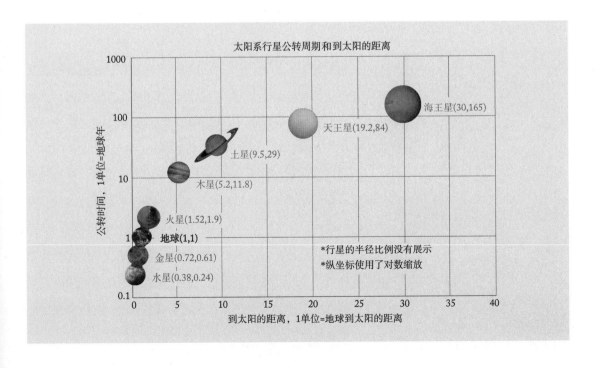

可视化映射的直观性决定了可视化结果图被用户接受的难易程度。因此在设计可视化映射的时候，必须精心选择标记和视觉通道，以确保用户能够很容易地理解可视化所需要展示的数据内容。

4.4.4 视图选择与交互设计

对于简单的数据，单一视图就可以包括数据的所有信息。对于复杂的数据，仅仅一个视图难以包罗数据蕴含的所有信息。一般而言，一个成功的可视化首先需要考虑的是采用在给定领域被广泛认可并为用户所熟悉的视图设计。

此外，可视化系统还必须提供一系列的交互手段，使得用户可以按照自己满意的方式修改视图的呈现形式。不管使用一个视图还是多个视图，每个视图都必须用简单而有效的方式（如通过标题标注）进行命名和归类。

视图的交互主要包括以下一些方面。

● 滚动与缩放：当数据无法在当前有限的分辨率下完整展示时，滚动与缩放将成为非常有效的交互方式。

● 颜色映射的控制：作为一个可视化系统，调色盘通常是必须提供的。同样，允许用户修改或者制作新的调色盘可增加可视化系统的易用性和灵活性。

● 数据映射方式的控制：在可视化设计时，设计者首先需要确定一个直观且易于理解的数据到可视化的映射。虽然如此，实际数据仍然非常有可能在另外的某一映射方式下展现出用户更感兴趣的特征，因此完善的可视化系统在提供默认数据映射方式的前提下，仍然需要保留用户对数据映射方式的交互控制。如图4.31所示的可视化使用了两种不同的数据映射方式展示了同一个数据。

● 数据缩放和裁剪工具：在数据映射为可视化元素之前，用户可能希望对数据进行缩放并对可视化数据的范围进行必要的裁剪，从而控制最终可视化的数据内容。

● LOD（level-of-detail）控制：细节层次控制有助于在不同的条件下，隐藏或者突出数据的细节部分。如图4.32所示展示了一个大型图数据不同层次细节下用不同绘制方式产生的可视化结果，该方法提升绘制效率又不会太影响用户对于整个数据的感知[12]。

总体上，设计者必须要保证交互操作的直观性、易理解性和易记忆

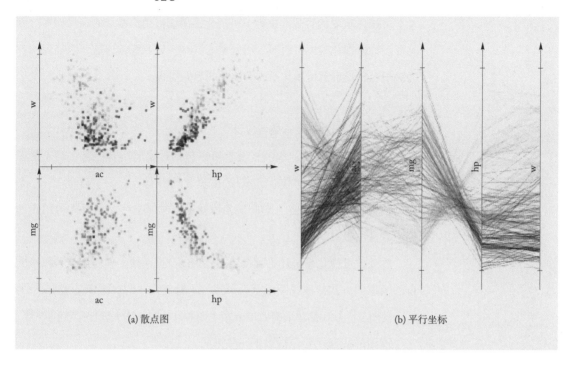

(a) 散点图　　　　　　　　　　　　(b) 平行坐标

图4.31 对一个4维数据的两种
可视化方法

性。直接在可视化结果上的操作比使用命令行更加方便和有效，例如，
按住并移动鼠标可以很自然地映射为一个平移操作，而鼠标滚轮可以映
射为一个缩放操作。更为细节的交互设计请参看本书第10章。

4.4.5　可视化映射的智能选择

选择合适的可视化映射往往需要用户有足够的专业经验，对数据有
深刻的认知，对可视化工具有深入的了解。即使如此，选择合适的可视
化映射往往是个耗时耗力并枯燥的过程。因此，可视化研究人员展开了
可视化映射智能选择的研究。早在1980年代就有学者提出了自动化设计
可视化的系统，根据不同可视化元素针对不同数据的优先级，自动设计
可视化。后来，人们提出在自动生成可视化的基础上，给用户提供一系
列的可能，让用户选择，并结合数据特征，学习用户的选择，从而生成
更接近用户需求的可视化，VizDeck[4] 便是这样的一个系统。在Data

图4.32 大规模图数据的LOD
显示

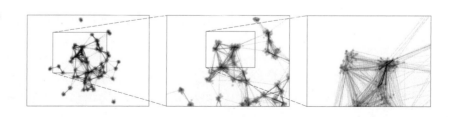

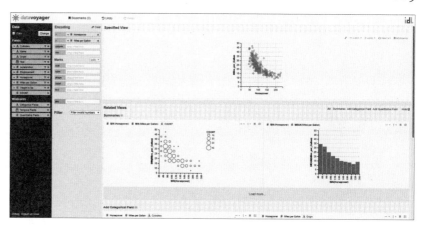

图4.33 Data Voyager系统

Voyager[11]可视化探索系统中，系统会根据一些可视化上的规则自动生成可视化推荐，并且会智能地对数据做变换以后再映射到不同的可视化结果上，同时会提示一些相关数据的可视化结果，让用户对选择的可视化进行微调、探索或者做更进一步的分析，如图4.33所示。

Draco系统[6]是一个可以将可视化研究中产生的设计规则进行形式化，然后结合用户历史数据，生成更为自动化的可视化推荐系统。随着可视化研究不断深入，可视化映射相关的理论也越来越多，但是在实际开发设计时往往不能很快地将这些理论知识结合进来，也没有一个相对完整的知识库存在。Draco的出现就解决了这些问题，但目前仍然仅对于简单的可视化设计可以做到推荐。

4.4.6　可视化中的美学因素

在可视化设计中，仅仅完成上述四个步骤仍然无法形成有效的可视化。用户可能仍然无法从可视化结果中获取足够的信息，以判断和理解可视化所包含的内容。例如，在没有任何标注的坐标轴上的点，用户既不知道每个点的具体的值，也不知道该点所代表的具体含义。解决这一问题的做法是给坐标轴标记尺度，然后给相应的点标记一个标签以显示其数据的值，最后给整个可视化赋予一个简洁明了的题目。例如，图4.34（a）只是简单地完成了数据到可视化元素（位置和颜色）的映射，然而该可视化被认为没有任何作用，因为在用户看来，它仅仅是几条不同颜色的曲线；图4.34(b)则是一个较完整的可视化，通过增加坐标轴、颜色和尺寸等的标注和说明，用户就能知道这十条曲线的信息含义。另外，设计者通过在水平和竖直方向增加均匀分割的网格线可提高用户对

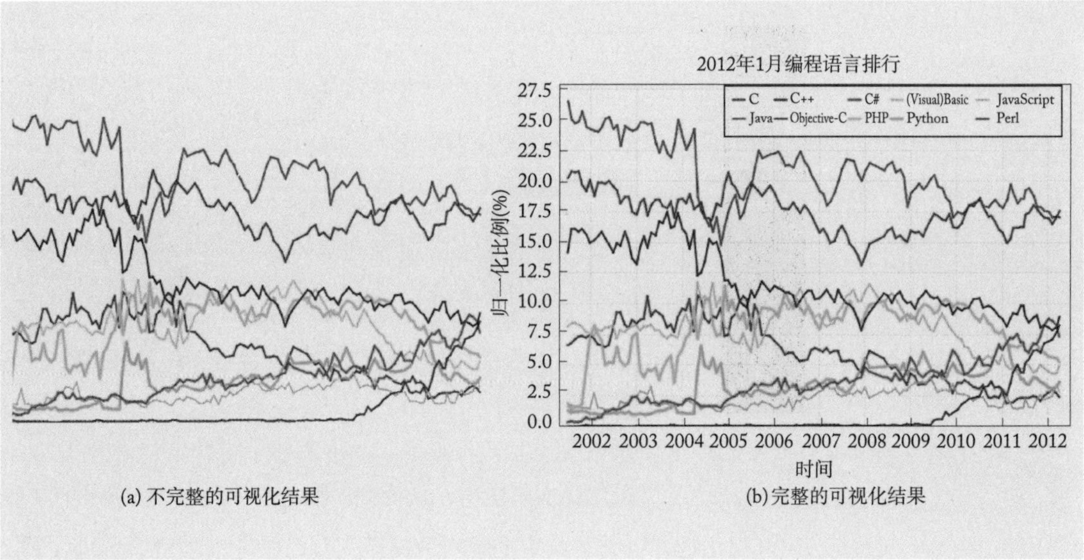

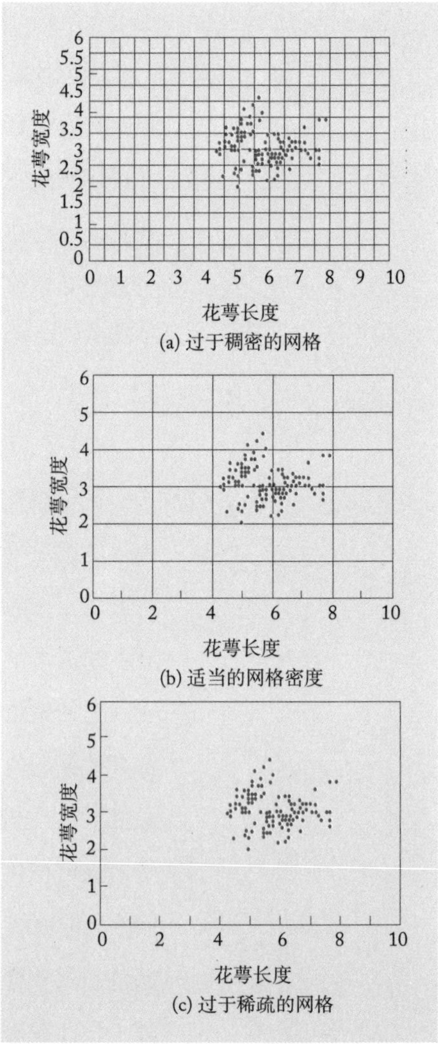

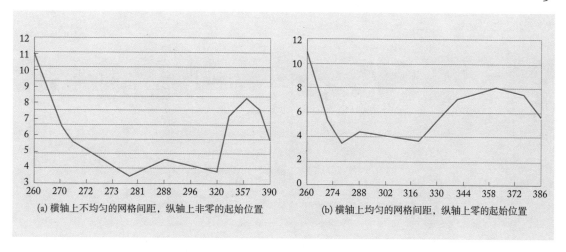

图4.34 可视化结果

该可视化中曲线上的点所表示的数值进行相对比较时的精度。

然而，设计者仍然需要认真仔细地对待可视化设计中的网格及其标注。在图4.35（a）和图4.35（c）中，分别由于网格的过多使用和过少使用，使得可视化结果在缺少数据表达的精确性的同时也缺失了美观性，而图4.35（b）中通过网格的合理使用，数据所映射的点能够被用户很好地理解。此外，网格所表示的区间的均匀性对于用户对可视化的理解也非常重要，图4.36（a）的可视化结果中设计者在横轴上采用了不均匀的网格间距，在纵轴上采取了非零的起始位置，这使得用户难以形成对原始数据所包含信息的准确理解，例如某一

图4.35 网格及其标注的合理使用

(a) 横轴上不均匀的网格间距，纵轴上非零的起始位置　　　　　　(b) 横轴上均匀的网格间距，纵轴上零的起始位置

图4.36 网格间距的正确使用

区间的数据斜率将无法通过线段的倾斜程度进行理解和比较。图4.36（b）则采用横轴上均匀的网格间距，纵轴上零的起始位置。

　　在可视化中，颜色是使用最广泛的视觉通道，也是经常被过度甚至错误使用的一个重要的视觉参数。使用了错误的颜色映射表或者试图使用很多不同的颜色表示大量数据属性，都可能导致可视化结果的视觉混乱，因而都是不可取的。另外，由于人的感知判断是基于相对判断的，特别对颜色的感知尤其如此，在进行颜色选取的时候也需要特别谨慎。在某些可视化领域，可视化的设计者还需要考虑色觉障碍用户的因素，使得可视化结果对这些用户依然能够起到其信息表达与传递的功能。

　　可视化设计者在设计实现可视化的功能（向用户展示数据的信息）后，需要考虑其在形式表达（可视化的美学）方面的改进。可视化的美学因素虽然不是可视化设计的最主要目标，但是具有更多美感的可视化设计显然更加容易吸引用户的注意力，并促使其进行更深入的探索，因此，优秀的可视化必然是功能与形式的完美结合。在可视化设计的方法学中，有许多方法可以提高可视化的美学性，总结起来主要有以下三条。

　　● 聚焦：设计者必须通过适当的技术手段将用户的注意力集中到可视化结果中最重要的区域。如果设计者不对可视化结果中各元素的重要性进行排序，并改变重要元素的表现形式使其脱颖而出，则用户只能以一种自我探索的方式获取信息，从而难以传递设计者的意图。例如，在一般的可视化设计中，设计者通常可以利用人类视觉感知的前向注意力，将重要的可视化元素通过突出的颜色编码进行展示，以抓住可视化用户的注意力。

　　● 平衡：平衡原则要求可视化的设计空间必须被有效地利用，尽量

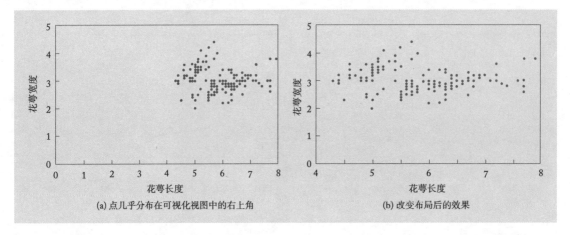

(a) 点几乎分布在可视化视图中的右上角　　　　　(b) 改变布局后的效果

图4.37 可视化元素的平衡分布

使重要元素置于可视化设计空间的中心或中心附近，同时确保元素在可视化设计空间中的平衡分布。如图4.37（a）所示，可视化设计将主要的可视化元素置于视图空间的右上角，违背了平衡原则。

● 简单：简单原则要求设计者尽量避免在可视化中包含过多的造成视觉混乱的图形元素，也要尽量避免使用过于复杂的视觉效果（如带光照的三维柱状图等）。在过滤多余数据信息时，可以使用迭代的方式进行，即过滤掉任何一个信息特征，都要衡量信息损失，最终实现可视化结果美学特征与传达信息含量的平衡。

4.4.7　可视化隐喻

用某种表达方式体现某个事物、想法、事件且其间具有某种特殊关联或相似性的方法，称为隐喻（metaphor）。常用的隐喻手法有可视化隐喻、语言隐喻、动作隐喻等。隐喻的设计包含三个层面：隐喻本体、隐喻喻体和可视化变量。如果本体和喻体具有不同的模态（语言、视觉、步态等），隐喻也称为多模态隐喻。广告业、卡通和电影常用隐喻的手法表达其主题。

时间隐喻和空间隐喻是可视化隐喻中最常见的两类方式。选取合适的本体和喻体表示时间和空间概念，能创造最佳的可视和交互效果。图4.38展现了采用不同颜色对巧克力不同成分的可视化隐喻效果。

图4.38 在堆叠柱状图的基本可视化编码上采用不同颜色生成巧克力的可视化隐喻，生动地展现了不同种类巧克力的成分比例

学术树（scholar tree）是一个将学者研究生涯中文献发表情况以一棵树的形式展示出来的可视化方法。用户可以从不同侧面探索，比如会议还

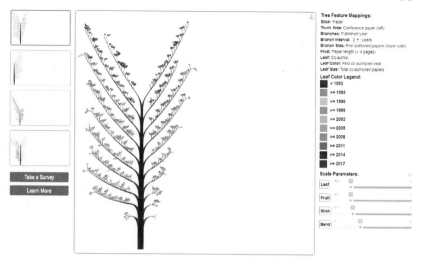

图4.39 可视化学者文献发表的细节

是期刊、合作者分布情况等（如图4.39左侧所示），还可以自定义时间以及绘制时的参数（如图4.39右侧所示）。树干表示了时间轴前进的方向，其余编码依据需求有一些改变。

习题四

1. 描述两个经典的信息可视化流程的阶段对应关系和主要差异，例如哪些阶段是某个流水线独有的，用户交互在可视化流程中的作用等。

2. 阐述可视化的表达力和有效性的区别。举例说明。

3. 讨论不同可视化元素在可视化双变量数据集时可能产生的可视化效果和遇到的问题。

4. 学者 Hans Rosling 有一个著名的演讲（Hans Rosling's 200 Countries, 200 Years, 4 Minutes），展示了可视化的魅力。这个可视化现在做成了一个在线的交互系统，找到并打开这个系统，选择你感兴趣的数据集，结合可视化结果，再次理解编码、标记、视觉通道的含义。

5. 阅读一些可视化文献，寻找优质的可视化隐喻方案，解释其编码方式（如 Whisper: Tracing the Spatiotemporal Process of Information Diffusion in Real Time）。如果有同样的数据集，你会做怎样的隐喻设计？

6. 打开 Data Voyager 网页，加载一个你感兴趣的数据，通过一系列的选择优化可视化结果。查看同样的数据，在不同数据聚合方式下、不同编码方式下会有什么样不同的结果。Draco 同样是这个实验室的作品，根据已有的对可视化了解，尝试解读系统对他们打分高低的原因。

参考文献

[1] CROCHIERE R E, RABINER L R. Multirate Digital Signal Processing [M]. New Jersey:Prentice-Hall, 1983.

[2] DUDA R O, HART P E. Pattern Classification and Scene Analysis [M]. New Jersey:John Wiley & Sons, 2005.

[3] HABER R B, MCNABB D A. Visualization idioms: A conceptual model for scientific visualization systems [C]//Proceedings of Visualization in Scientific Computing 1990. Washington D C: IEEE Computer Society Press, 1990: 74-93.

[4] KEY A, HOWE B, PERRY D, et al. Vizdeck: self-organizing dashboards for visual analytics[C]// Proceedings of the 2012 ACM SIGMOD International Conference on Management of Data. ACM, 2012: 681-684.

[5] MACQUEEN J. Some methods for classification and analysis of multivariate observations [C]//Proceedings of the fifth Berkeley symposium on mathematical statistics and probability. Berkeley, California:University of California Press 1967: 281-297.

[6] MORITZ D, WANG C, NELSON G L, et al. Formalizing visualization design knowledge as constraints: Actionable and extensible models in draco [J]. IEEE Transaction Visualization and Computer Graphics, 2019.

[7] MUNZNER T. A nested model for visualization design and validation [J]. IEEE Transaction Visualization and Computer Graphics, 2009, 15 (6): 921-928.

[8] SIBSON R. SLINK: an optimally efficient algorithm for the single-link cluster method [J]. The Computer Journal, 1983, 16 (1): 30-34.

[9] STEVENS S S. Psychophysics: Introduction to its perceptual, neural, and social prospects [M]. Piscataway, New Jersey :Transaction Publishers, 1975.

[10] TUFTE E. The Visual Display of Quantitative Information [M]. Nuneaton Warwickshire: Graphics Press, 1992.

[11] WONGSUPHASAWAT K, QU Z, MORITZ D, et al. Voyager 2: Augmenting visual analysis with partial view specifications [C]//Proceedings of the 2017 CHI Conference on Human Factors in Computing Systems. ACM, 2017: 2648-2659.

[12] ZINSMAIER M, BRANDES U, DEUSSEN O, et al. Interactive level-of-detail rendering of large graphs [J]. IEEE Transactions on Visualization and Computer Graphics, 2012, 18 (12): 2486-2495.

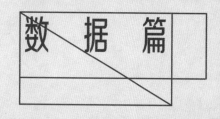

数据篇

第5章 时空数据可视化

时空数据泛指在每个采样点具有空间和时间坐标的数据。一般地，带有时空坐标的数据是科学可视化的主要关注对象，如三维医学图像数据、气象遥感观测数据、流体力学模拟仿真得到的矢量场和张量场数据等。与之不同的是，移动互联网日志数据、文本、日常运营统计数据等没有确定的时空坐标，不属于时空数据。

时空数据的每个采样点有相应的空间坐标，在设计可视化映射时可以利用这些坐标简化可视化的设计，让用户快速理解数据的空间分布。本书第4章提到，在可视化元素中标记的位置对量化数据的可视化映射最准确。因此，时空数据中自然定义的坐标对可视化效果有重要的作用。

按采样点所在空间的维数划分，时空数据场可划分为一维空间、二维空间、三维空间以及它们对应的时间序列数据。在更高维空间采样的数据往往需要投影到三维或二维空间中显示。根据每个采样点上的数据类型划分，时空数据又可分为标量、矢量、张量和混合数据类型的多变量数据。本章以标量数据为主介绍一维、二维和三维空间数据的可视化方法，同时介绍多变量空间数据可视化方法（主要包括矢量场和张量场数据的可视化），最后介绍时序数据的可视化方法。

在时空数据的可视化方法中，人工智能可以帮助数据的处理和转换。此外，有很多需要人工设计、交互和优化的步骤，包括对可视化映射方式的选择，对数据变换方式的选择，对可视化参数的调整，等等。这些需要人工介入的步骤往往烦琐，耗时而且不容易达到最优。而人工智能可以在这些需要人工介入学习的步骤里用机器学习替代人工学习，利用日益增长的大数据，学习最适用于当前问题的可视化方式方法和参数等。人工智能方法在时空数据可视化中的应用从十几年前开始，不断有新的研究涌现。随着人工智能领域里新方法和新工具库不断出现，今后在可视化领域里的应用会越来越深入，越来越广泛。

5.1 一维标量数据可视化

　　一维空间标量数据通常指沿空间某一路径采集的数据，如在河流两岸两点之间采集的河水深度、在大气中漂流的气象气球采集的温度或压强。一维时间标量数据记载一个标量随时间推移而变化的取值，如气象站每小时采集的温度或压强。

　　一维标量数据通常用二维坐标图或折线图来可视化。图5.1给出了燃煤锅炉和燃气锅炉的燃烧火床温度分布。燃煤锅炉的工作方式是燃烧一个宽大的支撑面上的燃料煤，属于层煤燃烧。燃气锅炉则是燃烧

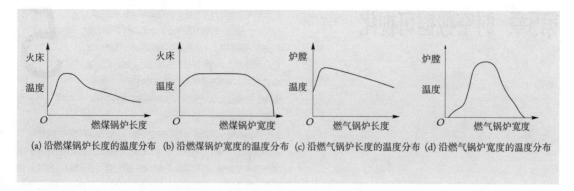

(a) 沿燃煤锅炉长度的温度分布　(b) 沿燃煤锅炉宽度的温度分布　(c) 沿燃气锅炉长度的温度分布　(d) 沿燃气锅炉宽度的温度分布

图5.1 用二维坐标图表示两种锅炉在燃烧火床上不同的温度分布

呈火炬状的燃气，火炬的直径和长度表征其燃烧特性，属于室燃燃烧。图5.1（a）～图5.1（d）在锅炉长度和宽度上的温度分布清晰地描述了这两类锅炉在燃烧上的特点，通过曲线对比还可以看出燃气锅炉的炉膛中心温度高于燃煤锅炉，这有助于厂商理解这两类锅炉的差异，选择合适的锅炉。

在制作坐标图时有几个值得注意的问题。

1. 数据转换

通常，对输入数据进行数据转化生成新的变量，通过新变量数据可以更清晰地表达潜在的模式和特征，方便用户更好地观察数据。例如，人类感知系统最容易辨别的数据分布是线性趋势，因此当判断一维数据是否按指数函数分布时，可以采用对数函数对输入数据进行转换，通过判断转换后的数据是否呈现线性趋势，验证输入数据是否满足指数分布。常用的数据转换分为两类：统计变换针对多个数据采样点操作，包括均值、中间值、排序和推移等；数学变换作用于单个数据点，包括对数函数、指数函数、正弦函数、余弦函数和幂函数等。

图5.2展示了数据变换在辅助用户理解数据中的作用。图中示例了1985年美国联邦调查局的男女犯罪类别统计数据的可视化。为了展现每一类犯罪记录的男女差异，计算出一个0到1之间的差异比例。采用横轴表示男女差异比例，纵轴表示犯罪记录类别，并对犯罪记录进行排序，可以清晰地展现出男女差异最大和最小的犯罪类型，例如，暴力和性犯罪的男女差异最大。

2. 坐标轴变换

坐标图中的坐标轴决定了图中数据点的分布。在欧氏平面上常用两条垂直的直线作为坐标轴。例如，水平轴表示样本的空间或时间坐标，垂直轴表示样本的取值。坐标轴代表的数据、所取的单位甚至几何形状都不是固定不变的。通过对坐标轴的变化，可以将数据的某些性质更清晰地展现。

图5.3（a）呈现了1740—1990年太阳黑子出现的统计数据。根据统计可视化理论，通过对坐标轴的缩放变换，令一维数据线的平均倾斜度接近45度，可获得最优的可视化效果。图5.3（b）采用极坐标显示一只股票的每日收盘价，其中，365天在圆形坐标轴上排列，数据在坐标图中盘旋排列。极坐标图可以让用户方便地看到数据周期性的变化趋势，而对连续时间段变化趋势的显示则不如直角坐标。

3. 曲线拟合

通常一维标量数据用离散的点和折线表示。在特定情况下，把离散的点拟合成曲线更能体现数据的规律和趋势。曲线拟合有多种方式，包括分段折线、多项式拟合、高斯拟合等。很多拟合方法在让曲线经过或靠近离散点的同时，也考虑到曲线本身的光滑性，因为光滑的曲线更容

图5.2 1985年联邦调查局的犯罪记录中各类别犯罪的男女比例

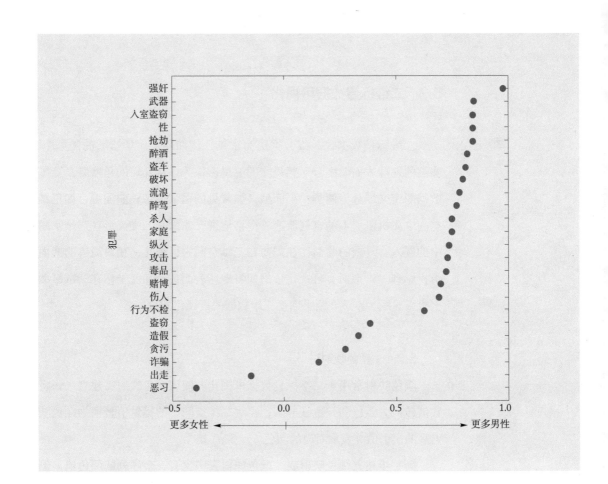

140

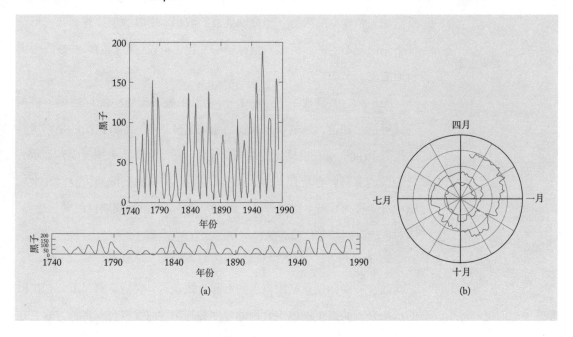

图5.3 一维变量数据可视化中的
坐标轴变换

易找到趋势和特征。最终对拟合方法和参数的设定是在拟合曲线对数据
的贴合程度和曲线平滑度之间找到平衡点。

5.2 二维标量数据可视化

二维标量数据比一维数据更为常见，例如用于医学诊断的X光片、
实测的地球表面温度、遥感观测的卫星影像等。从几何的角度看，二维
数据的定义域分为两类：平面型，如常见的医学影像；曲面型，如三维
空间中飞机机翼上的空气流速。严格地说，曲面是二维流形在三维空间
中的嵌入。复杂的曲面往往需要在三维空间中可视化，相对简单的曲面
可投影到二维平面上可视化，例如将地球表面按经纬度坐标在二维平面
上投影显示。本节介绍平面型二维数据的可视化方法。

5.2.1 颜色映射法

颜色映射常用于二维标量数据可视化。使用颜色映射需建立一张将
数值转换为颜色的颜色映射表，再将二维空间中的标量值转换为颜色映
射表的索引值并显示对应的颜色。

第一步建立颜色映射表。颜色映射表中含有一个序列的颜色值。例

如，从黑色到白色的灰度映射表，或从蓝色到红色的彩色映射表。颜色映射表中的颜色可以是离散的，也可以是连续的。当颜色映射表的类别较少时，可从ColorBrewer系统的网站上获取很多有代表性的颜色映射表。用户也可以交互地指定不同标量值对应的颜色值，设计生成颜色映射表，这种映射通常称为传输函数（详见本章5.3.2小节）。

第二步将标量数据转换为颜色表的索引值。如果颜色映射表是离散的，且含有 n 个颜色值，可将标量数据线性变换为在 [min, max] 的颜色范围内。图5.4显示了采用面向温度的颜色映射表绘制的一个平面的温度场图。

5.2.2　等值线提取法

颜色映射反映了二维标量数据的整体信息，而等值线是另一类二维标量数据的可视化方法，通常用来提取二维标量数据中的某个特征，展示和分析特征的空间分布规律。等值线应用广泛，例如，地图上的等高线、天气预告中的等压线和等温线等，如图5.5（b）所示。等值线上所有点的数值相同，称为等值，等值线将二维空间划分为等值线的内部和外部两个区域，如图5.5（a）所示。

等值线表示是二维数据中的重要模式和特征的表达方法，如医学影像中的组织边界、大气数值数据中的低压区和降雨区的边缘等。

图5.4 一个平面的彩色温度场图

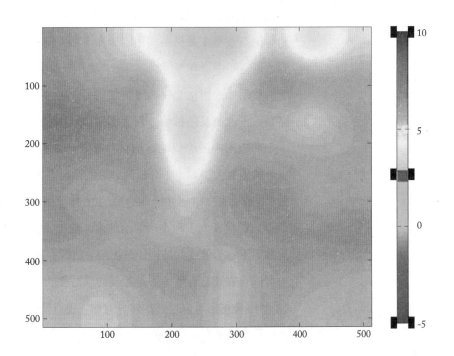

生成等值线需要确定等值，然后在数据中搜索等值。二维标量数据通常以网格形式采样得到，相邻网格点形成了四边形，如图5.5（a）所示。由于数据仅存在于离散的网格点上，等值可能在两个相邻网格点之间出现，用插值法可以得到等值在数据空间里的准确位置。线性插值简单、快速、应用广泛；一些非线性插值精度更高，计算复杂度也更高（参见本书第4章4.2节）。

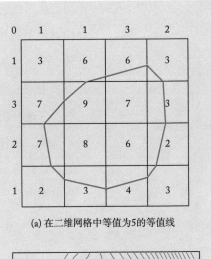

(a) 在二维网格中等值为5的等值线

得到一个等值在数据空间上的位置后，可通过跟踪法计算整个等值线。具体算法如下：从等值点所在的一条四边形边界开始，跟踪到这个四边形的另一个边界上的等值点，

图5.5 二维网格标量场中的等值线

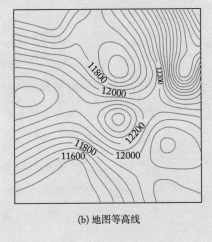

(b) 地图等高线

如此循环直到回到起点或出离边界，完成一条等值线的跟踪。由于不清楚等值点在整个数据空间中的分布，需要遍历所有四边形的边界以便找到数据空间中所有等值线。

移动四边形法是提取等值线的另一种快速且基本的方法，其基本思路是：不考虑具体数值，仅考虑四边形顶点数值和等值的大小关系，在一个四边形中的等值线结构只有有限种类别。四边形有4个顶点，每个点上的值有大于和小于等值两种可能，所有4个顶点排列的可能性为16。图5.6显示了二维空间上四边形的16种等值线的构成模式。黑色和白色顶点分别代表大于和小于等值的点。除大小关系之外，顶点上的具体数值并不影响等值线的结构，只影响等值线在四边形边上的位置。从图5.6中可以观察到，有些情形是相似的或对称的，如第1、2、4、7、8、11、13和14种情形可以通过旋转、对称、顶点值逆反等变换归为一类，这样可以简化需要存储的等值线构成模式。

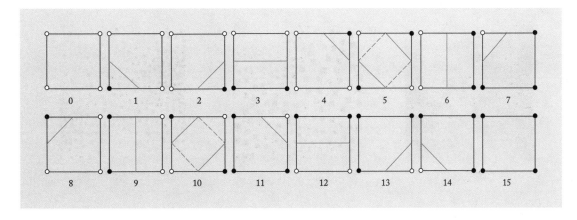

图5.6 移动四边形法的16种连
接情况

第5和第10种情形存在等
值线的歧义性。例如，在第10
种情形中，等值线可以是两条斜
向上的线，也可以是两条斜向下
的线，如图5.7所示。这种歧义
会造成等值线的断开。

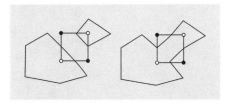

图5.7 移动四边形法的第10
情形存在两种情形，造成歧义

移动四边形法在二维网格数据中遍历所有四边形，对每一个四边形，
计算顶点和等值的大小关系，并用所有四个顶点的大小关系生成一个索
引，在16种不同等值线模式中
找到对应的情形，最后通过顶
点值确定等值线在四边形边上
的准确位置。移动四边形法的
优点是简单、快速且容易实现，
缺点是存在歧义性。

图5.8 用高度映射二维空间中
的值

MOOC微视频：
移动四边形法
样例

5.2.3　高度映射法

高度映射将二维标量数据
中的值转换为二维平面坐标上
的高度信息并加以展示。对于
原本在平面上采集的二维数据，
也可以将数据值表达为高度信
息，从而将平面变形为曲面。
图5.8（a）用曲面的高度显示

(a) 用曲面上的高度显示地球表面的海拔

(b) 在平面上用高度代表美国人口密度分布

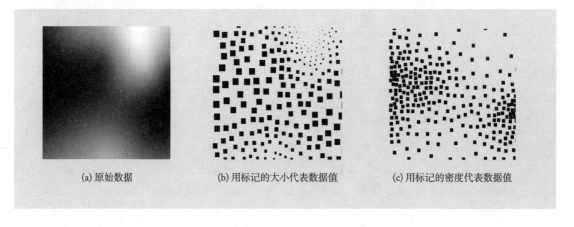

(a) 原始数据   (b) 用标记的大小代表数据值   (c) 用标记的密度代表数据值

图5.9 两种二维标量场标记表示
方法

地球的高度；图5.8（b）呈现了美国人口密度分布图，将人口密度以高度的形式表现，越高的地方人口密度越大。

5.2.4 标记法

可视化二维标量数据的常用方法还有标记法。标记是离散的可视化元素，可采用标记的颜色、大小和形状等直接进行可视表达，而不需要对数据进行插值等操作。如果标记布局稀疏，还可以设计背景图形显示其他数据，并将标记和背景叠加在一个场景中，达到多变量可视化的目的。图5.9显示了对于二维标量场数据的两种标记法实例。

5.3 三维标量数据可视化

科学研究和社会活动通过模拟计算或实验观测产生三维数据，记录了三维空间场的物理化学等属性及其演化规律。三维数据场的获取方式分为两类：采集设备获取或计算机模拟，如医学断层扫描设备获取的CT、MRI和PET三维影像、涵盖整个大气层的三维大气数值模拟数据、核聚变模拟等。将二维数据可视化方法直接应用于三维数据，往往会造成可视化元素在空间中的重叠和屏蔽，从而丧失一部分表达数据的能力。

类似于二维数据可视化的等值线提取和颜色映射方法，三维数据可视化的方法最常用的有两类：等值面绘制方法和直接显示三维空间数据场的直接体绘制方法。这两类技术支持用户直观方便地理解三维空间场内部感兴趣的区域和信息。其中，等值面绘制先提取显式的几何表达（等值面、等值线、特征线等），再用曲面绘制方法进行可视化，如图5.10（a）所示的三维手CT数据的特征线可视化。与之不同的是，直接体绘制并不构造中间几何图元，直接对三维数据场变换、着色，在屏幕上生成二维图像，如图5.10（b）所示。整个流程包含一系列三维重采样、数据值到视觉属性（颜色和不透明度）的映射、三维空间向二维空间映射和图像合成等复杂处理。

(a) 等值面绘制

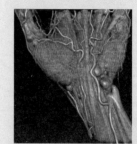

(b) 直接体绘制

5.3.1　等值面绘制

图5.10 三维标量数据可视化的两类主要方法

等值面绘制是一种使用广泛的三维标量场数据可视化方法，它利用等值面提取技术获得数据中的层面信息，并采用传统的图形硬件面绘制技术，直观地展现数据中的形状和拓扑信息。等值面是等值线在三维上的推广，对应于移动四边形法，在三维上的等值面提取方法是移动立方体法。在三维规则网格中，空间被分成单元立方体，称为体素，每个立方体有8个顶点。根据每个顶点和等值的大小关系，三维等值面在单元立方体中的结构可分为256种。类似于移动四边形法，可以通过旋转和对称等变换将256种情形归结为15种情形，如图5.11所示。

移动立方体法生成的等值面结果也存在歧义性问题，即某些情形可以用多种不同的等值面结构解释，如图5.12（a）和图5.12（b）所示。此外，在一个立方体中使用结构不同的等值面可能导致在最终结果中出现缝隙。

解决这个问题的第一种方法是将立方体分割为多个四面体，在四面体上构建等值面，这种方法称为移动四面体法。尽管解决了缝隙的问题，但移动四面体算法会产生更多的边和面。此外，将正方体分割为四面体需要选择四面体的朝向，朝向将影响等值面结果。图5.12（c）显示了将四边形用不同方式划分为三角形后生成的不同等值线轮廓，类似的情形也会在立方体中出现。

第二种方法是直接修复缝隙，消除等值面结果的歧义性。图5.12

146

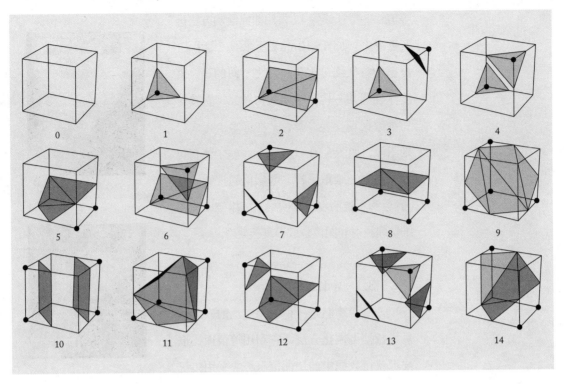

图5.11 移动立方体等值面在简化后分为15种情形

（a）中出现的歧义性来源于第二个正方体中数值的逆转（大于等值的顶点变得小于等值，小于等值的顶点变得大于等值）。在某些逆转情形下，需要用新的等值面结构保证连续性。

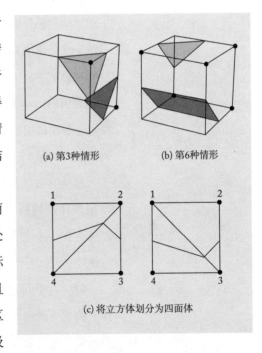

(a) 第3种情形   (b) 第6种情形

(c) 将立方体划分为四面体

图5.12 移动方块法中的歧义

移动立方体法计算简单，易于理解，适合并行处理，能够有效地表达三维标量场的特征表达信息，而且可以推广到其他形状的区域，如三角形、四面体以及其他不规则网格结构。但对于形状较小、结构复杂、存在噪声等无法利用几何形态准确描述的特征，容易产生大量散乱的三角形或存在漏洞的网格，不适用于三维标量场的特征分析和可视化。

移动立方体法存在的缺陷可以通过一些滤波器进行简单修复，比如

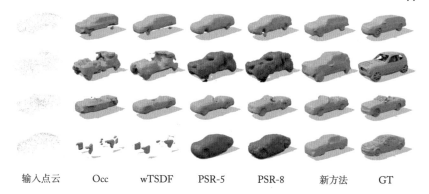

| 输入点云 | Occ | wTSDF | PSR-5 | PSR-8 | 新方法 | GT |

图5.13 几种表面绘制方法的对比，可以看出，采用了神经网络的方法（右边第二列）与人工调整的结果（右边第一列）已经非常相近

去噪声，平滑，等等。更复杂的缺陷需要人的经验和学习来修复，类似于使用Photoshop修复图像的过程。但是这个过程往往漫长枯燥，不适合海量点云数据的重建。人工智能在这里可以起到代替部分人工的作用。如果有训练数据，包括大量点云和对应模型，可以尝试用机器学习的方法训练算法对等值面顶点的选取和位置设置，达到去除噪声、修复漏洞、保持关键局部形貌等目的。这个想法有个问题，原始的移动立方体法不能微分，而使用卷积神经网络等机器学习方法训练数据需要算法可以微分。针对这个问题产生了一种新的可以微分的移动立方体改进方法，该方法可以植入到3D卷积神经网络中，训练并应用到新数据的等值面绘制中。图5.13展示了该方法和其他表面绘制方法的对比。

5.3.2　直接体绘制

直接体绘制不提取几何表示，直接呈现三维空间标量数据中的有用信息。它像X光一样穿透整个空间，以模拟光学原理的方式将物质分布、内部结构和信息的分布以半透明的方式表达。由于不需要几何表示，直接体绘制并不假设数据场中存在有意义的边界或层面。

从算法流程上看，直接体绘制的本质是将三维数据投影到二维。根据数据处理流程，大致可以分为图像空间和数据空间两大类。

1. 图像空间方法

图像空间方法，对每个投影平面的像素，从视点（人眼）到像素之间连一条光线，并将这条光线投射到数据空间。在光线遍历的路径上进行数据采样、重建、数据映射和着色等操作。这种方法，通常称为光线投射法，如图5.14所示，是质量最高、应用广泛的三维体空间可视化方法。

148

下面介绍四类重要的图像空间体绘制方式。

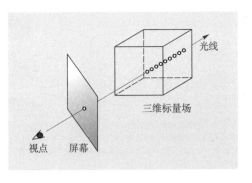

X光绘制 这种绘制模式模拟了医用X光机的成像机理。基本方法是：对每一个像素，简单叠加光线上采样点的数值作为该像素的灰度。必要时灰度需要经过归一化处理，如图5.15（a）所示。

最大值投影 这是在临床上使用广泛的绘制模式，主要用于显示血管。它将光线上最大的采样数值赋予像素，如图5.15（b）所示。

等值面绘制 等值面绘制的效果等价于等值面抽取，可用于显示数据中的边界结构，且效果更加丰富。其基本原理是：当光线遍历数据空间时，只绘制光线上和给定的等值相同的采样点，如图5.15（c）所示。

半透明绘制 半透明绘制的核心是模拟光线通过数据空间时的各种光学效应，包括发射、吸收、衰减、散射等。光线生成这些效果分别对应于不同的体光学模型，其核心是如何将光线上采样点的数值通过传输函数转换为颜色和透明度，最后合成为像素的颜色，如图5.15（d）所示。这种映射关系统称为传输函数，可表达为定义数据值及其相关属性与颜色、不透明度等视觉元素之间映射关系的列表。

半透明绘制是最灵活有效的体绘制方法，它的光学模型最早由Blinn和Kajiya提出，沿每个像素发射的光线进行光亮度计算和累积：

$$I_\lambda\left(x,r\right)=\int_0^L C_\lambda\left(s\right)\mu\left(s\right)\exp\left(-\int_0^s \mu\left(t\right)\mathrm{d}t\right)\mathrm{d}s$$

其中，λ代表波长，$I_\lambda\left(x,r\right)$代表像素$x$从数据中接收到的沿$r$方向射入的$\lambda$波长光。$L$是光线$r$的长度。这种方法假设认为数据空间由微小的粒

图5.14 基于光线投射法的直接体绘制示意（光线从视点出发，穿过屏幕像素，与三维标量场的几何空间相交，在三维标量场内，小圆点表示沿光线的采样点）

图5.15 四种图像空间体绘制方式

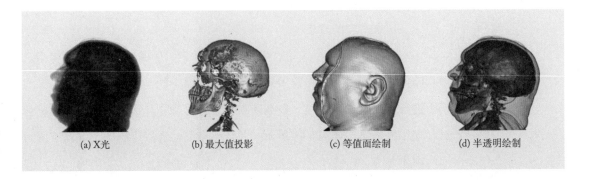

(a) X光　　(b) 最大值投影　　(c) 等值面绘制　　(d) 半透明绘制

子组成，μ是空间中粒子的密度，其值来自于原始数据值的变换。$C_\lambda(s)$代表光线上s点向r方向发射的波长为λ的光强度。由于密度大的点反射强度也大，需要用$\mu(s)$调整光强度。另一方面，也需要考虑从s点到像素x之间所有粒子对光的吸收影响，因此加入$\exp\left(\int_0^s \mu(t)\mathrm{d}t\right)$一项，从而模拟从$s$点到像素$x$之间高密度的粒子对光线传播的衰减效应。

在直接体绘制中，采样点处的光学属性（即$C_\lambda(s)$和$\mu(s)$）与特定的光学模型和数据映射有关。经典的光学模型建立了与所在体素的标量值相关的发射、反射、散射、吸收和遮挡等五类光线模型：吸收光学模型、发射光学模型、发射-吸收光学模型、散射光照阴影光学模型和多次散射光学模型。

吸收光学模型认为体素不发射和散射光，仅吸收入射光；发射光学模型正好相反，认为体素仅发射光，但不吸收任何入射光。发射-吸收光学模型是吸收模型和发射模型的结合，认为体素不仅自身发射光，而且还吸收入射光，但不产生光的散射效果。散射光照阴影光学模型是体素和外部光源的全局光照模型，三维标量场之外的光源对体素产生光照效果，前面体素可能吸收或遮挡外部光，从而对后面体素产生阴影效果。多次散射光学模型考虑光在不同体素之间的多次散射过程。

不同的光学模型对应于不同的光照计算流程和光学积分方式。从光照流程上看，吸收光学模型、发射光学模型和发射-吸收光学模型只考虑光的直线传播，因而可以采用光学积分公式累积光学贡献；散射光照阴影光学模型和多次散射光学模型考虑光在不同方向的传播，最终光学属性是多个光学积分之和。

从光学积分方式上看，吸收光学模型只考虑外部光源在三维标量场中的衰减过程，类似于X光的拍片过程，因而在光学积分过程中只考虑各采样点处不透明度对外部光源光学贡献的影响；发射光学模型累积每个体素自身的光学贡献，在光学积分过程中只考虑各采样点自身光学贡献的累积，不考虑不透明度的影响；发射-吸收光学模型两者兼有。在实际应用中，吸收光学模型用于X光效果，发射光学模型极少被采用。

发射-吸收光学模型是最为广泛采用的光学模型。它允许用户交互地定义每个采样点发射的光亮度（颜色），以及不同采样点处的不透明度，等价于采用颜色和不透明度这两类视觉通道属性对标量场进行标记和分类。

采样点的光学贡献是外部光源的光学属性、采样点处的发射光属性（即颜色和不透明度，通过传输函数设计）的综合影响，因而可采用图形学中的局部或全局光照明方法进行计算。

局部光照模型模拟光从特征表面反射的情况，能够有效地增强特征结构的形状和细节感知。常用的光照模型是Blinn-Phong模型，该模型假设在采样点光照强度由环境光、漫反射和镜面反射组成：环境光是指物体周围环境对光的反射，在同一场景中，可近似认为环境光固定不变；漫反射是入射光在粗糙物体表面向周围方向均匀发射；镜面反射指入射光在某个方向区间的反射强度最高。公式为

$$C = \left(k_a + k_d \left(N \cdot L \right) \right) \cdot C_{TF} + k_s \left(N \cdot H \right)^n$$

其中，k_a，k_d和k_s分别是环境、漫反射和镜面反射光照系数，n是高光系数，C_{TF}是从传输函数上采样得到的颜色，N是梯度方向，L是光源方向，H是光源方向和视线方向的平均方向，如图5.16所示。若

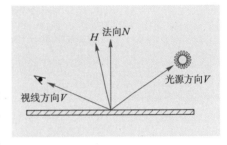

$f(x, y, z)$代表了在点(x, y, z)处的标量值，数据点(x, y, z)处的梯度通过x、y和z方向的偏导数计算得到：$\nabla f = \nabla f\left(x, y, z\right) = \left[\dfrac{\partial}{\partial x} f, \dfrac{\partial}{\partial y} f, \dfrac{\partial}{\partial z} f \right]^{\mathrm{T}}$。计算时梯度通常采用中心差分法计算：$\nabla f = \left[f(x+1, y, z) - f(x-1, y, z), f(x, y+1, z) - f(x, y-1, z), f(x, y, z+1) - f(x, y, z-1) \right]^{\mathrm{T}}$。传输函数采样的颜色应用在环境和漫反射光照部分，外部光源通常被定义为白色光，便于保持采样点处的色调，实现视觉上的特征分类。

全局光照模型不仅考虑外部光源与采样点之间的光照效果，还考虑三维标量场体素之间相互作用的光照效果，有利于对特征之间空间结构关系的理解，代表性效果有阴影、环境遮挡和散射等。

即使不考虑波长的因素，沿光线的积分也非常复杂，在实际中直接计算几乎不可能。因此，直接体绘制在实际应用时必须简化和加速它的计算。

注意到连续积分公式可以采用离散公式近似：

$$I_\lambda\left(x, r\right) = \sum_{i=0}^{L/\Delta s=1} C_\lambda\left(i\Delta s\right) \mu\left(i\Delta s\right) \Delta s \prod_{j=0}^{i-1} \exp\left(-\mu\left(j\Delta s\right)\Delta s\right)$$

其中，Δs是在光线上离散采样的间隔。采用指数函数的泰勒展开进一步简化，有：$\exp\left(-\mu\left(j\Delta s\right)\Delta s\right)\approx 1-\mu\left(j\Delta s\right)\Delta s$。如果称之为透明度函数$T(i\Delta s)=1-\mu(i\Delta s)\Delta s$，相应地可定义不透明度函数$\alpha(i\Delta s)=1-T(i\Delta s)=\mu(i\Delta s)\Delta s$。透明度和不透明度函数都在0和1之间取值。

将上述函数代入离散积分公式得到

$$I_\lambda\left(x,r\right)=\sum_{i=0}^{L/\Delta s=1}C_\lambda\left(i\Delta s\right)\alpha\left(i\Delta s\right)\prod_{j=0}^{i-1}\left(1-\alpha\left(j\Delta s\right)\right)$$

可以用两种递归公式来快速求解离散积分公式。一种是从前向后递归（i从1到$L/\Delta s$）：$C_i=C(i\Delta s)\alpha(i\Delta s)(1-A_{i-1})+C_{i-1}$，$A_i=\alpha(i\Delta s)(1-A_{i-1})+A_{i-1}$。其中，$C_{i-1}$和$C_i$分别是当前颜色值和累积第$i$个采样点贡献后的颜色值，$A_{i-1}$和$A_i$是当前的不透明度和累积第$i$个采样点贡献后的不透明度，初始的$C_0$和$A_0$为0。这种方法从光线在数据空间中第一个遇到的采样点开始，顺序遍历每一个采样点，用当前的采样点颜色和不透明度更新累积的颜色和不透明度，$C_{L/\Delta s}$为直接体绘制积分最终合成结果，即光线对应像素的颜色值。这种遍历方式有一个优点，在不断递增的不透明度函数值接近于1时，计算可以终止。因为在这之后的采样点会被之前的点完全遮挡，对像素颜色没有贡献。

第二种递归模式是从后向前递归（i从$L/\Delta s-1$到0）：$C_i=C_{i+1}(1-\alpha(i\Delta s))+C(i\Delta s)$。其中，$C_{i+1}$和$C_i$分别是当前颜色值和累积第$i$个采样点贡献后的颜色值，初始的$C_{L/\Delta s-1}$为0。这种递归方式从光线和三维数据最远端的交点开始计算颜色和不透明度，遍历所有从此点开始到离像素最近的光线采样点，并更新累积的颜色，C_0为直接体绘制积分最终合成结果，即光线对应像素的颜色值。与从前向后递归相比，这种方式不能提前终止。

绘制具有真实感的直接体，特别当场景中包含多种不同属性的物体时，除了要考虑全局光照，还要处理光与场景中各种不同材质表面间的相互作用。以现在的技术水平，无法完全模拟现实世界中各种材质的光照、反射、阴影等表现，因此需要进行一定程度的近似，通过高质量的传输函数设计以得到接近真实的绘制效果，如图5.17所示。真实感可以提高用户对体数据感知的直观性和准确性，降低学习成本。

2. 数据空间方法

数据空间的直接体绘制方法以三维空间数据场为处理对象，从数据

MOOC微视频：
体绘制全局光照
展示

152

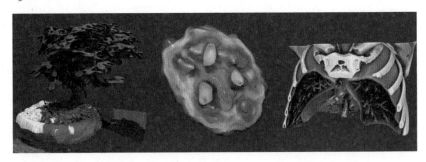

图5.17 Igouchkine等人定义了一种特殊的传输函数表达方式，区分不同材质边界和内部的光线传播

空间出发向图像平面传递数据信息，累积光亮度贡献。代表性方法是掷雪球法：将三维空间中的数据点想象成一个个的雪球，数据向投影平面投影的过程相当于将雪球投掷到投影平面而形成二维的雪片。当所有网格上的雪球都被投掷到投影平面上，将雪片的密度叠加得到最终的雪片密度。

具体而言，将三维空间上每个体素上的数据用一个核函数h表示。核函数以此体素的位置为中心，并根据该点上的数据值v调节函数值。核函数将空间点上的数据扩散到一个三维的相邻空间中，也可以看作是对每个体素采样数据的平滑操作。这种操作有助于减少投影后图像中的混叠效应。核函数的选取可以用中间大、周围小的高斯函数或从中心向四周单调递减的三角函数等。图5.18展现了滚雪球法的核心步骤。

对数据空间中的每个体素都赋予核函数后，可沿用图像空间的方法处理：从像素出发发射光线，对这些核函数插值采样，叠加所有采样点的颜色和不透明度等。实际使用时，掷雪球法直接将每个体素上的核函数按照它们在数据空间的顺序依次投影到成像平面。

图5.18 数据空间的直接体绘制方法将三维空间中的数据投影到二维平面，并叠加光亮度贡献

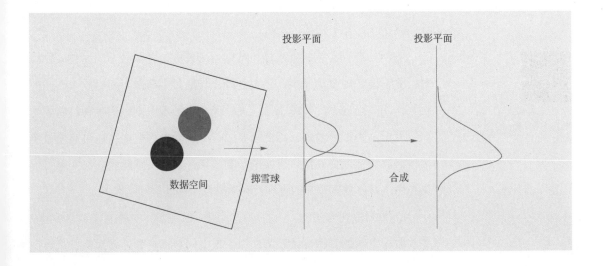

对核函数的采样计算有一个重要的技巧可以缩短时间。如果只用一种核函数，那么所有光线对核函数的采样都有同一个形式 $S=v\int h(s)\mathrm{d}s$，s 是光线穿过核函数的路径。如果用中心对称的核函数，那么 S 只取决于核函数中心到光线的距离，和视线无关。而 S 中和数据相关的部分只有 v，积分部分可以提前计算成查询表，这个表格被称为核函数的足迹表。图 5.18 展示的核函数投影是一种最简单直接的方式。所有数据点用传输函数和绘制方法赋予颜色和不透明度。它的问题在于，采用足迹表格提前计算积分后，核函数的深度信息不能在叠加中准确地表示，从而可能造成颜色的混淆和动画中某些点的突变。

解决方案是将核函数按深度分层投射到平面上，再将所有层按深度叠加。具体实现有两种分层方式。

图5.19 数据顺序体绘制的两种分层投影的方式，数字代表分层叠加的顺序

• 第一种方式沿着数据固有的坐标轴分层，数据点以和投影平面夹角最小的数据片分为不同的层，如图 5.19（a）所示。所有同一层面的数据点都被转换为颜色和不透明度并投影到这一层的缓冲区。在投影过程中进行简单的相加，而没有按深度叠加。在此之后，叠加不同层面的数据，并赋予图像平面。这样可以避免不同层面数据点之间的颜色渗透。不过，使用数据坐标轴也会带来问题。当采样光线和两个数据坐标轴的夹角相同时，数据点之间的层次关系会突然变化，造成颜色和不透明度发生跳跃。

• 第二种方式是沿着光线的方向分层，数据点被投向和图像平面平行的层面上，如图 5.19（b）所示。

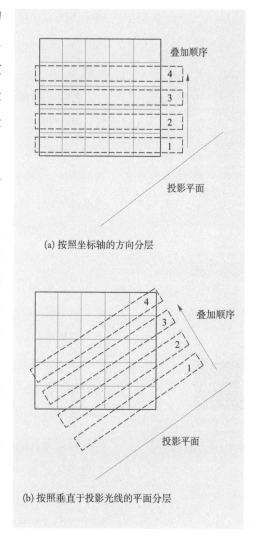

(a) 按照坐标轴的方向分层

(b) 按照垂直于投影光线的平面分层

这个平行层面沿着投影光线的方向移动，穿过整个数据空间，所有和该层面相交的核函数都被投影到层面上，从而解决颜色渗透和突变的问题。很明显，第二种方法将造成一个核函数投影到多个平行平面上，因此在计算速度上比第一种方法要慢。

掷雪球法近似实现了光线投射法中精确求值的体绘制积分，优点是简单高效，适合结构较为稀疏的三维标量场。但随着数据量的增大，绘制效率会有所下降，且绘制质量低于光线投射法。

3. 传输函数设计

设计体素标量值到光学属性（颜色、不透明度）的映射是直接体绘制中的重要步骤，常称为体数据分类，主要通过调节和应用传输函数实现。传输函数将数据值映射为有意义的光学属性（发射光的颜色和不透明度），实现对数据的分类，揭示空间数据场内部的结构。交互地调节传输函数是直接体绘制中最为基本的交互式探索方式。由于传输函数的定义有很大的自由度，定义和操纵可准确表达数据信息的传输函数往往费时费力[1]。

传输函数的输入是数据本身，它的输出可以是影响到绘制的任何参数，例如颜色、不透明度和光照系数。通常，重要特征设置较大的不透明度，次要特征设置较小的不透明度，这样体绘制的结果将突出显示重要的特征，同时次要特征作为背景信息辅助重要特征的理解。设置不透明度函数时，可以在一维的数据值坐标图中画出从0到1之间的不透明度曲线。曲线的形状决定体绘制显示哪些特征。图5.20（a）和图5.20（b）给出了不同不透明度传输函数对牙齿CT图像的可视化结果。图中虚线代表定义在数据取值空间内的不透明度传输函数。坐标系里的黑色区域代表数据取值的分布。从结果可以看出，不同的传输函数可以显示数据中不同的物质，图5.20（a）显示牙髓，图5.20（b）显示牙冠。

除不透明度外，颜色也是重要的光学属性，决定了如何显示特征，不同的特征赋予不同的颜色，可以在视觉上直观地区分这些特征。与一维不透明度不同，颜色通常用三维空间中的点来表示。可以用三个坐标图（例如分开的红绿蓝坐标图）中画出颜色传输函数，也可以设置不透明度传输函数中控制点的颜色，控制点之间的颜色通过插值得到。图5.20（c）显示了牙齿CT图像用红绿蓝三种颜色传输函数和不透明度传输函数综合的体绘制结果。除颜色外，其他绘制参数如光照系数等也可

MOOC微视频：
体绘制和传输
函数

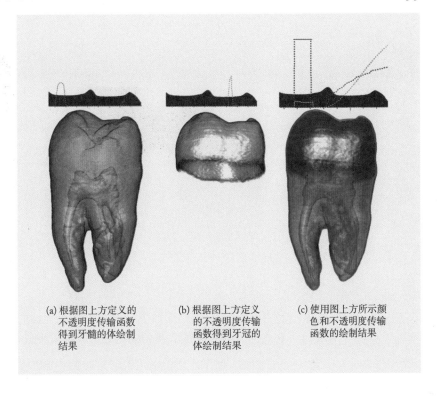

(a) 根据图上方定义的不透明度传输函数得到牙髓的体绘制结果   (b) 根据图上方定义的不透明度传输函数得到牙冠的体绘制结果   (c) 使用图上方所示颜色和不透明度传输函数的绘制结果

图5.20 使用一维传输函数对牙齿CT图像体绘制的例子

以通过传输函数指定。

　　用户交互的传输函数设计通常包括两个方面：映射规则设计和光学属性设计。前者一般提供交互界面支持用户对感兴趣分类区域的选取，后者允许用户控制不透明度和颜色，改变感兴趣区域在体绘制结构中的呈现方式（突出显示或隐藏、颜色标注）。

　　经典的传输函数是基于标量值的一维传输函数，其定义域是三维标量场的标量值，值域是颜色和不透明度，如图5.20（a）和图5.20（b）所示。一维传输函数设计方法是根据标量值属性对三维标量场内部特征进行分类，用户交互定义不同标量值特征对应的视觉元素，从而展示特征的半透明绘制结果图像，体现了数据可视化的视觉通道直接编码的思想。尽管一维传输函数使用简单方便，但其设计过程是一个反复尝试的过程。这是由于传输函数与绘制结果缺乏直观的联系，传输函数的微小改动有可能使绘制结果产生巨大变化，一定程度上影响了可视化的效率。同时，由于相邻特征的边界存在标量值渐变区域，不同空间位置上的特征可能具有相同的标量值，简单的一维传输函数无法分辨这些特征，也无法准确地识别这些边界区域，不能满足特定分类需求。

　　经典的二维传输是基于标量值和梯度模的传输函数[4]，其定义域是

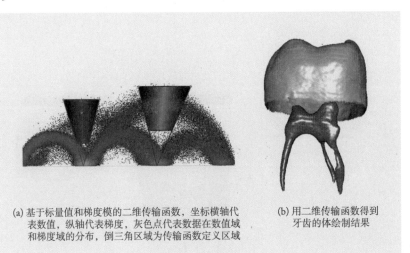

(a) 基于标量值和梯度模的二维传输函数，坐标横轴代表数值，纵轴代表梯度，灰色点代表数据在数值域和梯度域的分布，倒三角区域为传输函数定义区域

(b) 用二维传输函数得到牙齿的体绘制结果

图 5.21 用二维传输函数对牙齿 CT 图像的体绘制

标量值和梯度模，值域是颜色和不透明度，如图 5.21（a）所示。融合标量场和梯度场的二维传输函数可以用来生成边缘清晰的体绘制，如图 5.21（b）所示。当传输函数定义域变量个数超过 2 时，这样的传输函数称为多维传输函数，例如标量值、梯度模和二阶导数组成的三维传输函数，多变量标量场所对应的多维传输函数。多维传输函数由于缺乏直观性和交互性，传输函数设计较为困难。为了提高三维标量场数据可视化的有效性和实用性，提出了大量的传输函数设计方法，简化传输函数的设计过程。在设计机制上，传输函数的设计方法可以分为两类：以图像为中心的传输函数设计方法和以数据为中心的传输函数设计方法。

在以图像为中心的传输函数设计过程中，用户无需在传输函数空间交互指定光学属性，而是对已有传输函数的直接体绘制结果图像进行交互选择等操作，传输函数实现自动优化以满足用户的要求。与一维传输函数设计相比，以图像为中心的传输函数设计简单直观，易于理解，并不要求用户具备计算机图形学背景和传输函数设计经验，即可完成传输函数的设计，具有较强的实用性。

典型的例子是设计画板[9]，其首先在传输函数的设计空间，随机采样一组传输函数，将不同的标量值映射为不同的颜色和不透明度，并根据这组传输函数绘制生成一组结果图像，继而采用 MDS 将结果图像展示在屏幕空间。相似的直接体绘制结果图像在屏幕上相距较近，反之较远，从而方便用户选择和比较。用户通过选择屏幕上的缩略图，以选择最佳的传输函数设计。

以数据为中心的传输函数设计方法拓展传输函数的定义域，在数据分类过程中，除了标量值，还引入其他数据特征属性，例如梯度模、曲率、纹理、尺度、形状、可见性等，通过展示这些属性的统计分布，即直方图，引导用户进行高效的传输函数设计。这些数据属性能够帮助用户分析与提取三维标量场中的特征，提高数据分类的效率和有效性。

梯度刻画了体素邻域数据的变化情况，可以用来分析和提取三维标量场的边界特征[4]。在经典的边界模型下，材质内部区域的标量值基本无变化，梯度模接近于0；而材质边界区域的标量值变化较大，梯度模大于0，并且在标量值和梯度模构成的二维直方图中，弧形状分布对应于三维标量场中不同相邻材质间的边界。经典的二维传输函数利用标量值和梯度模组成二维直方图，用来有效地区分相邻材质间的边界信息。

在图像和数据两类传输函数设计方法的基础上，智能数据分类让用户在直观的图像空间中选择感兴趣的区域，系统自动分析用户交互区域对应的数据，动态调整数据分类或传输函数，更新绘制结果图像，让用户迭代地实现数据分类。这样，智能数据分类既可以利用高维分类空间对数据进行更准确的分类，又能利用二维图像空间上直观的用户交互方式。

典型的例子是基于人工智能的数据分类方法[13]，如图5.22所示。用户在数据切片上勾画感兴趣的区域和背景区域，系统自动将这些勾画出的体素作为机器学习的样本，每个样本的属性包括体素数据值、邻域数据值、三维位置等信息，所采用的机器学习方法包括人工神经网络和支持向量机，通过学习这些样本得到数据分类器，并应用到所有体素上

图5.22 基于机器学习的数据分类和可视化过程

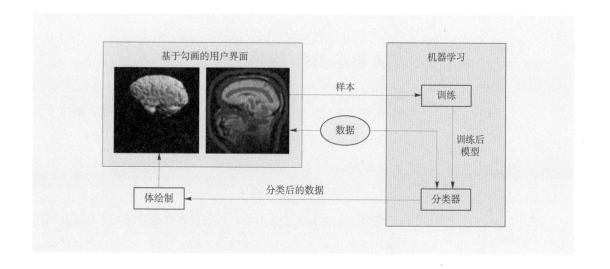

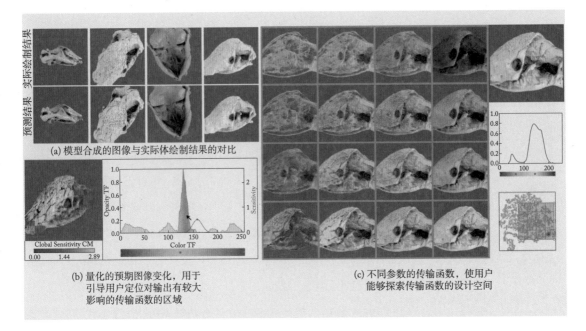

(a) 模型合成的图像与实际体绘制结果的对比

(b) 量化的预期图像变化，用于引导用户定位对输出有较大影响的传输函数的区域

(c) 不同参数的传输函数，使用户能够探索传输函数的设计空间

图5.23 将体绘制看作训练深度生成模型来进行合成图像，以视点和传输函数作为输入

进行数据分类，最后绘制生成结果图像，让用户进一步验证分类结果。若用户不满意当前的分类结果，可以在切片上进一步勾画样本，以便系统迭代训练分类器，更准确地进行数据分类。

随着近年来深度神经网络的快速发展，相关模型也被广泛应用到体数据的绘制和分析中。体绘制生成模型运用生成式对抗网络（GAN）训练可用于快速生成体绘制结果图像的模型，模型输入视角和传输函数信息，输出 256×256 的图像。虽然生成的图像分辨率较低，但是可以支持大批量、快速地生成使用不同参数的传输函数绘制体数据的结果，以便于后续的对比、分析和参数设置，如图5.23所示。

5.4 多变量空间数据可视化

本节将介绍常规的多变量空间数据的可视化方法，并重点描述常见而有特点的矢量数据场和张量数据场的可视化技术。

5.4.1 常规多变量数据可视化

由于在每个点上有多个数值，一种直接的做法是将每个数值分别用标量可视化方法显示。尽管可以完整表示所有变量，却难以表达变量之

间的关联。可视化多变量空间数
据的挑战是将多个变量统一在一
个显示空间。已有的方法包括多
可视化元素、标记、数据降维和
交互等。

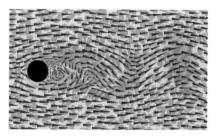

图5.24 多种可视化元素被用来
显示流场中的多个变量

多变量可视化可以采用多个可视化元素表达不同的变量。图5.24中
流场的流向、流速、涡旋、应变张量等变量分别用箭头方向、箭头大小、
颜色、椭圆形状等不同可视化元素表示[3]。由于不同可视化元素占用不
同的视觉空间，在一定程度上缓解了不同变量间的互相干扰。同时，人
眼在处理不同可视化元素时也有不同的优先权，可依照变量之间的优先
权设计从变量到可视化元素的映射。

标记作为可视化元素有它的优点和缺点。标记设计很灵活，一个标
记可以表达很多变量值。它的局限性在于一个视觉空间中只能排放一定
数目的标记，限制了可视化的分辨率。此外，标记表达数据的准确性有
一定的限制，而且用户往往需要花一定的精力解读标记。

图5.25呈现了三种多变量标记。这类标记在表示数值、数值间关
系、多变量类型和用户解读难度等方面各有利弊。在应用这些标记时应
该结合数据选择有效的类型。

在使用多变量标记时要考虑不同标记可能产生的偏差。例如，图
5.26展示了三种多变量标记：直方图、星形图（变量映射到不同方向的
长度）和饼图。直方图容易用于比较几个变量之间的大小关系，星形图
次之，饼图判断变量关系最困难。这是因为人眼对长度的判断比角度的
判断要快速准确，直方图将所有长度值放在一个基准线上，方便变量之
间的比较。

降维可将多变量数据从高维空间变换到低维空间。降维后的数据可
采用常规的可视化方法显示。请注意，降维只针对每个采样点上的多变
量，对数据时空维度没有影响。

由于显示空间所限，难以将多变量数据在一个显示空间中完全展现。
借助于交互技术，可提高在一个空间中显示多变量的能力，便于理解变
量和它们之间的联系。例如，用户可以在空间中切换所显示的变量。这
种切换可以是完全的替换，也可以用透明度结合多个变量，或者通过传
输函数设计从变量到颜色等可视化元素的映射、通过交互修改传输函数

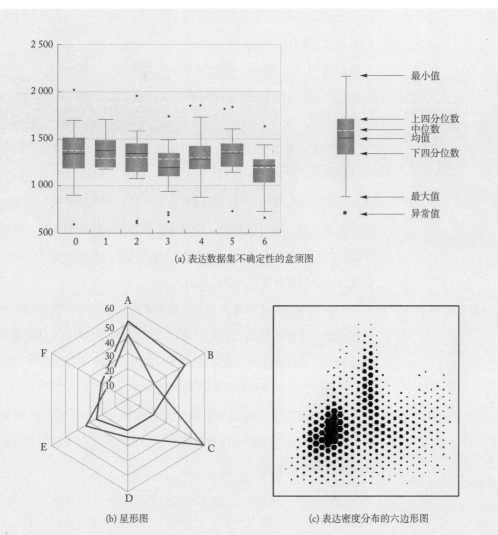

(a) 表达数据集不确定性的盒须图

(b) 星形图

(c) 表达密度分布的六边形图

图 5.25 多变量标记

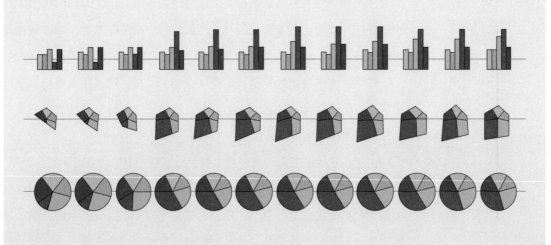

图 5.26 用直方图、星形图和饼图代表的五个经济指数时间序列

等，观察各个变量和它们之间的联系。关于常规多变量数据的可视化方法，更详细的内容请见本书第7章。

5.4.2　矢量场数据可视化

矢量场数据大多来自对流场的模拟或观察，如在流体力学中对水流的模拟或气象站对大气中风向的观测。大部分情形，矢量场数据也可看成流场数据：每一个时空中的点都有一个代表在这一点上流向的矢量。流场数据在科学和工程中应用广泛。例如，飞机设计中需要减小空气阻力，采用流体力学模拟气流在机身和机翼表面的方向和流速。在实际应用中，矢量数据大多是二维或三维欧氏空间中的二维或三维矢量。

流场可以广泛地定义为从流形到切丛之间的映射。在动态流场中还要考虑时间变量。$u: N \times I \to TM$表示从n维流形N（$N \subset M$）和时间变量$t \in I \subset R$到m维流形M切丛TM的映射。

该定义是在曲面上定义流场的必要条件。在大多数实际应用中，流场定义于二维或三维欧氏空间。此时流场的定义可以简化为：$u: R^n \times I \to R^n, (x,t) \to u(x,t)$，其中$n$等于2或3，$x$代表空间中的点，$t$为时间。

矢量数据可视化的方法多种多样，适用于不同的数据、用户和任务。按照数据处理的模式，可分为标记法、积分曲线法、纹理法和拓扑法。标记法直接显示数据空间中各个点上的矢量信息，如图5.27（a）所示。常用的标记有线段、箭头或三角图符等。标记法可以清晰地显示每个点上的矢量，几乎不需要任何数据处理。积分曲线法采用各类积分曲线揭示矢量场的内在特征和性质，如图5.27（b）所示。积分曲线法的表达效果与种子点的摆放和积分的终止条件有关。均匀分布的积分曲线有利于数据表达和用户理解。纹理法是一种密集的流场模式展现方法，如图5.27（c）所示。拓扑

图5.27 矢量数据可视化代表性方法

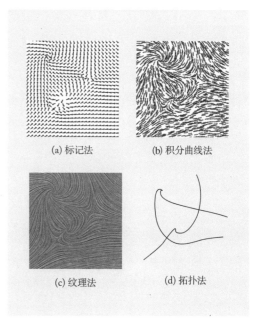

(a) 标记法　　　　　　(b) 积分曲线法

(c) 纹理法　　　　　　(d) 拓扑法

法首先在数据中提取几何或拓扑特征，如临界点、分界线和拓扑区域等，并采用简单的颜色映射或标记法予以显示，如图5.27（d）所示。

从矢量数据的表达方式看，矢量场数据将可视化方法可分为面向二维平面、三维或曲面的方法。将有效的二维方法应用到三维空间通常会遇到问题。例如，采用箭头表示三维空间矢量场会造成严重的重叠，解决方法之一是在三维上调整可视化的方法或密度。考虑到矢量数据在空间中的分布，有正方体网格、长方体网格、曲线网格和不规则网格等。从时间的角度可以分为稳定流场和不稳定流场（或静态流场和动态流场）。

需要指出的是，没有一种方法适用于所有类型的矢量场。针对每个数据，要权衡、修正甚至融合不同的方法。本节将具体介绍积分曲线法、纹理法和拓扑法。

1. 积分曲线法

积分曲线法跟踪粒子在流场中的轨迹，是一种全局可视化。由于积分曲线可以跨越很长的距离，如果用每个数据点作为种子点，产生的曲线数目大，且曲线互相遮挡，不能看到全貌。积分曲线是流场中的重要特征，包括迹线、流线和脉线。

流场中的积分曲线是一条从初始点开始连续的曲线，这条曲线上的每一个点上的切线都和流场中同一点上的矢量重合：

$$\frac{\mathrm{d}x_{path}(t)}{\mathrm{d}t} = u\big(x_{path}(t), t\big), x_{path}(0) = x_0$$

其中，$x_{path}(t)$ 代表积分曲线中的**迹线**，$x_{path}(0) = x_0$ 是这条曲线在初始时间的取值。迹线可以看成在动态流场中某一个粒子随时间推移而移动的轨迹。

流线可以看成静态流场中的迹线或者是冻结在某个时间点上的流场中的积分曲线：

$$\frac{\mathrm{d}x_{stream}(t)}{\mathrm{d}t} = u\big(x_{stream}(t), \tau\big), x_{stream}(0) = x_0$$

其中 τ 代表流场被冻结的时间点。在这里参数 t 不代表时间，而是流线在空间中轨迹的参数。

脉线是在动态场某点持续释放的粒子在某时间点上的位置，如在风中一支香烟释放的烟雾轨迹。脉线的计算公式是：

$$\frac{\mathrm{d}x_{path}(t)}{\mathrm{d}t} = u\big(x_{path}(t),t\big), x_{path}(\tau)=x_0$$

其中 x_0 是释放粒子的位置，$0 \leqslant \tau \leqslant T$，$T$ 是释放粒子的时间段。

实际计算时，可以采用数值积分方法（如 Runge–Kutta 方法）进行计算，并用插值方法得到空间中任何一点的矢量值。

如何选取种子点，控制积分曲线的数目和长度，对于可视化效果有直接的影响。积分曲线的放置有几种方式，目的是均匀地摆放积分曲线并代表尽可能多的数据。下面以流线为例介绍两种二维流场积分曲线的布置方法。

第一种方法将曲线作为高强度信号扩散到图像中，在图像中低强度区域放置种子点[14]。图5.28显示一个二维流场用短曲线的可视化和对应的信号图像。这种方法的优点是曲线的优化放置和图像的强度分布相关，可以用优化算法通过不断地减少图像像素间的强度差达到均匀放置的目的；缺点是需要多次产生图像并优化。

第二种方法从某个或某些积分曲线开始，直接在已有曲线一定距离之外寻找种子点，并在当前曲线延伸到和已有曲线一定距离内时终止，这样保证了曲线之间存在一定的距离。这种方法需要找到新的候选种子点并管理当前种子点，如在每一条新生成的积分曲线周围一定距离外寻找种子点。

在三维流场中也可以用以上方法放置积分曲线。但是，不同三维深度的积分曲线可能投影到同一位置，造成重叠。视点相关的积分曲线放置方法可解决这个问题。例如，在投影平面的空白处选取二维种子点，

图5.28 采用信号强度图像的均匀度代表曲线放置的优化程度

再沿视点到种子点之间的光线在三维空间确定种子点。

2. 纹理法

局部标记（如箭头）在显示流场时难以传递全局信息，例如粒子在一段时间间隔内的运动轨迹。而积分曲线可以表达全局信息，却在摆放密度上有限制，例如在某些区域中均匀分布的积分曲线在接近临界点时会汇聚在一起，不能区分。基于纹理的流场

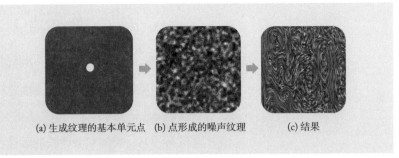

(a) 生成纹理的基本单元点　(b) 点形成的噪声纹理　(c) 结果

图5.29 点噪声可视化

可视化方法很好地解决了这个矛盾，既能产生高密度的可视化，又能表达全局的流场信息。

适用于二维流场的**点噪声法**[16]在二维空间中随机排列一些圆点，用局部流场信息对圆点变形，并将变形后的圆点用滤波器扩散到纹理图像中。最初的点噪声方法简单地根据每一点上的矢量信息修改圆点的形状。在之后增强的方法中，每个点上的圆点形状根据该点附近的流场信息变形，即从圆点采集种子点，让它们沿一个大致方向漂流，得到一个流面，按照流面的形状对圆点变形。图5.29（a）所示为二维上的随机圆点，图5.29（b）所示为圆点噪声变形的过程，图5.29（c）所示为处理后的点噪声流场纹理。

图5.30 线积分卷积方法示意

线积分卷积（LIC）是另一种应用很广泛的流场纹理可视化方法。如图5.30（a）所示，线积分卷积的输入是流场本身和一张随机噪声纹理。在流场的每一点上沿流线向两个方向延伸一段比较短的距离，并在这个短流线上用滤波器在噪声纹理中卷积。卷积后沿着流线方向的纹理值有很强的相关性，而垂直流线的方向没有相关性。这种特征造成了对流场中流线逼真的可视化效果，而且可视化的密度也很大，能够表达数据中的细节。图5.30（b）显示了线积分卷积的效果。尽管线

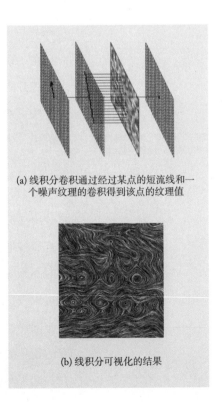

(a) 线积分卷积通过经过某点的短流线和一个噪声纹理的卷积得到该点的纹理值

(b) 线积分可视化的结果

积分卷积在每点上只用到临近流场的信息，在图中依然可以观察到相当长的流线走向。

由于线积分卷积综合了局部方法的高密度和全局方法的长流线效果，在流场可视化中应用很多。后继很多改进方法对它的效果和适应性都有提高。图像的对比度和视觉效果可以用后处理方法提高，如高频滤波或第二次线积分卷积法[10]。流场的方向和强度可以通过不对称的滤波器在线积分卷积中表现，或用动画和染色素在流场中的传导来体现。线积分卷积可以扩展到不规则网格和曲面上，如曲线线性网格或三角网格[8]。在动态场中，时间被加入卷积的过程，以便显示流场的变化[6]。卷积结果随时间推移顺序更新，以保证时间上的连续性。由于在每一点上都要产生一条短积分曲线，线积分卷积方法的时间复杂度比较高。对应的加速算法往往牺牲准确度换取速度：一种方法是利用沿流线方向的连续性加速计算过程；另一种方法用并行计算或图形硬件加速。

在三维空间中直接应用线积分卷积可以得到三维纹理图像。理论上可以用体绘制方法观察这个三维图像。但由于不同深度纹理之间的互相干扰，以及计算时间的大幅增加，简单地将线积分卷积推广到三维流场上效果不佳。选择小范围感兴趣的区域、增加深度感知和方向性，可提高三维流场的可视化效果。

3. 拓扑法

流场中的积分曲线在大部分时间里和临近的积分曲线向大致相同的方向延展，但不相交。只有当矢量为零时，积分曲线相交。在流场中矢量为零的点称为临界点或奇异点。它们在流场中一般数量并不多，但却对流场的形态有重大的影响。简单地说，如果将流场用临界点和连接临界点的边界线分割成各个区域，在每个区域中所有积分曲线的走向都很相似，从这个区域边缘的某个临界点（源点）流向另一个临界点（汇点），如图5.31所示，图中小方块所在处为源点，三角形所在处为汇点，

图5.31 流场可以用临界点和分界线划分为不同区域

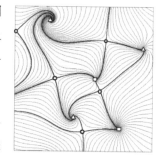

小圆圈所在处为鞍点。因此，可以将流场用临界点和分界线简单地表达。临界点和分界线等是流场拓扑学的研究范畴，这种简化可视化方法也称为流场拓扑方法。

流场中的临界点可以根据流场中该点上的雅可比矩阵分类。如果雅可比矩阵是满秩

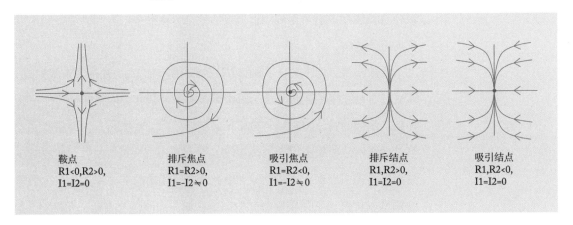

鞍点
R1<0,R2>0,
I1=I2=0

排斥焦点
R1=R2>0,
I1=-I2≠0

吸引焦点
R1=R2<0,
I1=-I2≠0

排斥结点
R1,R2>0,
I1=I2=0

吸引结点
R1,R2<0,
I1=I2=0

图5.32 二维流场中通过特征根划分的五种线性临界点，R1和R2是特征根的实数部分，I1和I2是特征根的虚数部分

的，则临界点是线性或一阶的，否则是非线性或高阶的。在二维流场中的线性临界点可以根据雅可比矩阵的特征根的性质分为如图5.32所示的五种情况。在特征根为实数时，有鞍点、源点和吸收点。当特征根有虚数成分时，有吸引焦点和排斥焦点。可以看到，这几类临界点的周围空间都有很清晰而且相对简单的流线模式。非线性临界点周围的流场就复杂得多。在流场中还有一种积分曲线称为闭合环线，在拓扑上是一个圆环。闭合环线可以看成是临界点的延伸，它们也可以像源点或汇点一样释放或吸收流线。

从临界点和临界线可得到一个简单的流场拓扑，即临界点（包括闭合环线）和连接临界点的临界线组成的图。在三维流场中的临界点可以类似地用雅可比矩阵来分析，不过三维空间中的情形更复杂多样。

4. 人工智能在矢量场可视化中的应用

人工智能在矢量场可视化的多个方面都能有所应用。一方面，人工智能可以在可视化前对矢量场进行数据处理和转化，特别是解决一些传统数据处理不能很好解决的问题。例如，大多数矢量场本身来源于采集或模拟的数据，这些数据在空间中离散的位置采样。而很多矢量场可视化方法需要在空间中任意一点都可以得到矢量数据。这个从有限的空间采样矢量数据得到空间中任意一点矢量数据的工作叫做矢量场的重建。矢量场的重建可以使用插值方法，如多项式插值法或径向基函数核插值法。这些方法虽然直接、快速，但在比较复杂的矢量场中可能会丢失快速变化的特征。人工智能可以利用对已有数据的学习，找到矢量场的规律，从而达到更准确重建的目的。例如支持向量机就被用来学习矢量场的重建函数。向量机可以用来在一个非结构化的标量场数据中学习重建函数。矢量场中的每一个元素单独出来就是一个标量场，对所有标量场学习得出的重建函数合在一起就是矢量场的重建函数。

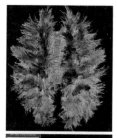

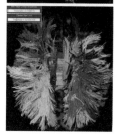

另一方面，人工智能可以针对可视化映射方法本身发挥作用。例如，在使用积分曲线对矢量场可视化时，由于每一根积分曲线都可能有复杂的轨迹，很多曲线在一起时会造成可视信息过载，让用户难以从中得到简单明了的矢量场特征。这个问题在三维空间中的矢量场可视化上尤其明显。使用人工智能里聚类的方法，将相似的积分曲线归结为一类，用统一的可视化映射显示（比如颜色），可以帮助用户理解矢量场中的主要特征。对积分曲线的聚类需要定义曲线间的距离和聚类的方法。曲线间的距离一般使用曲线轨迹和空间位置信息。聚类方法有多种选择，包括k平均，分层聚类等。图5.33显示了三维脑纤维曲线聚类前和聚类后的效果。可以看出，聚类结果让用户更轻易地区分出不同功能的脑纤维。

图5.33 聚类前和聚类后的三维脑纤维曲线

此外，人工智能在整个可视分析交互流程上都能提供额外的辅助。例如，在使用矢量场的流线可视化时，大量的流线互相遮挡，使得流场整体的特征难以被感知和识别。在这种情况下，需要有选择性地显示部分流线，或者寻找合适的角度观察以减少流线间的遮挡（如图5.34所示），这些操作都可以通过特定的模型进行自动或者半自动的选择。

图5.34 自动选择视角以展示矢量场数据的流线表达：（左）基于流线与视角间的互信息；（中）基于形状特征；（右）同时考虑两者[12]

5.4.3 张量场数据可视化

张量在工程和物理领域常用于表示物理性质的各向异性。例如，在

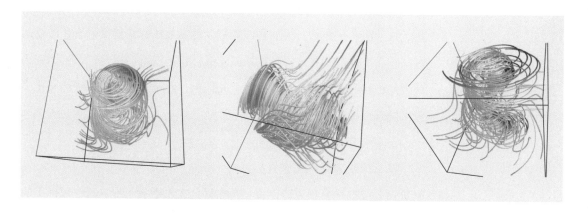

固体力学和土木工程中，张量用来表示应力、惯性、渗透性和扩散。在医学图像领域，张量场是弥散张量成像数据分析的理论基础。本节以弥散张量成像数据为例，介绍三维张量场的可视化方法。

张量表示标量、矢量或其他张量之间的线性关系。例如，在固体中的应力张量以矢量为输入，以作用于垂直于该矢量的平面上的应力矢量为输出，表达了两个矢量之间的关系。由于代表两个矢量（或张量）之间的关系，张量是一个与坐标系无关的值，可以用矩阵表示。一个张量在不同坐标系中有不同的矩阵形式，可以通过变换法则互相转换。

弥散张量成像数据是张量场数据的典型代表。它的原始数据是在不同磁场梯度方向上的扩散加权图像。这些图像中的信号代表生物组织中水分子在某点上沿某方向扩散的速度。可以用它们来计算扩散张量：$A(q) = \exp(-tq^T Dp)$，其中 q 是磁场梯度方向，$A(q)$ 是在 q 方向上的扩散加权图像值，D 是扩散张量，t 是扩散时间。

三维空间中的扩散张量可以用一个 3×3 的正定对称矩阵来表示：

$$D = \begin{bmatrix} D_{xx} & D_{xy} & D_{xz} \\ D_{xy} & D_{yy} & D_{yz} \\ D_{xz} & D_{yz} & D_{zz} \end{bmatrix}$$

其中，矩阵的特征向量和特征根代表了水分子的高斯分布，特征根的值和坐标系无关，而与水分子扩散的物理性质相关。在几何上，可以用特征向量和特征根构建一个几何形状表示高斯分布的形状。样本的结构会影响水分子扩散的速度，因此不同的生物组织中会有不同的几何形状。实际上，水分子扩散的分布远比椭球要复杂得多，因而扩散张量表示水分子扩散中各向异性的能力有限。

张量场可视化方法可以分为：标量指数法、张量标记法、纤维追踪法、纹理法和拓扑法。本节具体介绍标量指数法、张量标记法和纤维追踪法，其中标量指数法将张量场简化成标量场进行可视化；张量标记法通过标记同时显示张量六个维度上的信息；纤维追踪法将张量场简化成矢量场进行可视化。

1. 标量指数法

在二维或三维空间中直接可视化张量的每个分量几乎是不可能的。标量指数将每一个张量转化为一个标量，在二维或三维空间中用标准的标量可视化方法显示。这种方法简单明了，且符合领域专家观察灰度数据的习惯。显然，六维张量转化为标量的过程丢失了很多信息，因此需要其他更能体现张量信息的可视化方法。

标量指数的设计目标在于找到能反映样本物理性质的值。这些值不应随坐标系的改变而变化。两次扫描图像时样本和扫描仪之间的角度变化了，会得到不同的值，因此张量矩阵中的任何一个元素都不是好的标量指数。相反，张量的最大特征根反映了水分子在所有方向上最快的扩散速度，而不随坐标系变化，是一个有意义的标量指数。

常用的标量指数主要衡量扩散过程的两个物理性质：各向异性和扩散速度，如线性各向异性 $\dfrac{\lambda_1 - \lambda_2}{\lambda_1 + \lambda_2 + \lambda_3}$ 和分数各向异性

$$\sqrt{\frac{3}{2}} \frac{\sqrt{(\lambda_1 - \lambda)^2} + \sqrt{(\lambda_2 - \lambda)^2} + \sqrt{(\lambda_3 - \lambda)^2}}{\sqrt{\lambda_1^2 + \lambda_2^2 + \lambda_3^2}}$$ 代表了扩散过程的各向异性，而

平均扩散度 $(\lambda_1 + \lambda_2 + \lambda_3)/3$ 则代表了扩散的平均速度。这里 λ_1，λ_2，λ_3 代表对称正定矩阵 $\boldsymbol{D}$ 从大到小的三个特征根。直接体绘制可直接应用于标量指数的三维分布。图5.35（a）显示了一个大脑核磁共振扩散张量场中分数各向异性指数的体绘制，其中，不同的各向异性值被映射为不同的颜色。

2. 张量标记法

大多数张量标记有六个自由度并可以完全表示在一点上的张量。最常用的张量标记是扩散椭球。由于椭球的体积在快速扩散的组织中会很大，可以将椭球的体积进行规范化[5]，如图5.35（b）所示。

其他三维标记如立方体和圆柱体也可以用来表示扩散张量的特征根和特征向量。立方体可以清晰地表示方向，而且绘制效率高，其缺点是难以表达真实的三维几何信息。

另一种称为超二次体的传统曲面模拟技术[2]采用一系列球、圆柱、超二次曲面等几何形状表示张量。这些几何体在数学公式上连续地变化，而方向和形状容易彼此区分，因此可以有效地区分不同张量。

3. 纤维追踪法

扩散张量场中最重要的矢量是与最大特征根对应的特征向量（也称为主特征向量），它指向生物组织中水分子扩散最快的方向。由于生物组织结构对水分子扩散的限制，这个方向在纤维状组织如大脑白质或肌肉

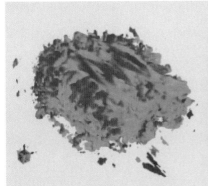
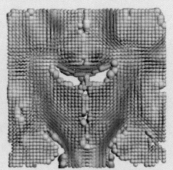
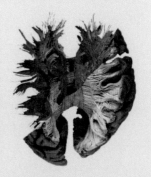

(a) 对分数各向异性指数的彩色体绘制　　　　(b) 张量标记法显示　　　　(c) 纤维追踪法获得的脑纤维(上半部分)，
不同的颜色表示不同的聚类

图5.35 对大脑核磁共振扩散张
量场的三种可视化方法

中往往和纤维组织的方向重合。因此，可以利用主特征向量场重现生物组织的结构。相比离散的标记法，积分曲线更能反映生物纤维的形态。

主特征向量是一个静态流场，因此可以用流线来表示纤维结构。图5.35（c）显示在一个大脑扩散流场中高密度种子点产生的流线。三维空间中高密度的流线会阻碍视线，导致内部结构被遮挡。一个解决方法是选择合适的种子点或控制流线之间的距离来降低流线的密度。

用流线对弥散张量场可视化的一个问题是缺乏对样本生物组织里大结构的表示。大脑中的神经纤维连接大脑灰质的不同区域，临近的神经纤维往往连接同一灰质区域，组成自然的神经纤维束。聚类是最重要的解决思路：在两个流线之间定义一个距离，再计算任意两个流线之间的距离，得到 $n \times n$ 的距离矩阵，其中 n 是流线数目，最后用聚类算法和距离矩阵得到流线的聚类。简单的流线距离定义可以用从一个流线上所有采样点到另一个流线的距离，再基于采样点数目进行平均。代表性聚类算法有等级聚类、光谱聚类等。

4. 人工智能在张量场可视化中的应用

张量场的变量多，数据复杂，和可视化工作配合的数据处理工作也比较复杂。人工智能可以协助传统的统计分析方法对张量场数据做分析和处理。在大脑核磁共振扩散张量场研究中，如何鉴别正常大脑和有疾病大脑是一个很重要的问题。机器学习可以在这些张量场数据中训练一个分类器，并应用在实际病例中。机器学习可以直接用在张量场数据中，用来诊断帕金森病人，也可以应用在纤维追踪结果中，用来区分肿瘤病人数据。随着深度学习的不断研究发展，各种深度神经网络也被运用到

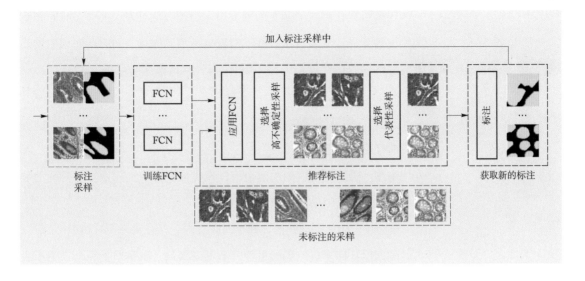

图5.36 通过主动学习提高标注效率的过程

医学影像的领域，提高了在诸如图像分割、标注、分类等自动化问题上的准确率，展现了深度学习的强大能力和通用性。这些工作可以极大地降低医生的工作量、提高医院的工作效率，但仍面临一个关键的难题：如何获得足够的训练数据。相比于其他领域，医学领域应用中所需训练集的标注更加困难，因为只有经过大量训练的专业医生才可以完成标注工作，同时医学影像中常常更加复杂、同时包含大量的物体对象。为了解决这个问题，研究者们提出了一系列弱监督学习的算法。通过结合主动学习，可以在进一步减少所需标注工作量的同时保持甚至增加模型的判别准确性，如图5.36所示，系统推荐最有价值的采样让用户进行标注，并不断迭代以高效的训练模型。

5.5　时间序列数据可视化

时间序列数据指任何随时间而变化的数据，例如内燃机燃烧过程、神经元激活过程、同一病人多次CT图像和连续的超声波扫描等。

时间和空间在物理属性和感知上有巨大区别。在空间中观察者可以自由地探索各个方向，回到之前经过的地点，并识别各种模式；与此不同，时间只向一个方向流逝，不能回到以前，而人对时间上的模式也并不敏感。举个例子，如果将一首乐曲倒过来播放，很少有人能分辨出原始的乐曲。

很多可视化将时间和空间维度用第一种方法处理，而诸多时间和空间维度的差异让这类方法往往不能有效地展示数据。对时间序列数据还需要了解它们在时间维度上的属性，有针对性地选择可视化方法。

5.5.1 时间的属性

时间具有以下属性。

有序：时间是有序的。两个事件发生的时间有向后次序。时间的顺序和事件发生的因果关系有紧密联系。

连续性：时间是连续的。两个时间点内总存在另一个时间点。

周期性：许多自然界的过程具有循环规律，如季节的循环。为了表示这样的现象，可以采用循环的时间域。

独立于空间：时间空间紧密关联。然而现实中大多数科学过程问题将它们相对独立处理。

结构性：空间经常用一种尺度衡量，均匀地分布。而时间的尺度分为年、月、日、小时、分钟、秒等。这种分割即有对自然现象的反映（季节，昼夜），也有人为的定义（1分钟60秒）和调整（闰年概念）。

时序标量数据相当于在空间标量数据上赋予了一个时间维度，通过一组标量数据场记录了空间标量数据随时间的演化过程。例如，设备采集得到的心脏跳动时序标量数据，气象飓风仿真模拟产生的时序温度、气压和湿度标量数据。

在科学计算中，从数据中提取出来的数据规律、趋势、模式等称为数据特征。按照空间大小可以分为局部特征和全局特征，按时间变化规律可以分为常规、周期和随机三种特征。常规特征在三维空间中稳定地移动或形变，其变化趋势既不是剧烈地变化，也不是遵循周期性的路径。周期特征周期性地出现和消失，或沿着周期性路径进行移动。随机特征的变化规律较为随机，在湍流模拟中较为常见。

5.5.2 时序数据可视化方法

1. 周期时间可视化

不同类别的时序数据需采用不同可视化方法来表达。标准显示方法将时间数据作为二维的线图显示，x轴表示时间，y轴表示其他的变量。例如，图5.37（a）显示了一维时间序列图，其横轴表达线性时间、时间点和时间间隔，纵轴表达时间域内的特征属性。这种方法善于表现数据元素在线性时间域中的变化，却难以表达时间的周期性。

图5.37（b）将时间序列沿圆周排列。它采用螺旋图的方法布局时间轴，一个回路代表一个周期。选择正确的排列周期可以展现数据集的周期性特征。此外，图中显示的时间周期是28天，从四个比较明显的部分可以推断出所有7天的整数倍可作为周期。上述两幅图中描述的数据都是某地区三年时间内的流感病例的数量，从中可以看出线性和周期时间不同的重要影响。

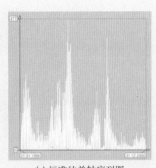

(a) 标准的单轴序列图

(b) 径向布局

2. 日历可视化

人类社会中时间分为年、月、周、日、小时等多个等级。因此，采用日历表达时间属性和识别时间的习惯符合。图5.38展示了一种常用的日历视图。

将日期和时间看成两个独立的维度，可用第三个维度编码与时间相关的属性，如图5.39所示。以日历视图为基准，也可在另一个视图

图 5.37 时序数据的线性和周期性表达

图5.38 2006—2009年美国道琼斯股票指数，红色表示下跌，绿色表示股指上涨，深浅表示涨跌幅度（可视化结果清晰展现了2008年10月金融危机爆发前后美国股市的激烈状况）

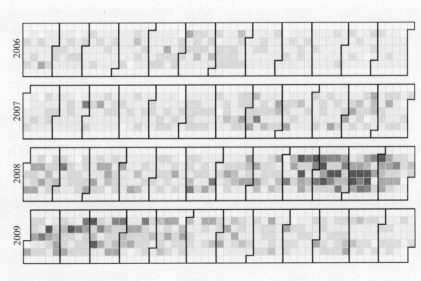

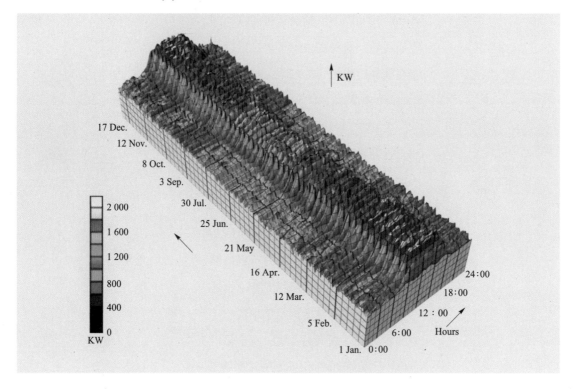

图5.39 将小时、日期作为x, y轴，耗电量作为高度，既呈现全年的耗电量走势，也呈现了每日耗电量的周期性特征

上展现时间序列的数据属性，日历视图和属性视图通过时间属性进行关联[17]。从日历视图上，可以观察季度、月、周、日为单位的趋势。

3. 时间线可视化

类似于叙事型小说，时序数据中蕴含的信息存在分支结构，对同一个事件也可能存在多个角度的刻画。按照时间组织结构，这类可视化可分为线性、流状、树状、图状等类型。

采用基于河流的可视隐喻可展现时序事件随时间产生流动、合并、分叉和消失的效果，这种效果类似于小说和电影中的叙事主线。这种叙事主线方法早就被用来表示多个同时发生的历史事件进展。

4. 动画显示法

对时序数据最直观的可视化方法是将数据中的时间变量映射到显示时间上，即动画或用户控制的时间条。通常在动画中数据时间段均匀地映射到播放时间段，例如，采样间隔1小时，总共48小时的气象数据可以用半秒钟更新一帧的速度在24秒钟内播放。自动播放的缺点是用户缺乏对可视化的控制，无法对感兴趣的数据重点观察。因此可以在动画播放中加入暂停、快进、慢进等功能，或用时间条让用户任意掌握播放进度。

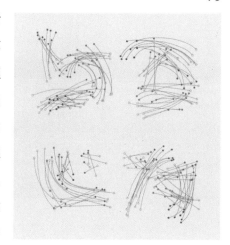

人对时间的感知能力相对空间较弱。在空间中人可以从不同方向观察数据得到同样的理解，而在时间上感知通常是单向的，例如很少人能辨认出倒放的乐曲。因此基于动画形式的可视化对表示数据有一定的局限性。对此，人们研究如何合理地构建平滑、非线性过渡的动画，以增强运动的协调性并减少物体间的

图5.40 通过构建平滑的非线性轨迹使得动画更加流畅

轨迹交叉和拥挤，使得动画表现的过程可以更好地被用户理解[18]，如图5.40所示。

5. 时空坐标法

如果将时间和空间维度同等对待，可以将时序数据作为空间维度加一维显示。例如，一维空间中的时序标量数据可以在二维中表示，如图5.41所示。在可视化映射时可以变化二维平面的高度（如图5.41（a）所示）或使用二维平面上的颜色（如图5.41（b）所示）。这种方法的优点是将空间和时间上的数据放在一个统一的空间中显示，有利于观察时空模式和特征。缺点是时间需要占用一维显示空间。这种方法也可以用于表达物体的轨迹，如图5.42中，流场中心和流向的变化轨迹以螺旋向上的曲线形式展现在三维空间中。

图5.41 二维时序直方图展示

为了缓解由二维变成三维造成的视觉重叠等问题，可以考虑将原本

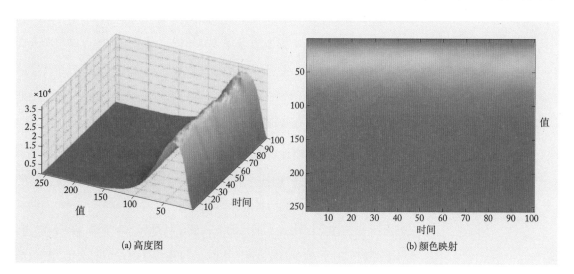

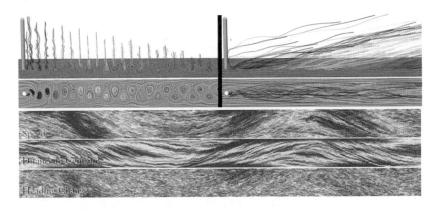

图5.42 以三维图形的方式表现流场随时间的变化，左边为流场中心点的变化，右边为流动方向的变化

图5.43 通过空间填充曲线以单一维度（纵轴）编码整个空间，时间作为另一个维度，颜色编码一个属性（例如速度），最终绘制成二维图形

的空间维度降维，使得生成的图像依旧可以在平面上展示。实现方法包括对空间维度进行聚合、通过空间填充曲线（space filling curve）以单一维度编码整个空间（如图5.43所示）等。

6. 邮票图表法

当数据空间本身是二维或三维时，直接将时间映射到显示空间会造成数据在视觉空间中的重叠。一种简单的方法可以解决这个问题，即邮票图表法。图5.44显示了1996—1999年间销售情况的邮票图表可视化。邮票图表法避免采用动画形式，是高维数据可视化的标准模式之一（见本书第7章）。由于方法直观、明了，表达数据完全，观者只需要熟悉一个小图的地理区域和数据显示方法，便可以类推到其他小图上。方法的缺点是缺乏时间上的连续性，难以表达时间上的高密度数据。

5.5.3 人工智能在时序数据可视化中的应用

时序数据通常复杂、维度高且数据量巨大，使得人们难以直接处理和分析时序数据，从中提取出有意义的知识。而人工智能可以帮助人们探索和分析时序数据，包括对数据的处理和对可视化的辅助。在时序数据的处理中，机器学习可以帮助对时序数据进行分类、聚类和预测。与常规的数据相比，时序数据的特点是其中含有时间维度上的依赖性。

在高维时序数据的可视化，比如动态流场的可视化中，数据本身显现的特征往往复杂并随时间变化。这种情况下，如何获取数据中的重要特征并在可视化中突出展示是用户感兴趣的问题。在简单的计算难以覆盖的复杂特征上，往往需要用人工交互的方式确定特征区域。而在动态流场里，由于每个时间片的数据都有变化，相应的可视特征也在不断变化，这就给

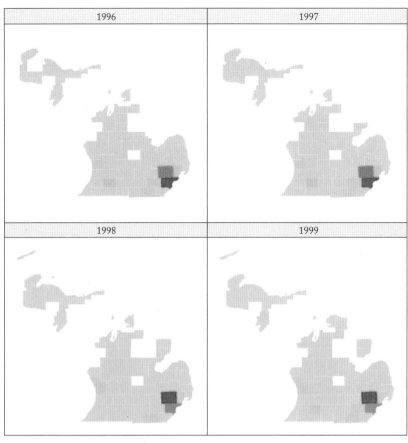

sales

用户确定特征带来了较大的工作量和不确定性。人工智能可以学习用户在某时间段指定的特征，并把该特征推广到整个时序序列中。图5.45显示了用户在动态三维火焰流场中的几个时间片段上用红色标志出感兴趣的高混合比例区域。这些特征通过机器学习推广到上百个其他时间片段上[13]。

深度神经网络在时序数据的预测和分类中也有着广泛而成功的应用。早期的工作包括运用神经网络预测不同地理位置面粉价格的变动。该工作基于一种前馈神经网络，这个神经网络被证实优于常规的自回归滑动平均模型的方法。有研究表明相比其他机器学习模型，如支持向量机、k近邻回归等，神经网络有着更好的时序预测能力。

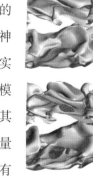

习题五

1. 时空数据中的多标量可视化一直是个难题。例如气象数据中的气压、温度、和含水量。请提出三种或三种以上解决方法，并实现至少一种方法。

2. 用不同颜色映射（彩虹颜色映射和灰度值映射）对二维温度场可视化，并观察效果。

3. 在矢量场可视化和张量场可视化中，请解释不能将所有元素以标量场可视化的方法进行可视化的原因。

4. 选择合适的相似度度量方法和一种聚类方法对矢量场的流线表达进行聚类，观察结果是否合理。

5. 搜索中美两国历史上最高领导人的姓名、任期，以及互相访问的时间、地点。设计可视化直观有效地展示研究结果。

6. 实现一种神经网络，使得训练出的模型可以正确地预测不同参数的正弦和余弦曲线。

7. 实现一种神经网络，使得训练出的模型可以一定程度上正确地预测真实时序数据走势（例如降雨量、温度等）。

参考文献

[1] KINDLMANN G. Transfer functions in direct volume rendering: Design, interface, interaction [C] // Proceedings of SIGGRAPH Course Notes 2002. New York City: ACM Press, 2002.

[2] KINDLMANN G. Superquadric tensor glyphs [C] // Proceedings of EuroVis 2004. Washington D C: IEEE Computer Society Press, 2004:147-154.

[3] KIRBY R M, MARMANIS H, LAIDLAW D H. Visualizing multivalued data from 2D incompressible flows using concepts from painting [C] // Proceedings of Visualization 1999.Washington D C: IEEE Computer Society Press, 1999:333-340.

[4] KNISS J, KINDLMANN G L, HANSEN C D. Multidimensional transfer functions for interactive volume rendering [J] . IEEE Transactions on Visualization and Computer Graphics, 2002, 8（3）: 270-285.

[5] LAIDLAW, AHRENS E T, KREMERS D, et al. Visualizing diffusion tensor images of the mouse spinal cord [C]// Proceedings of Visualization1998. Washington D C: IEEE Computer Society Press, 1998:127-134.

[6] Liu Z, MOORHEAD II R J. AUFLIC: An accelerated algorithm for unsteady flow line integral convolution [C] // Proceedings of IEEE VGTC Symposium on

Visualization. Washington DC：IEEE Computer Society Press, 2002:43-52.

[7] LORENSEN W E, CLINE H E. Marching cubes: A high resolution 3D surface construction algorithm [C] // Proceedings of ACM SIGGRAPH Computer Graphics 1987. New York City: ACM Press, 1987 21(4):163-169.

[8] MAO X, KIKUKAWA M. Line integral convolution for 3D surfaces [C] // Proceedings of the Eurographics Workshop on Visualization in Scientific Computing 1997. Berlin, Heidelberg: Springer-Verlag, 1997:57-70.

[9] Marks J, ANDALMAN B, BEARDSLEY P A, et al. Design galleries: a general approach to setting parameters for computer graphics and animation [C] //Proceedings of ACM SIGGRAPH 1997. New York City: ACM Press, 1997:389-400.

[10] OKADA A, LANE D. Enhanced line integral convolution with flow feature detection [C] //Proceeding of Visual Data Exploration and Analysis. Bellingham, Washington: SPIE Press, 1997:206-217.

[11] SANTOS T, KERN R. A Literature Survey of Early Time Series Classification and Deep Learning[C]. 2016(10): 18-19.

[12] TAO J, MA J, WANG C, et al. A unified approach to streamline selection and viewpoint selection for 3D flow visualization [J] . IEEE Transactions on Visualization and Computer Graphics, 2013, 19 (3) : 393-406.

[13] TZENG F Y, LUM E B, MA K L. An intelligent system approach to higher-dimensional classification of volume data [J] . IEEE Transaction on Visualization and Computer Graphics, 2005, 11 (3) :273-284.

[14] TURK G, BANKS D. Image-guided streamline placement [C] //Proceedings of the 23rd annual conference on Computer graphics and interactive techniques. New York City: ACM Press, 1996:453-460.

[15] URNESS T, INTERRANTE V, LONGMIRE E, et al. Effectively Visualizing Multivalued Flow Data Using Color and Texture [C] // Proceedings of IEEE Visualization. Washington DC: IEEE Computer Society Press, 2003: 151-121.

[16] WIJK J V. Spot noise texture synthesis for data visualization [C] //Proceedings of ACM SIGGRAPH 1991. New York City: ACM Press, 1991:309-318.

[17] WIJK J V, SELOW E R V. Cluster and calendar based visualization of time series data [C] // Proceedings of Information Visualization 1999. Washington D C: IEEE

Computer Society Press,1999:4-9.

[18] WANG Y, ARCHAMBAULT D, SCHEIDEGGER C E, et al. A Vector Field Design Approach to Animated Transitions [J] . IEEE transactions on visualization and computer graphics, 2018, 24（9）: 2487-2500.

第6章 地理空间数据可视化

地理信息空间包含地球表面、地下、地上所有与地理有关的信息。地球是人类最重要的活动空间，很多科学探索、工程实践和社会活动所产生的数据都带有地理信息。地理信息主要分为两类：描述空间对象的空间数据和空间对象的属性数据。对这些地理数据进行采集、存储、管理、运算、分析、描述和可视化的技术系统称为地理信息系统（GIS），简而言之是对三维地理空间的感知。地理信息数据的可视化是 GIS 的核心功能，在日常应用中应用广泛，如百度地图、GPS 导航、出租车轨迹查询、手机信息跟踪等。

本章主要介绍地理信息空间的基本原理、地图绘制的基本概念和地理信息数据的可视化方法。地理空间数据有很多不同形式，可大致分为点数据、线数据和面数据三种类别。本章将围绕这三类数据的可视化方法展开描述。

6.1 地图投影

地理空间数据通常从真实世界中采样获得。空间数据以离散的形式记录和描述了空间中连续的物理、化学、环境、社会和经济现象，例如，全球气候数据（温度、降雨量和风速）、环境数据（CO_2 和其他环境污染的描述指标）、经济和社会的数据（失业比例、教育程度）、客户分析、电话记录、信用卡记录和犯罪数据。所有与地理信息有关的应用都需要以地图为载体对信息进行组织、处理和呈现。

由于大部分地理数据的空间区域属性可以在地球表面（二维曲面）中表示和呈现。将地理信息数据投影到地球表面（二维物理空间）的方法称为地图投影。

地图投影将地理信息凝聚到点、线和面等几何元素上，并根据这些几何元素的空间位置将其投射到统一的空间坐标系统。从这个意义上看，地理信息空间可视化所呈现的是点、线、面或其混合，可视化过程将附着于空间位置的可视化对象的其他属性数据采用适当的视觉通道（尺寸、形状、纹理、颜色和方向等）进行编码并绘制。因此，地理空间数据可视化的定义是：使用可视元素来表现空间数据的内容，通过人们的视觉信息处理能力加强对地理空间数据的理解。下面列出几种常用例子。

- 点形数据（零维数据）。空间数据定义在若干孤立的点上，可以通过二维坐标（经度和纬度）直接定位，如建筑物、油井和城市的位置。需要采用可视化方法显示其他属性。

- 线形数据（一维数据）。空间数据定义在若干只有长度、没有宽度的线上，可以定义为非闭合的经度和纬度坐标组。例如，大型信息交换网络、公路、国家之间的边界等。数据的属性可以包括容量、交通密度和标识等。

- 平面形数据（二维数据）。空间数据定义在若干平面区域上，可用一系列的经度和纬度坐标组定义一个连续空间，如海洋、湖泊、省市县等行政单位。每个物体可具备额外属性。

- 曲面形数据（2.5维数据）。空间数据定义在若干空间曲面上，可以用一系列的经度、纬度和高度坐标向量描述，也可将高度看作描述经度和纬度坐标的属性。

地图的分类方式有若干种：连续的或者离散的，定量的或定性的，或按点、线、面和体等不同种类可视化元素进行分类。

地理空间数据可视化与传统制图法的最大区别是，用户可自由地在地理空间中交互，获取不同层面的信息，还可以自行选择数据的分类和投影方式，查询数据，调整可视化的结果。例如，用户可任意组合多个地图和统计可视化（柱状图和线图），或结合复杂的高维空间可视化技术（见本书第7章）实现地理空间信息的可视化浏览，或采用高级的浏览和查询界面搜索信息。图6.1显示了一个基于道路的轨迹查询系统，系统提供了刷选工具，分析师可以任意选择道路，通过该道路的车流热力图、统计图等对道路进行评估和分析[17]。

6.1.1　地图投影

地图投影是地理空间数据可视化的基础，其主要目的是将球面映射到某种平面上，将球面上的每一个点与平面某点建立对应关系，即实现球面的参数化。地图投影中投影对象的类型通常有以下三种。

- 圆柱。常用的投影方式是从地球球心出发，将球面上的点向外发射一条射线，与包围球面的圆柱曲面的交点是对应的投影点，如图6.2（a）所示。在圆柱面上，经度和纬度相互垂直。

- 圆锥。将地球球面投影到一个和球面相切的圆锥面上，如图6.2

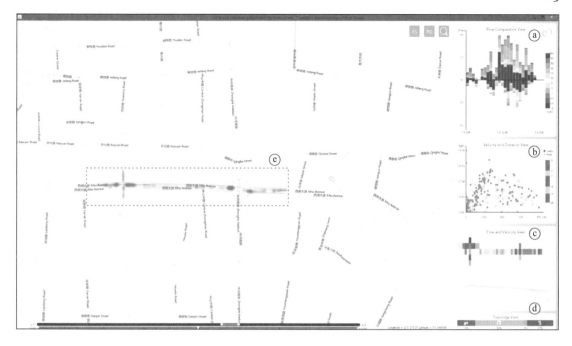

图6.1 城市交通可视分析系统

MOOC微视频:
各种投影方式
展示

（b）所示。纬度呈现为围绕投射中心的同心圆弧，经度呈现为从投射中心发出的射线。

● 平面。地球球面和平面相交于切点处，如图6.2（c）所示。球面上的点投影到和该球面相切的平面上。

地图投影的数学定义是：$\Pi:(\lambda,\varphi)\rightarrow(x,y)$。其中，经度$\lambda$的取值范围$[-180,180]$，正值对应东经，负值对应西经。纬度$\varphi$的取值范围$[-90,90]$，正值对应北纬，负值对应南纬。不同类型的地图投影遵循不同的性质。

图6.2 投影对象的三种类型

● 等角（正形）投影（conformal projection）：地面上的任意两条直线的夹角，在经过地球投影绘制到图纸上以后，其夹角保持不变。圆柱形投影保留了局部的角度，属于等角投影。

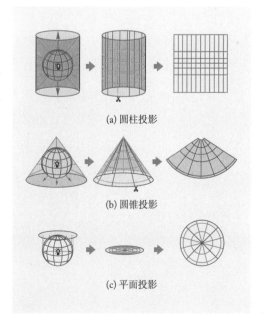

(a) 圆柱投影

(b) 圆锥投影

(c) 平面投影

184

- 等面积投影（equivalent or equal area）：地面上的一块面积在经过地球投影绘制到图纸上以后，其面积保持不变。

- 等距投影（equidistant）：地面上的两个点之间的距离，经地球投影绘制到图纸上以后，其距离保持不变。距离可以定义为测地线距离，或任何点到某些特别点的距离。

- 方位投影（azimuthal projections）：属于等距投影的一种。地图上任何一点沿着经度线到投影原点的距离保持不变。正是因为这个特性，它常被用于导航地图。以选中的点作为原点生成的方位角投影能非常准确地表示地图上任何位置到该点的距离。这种投影也常常被用来表示地震影响的图。把震中设为原点，可以准确地表示受地震影响的范围。

- 反方位投影（retroazimuthal projection）：和方位投影的方向相反，从任何一点到一个固定位置的角度对应了地图上的角度。

下面简单介绍几种常用的地图投影方法。地图投影中采用的变量如表6.1中定义。

表6.1 地图投影中的常用变量

φ	纬度
λ	经度
x	二维地图的横坐标
y	二维地图的纵坐标
$\varphi_0; \lambda_0$	赤道纬度；子午线经度

墨卡托投影又称为正轴等角圆柱投影。它采用一个与地轴方向一致的圆柱切割地球，并按等角度条件将地球的经纬网投影到圆柱面上。墨卡托投影将经线均匀地映射成一组垂直的直线，将纬线映射成一组平行的水平线。相邻纬线之间代表的距离由赤道向两极增大。在投影中每个点上任何方向的长度比均相等，即没有角度变形。但是面积变形明显。在基准纬度线（赤道）上的区域投影后保持球面上相等的面积，随着离基准纬线越来越远，每一区域所代表的面积变大。墨卡托投影的计算公式是

$$x = \lambda - \lambda_0;$$

$$y = \ln\left(\tan\left(\frac{\pi}{4} + \frac{\varphi}{2}\right)\right) = \frac{1}{2}\ln\left(\frac{1+\sin\varphi}{1-\sin\varphi}\right) = \sinh^{-1}(\tan\varphi) = \ln(\tan\varphi + \sec\varphi)$$

兰伯特投影是一种等面积投影，采用了圆柱类型。投影定义是

$$x = (\lambda - \lambda_0) * \cos\varphi_0, \, y = \frac{\sin\varphi}{\cos\varphi_0}$$

哈默–阿伊托夫（Hammer-Aitoff）投影是一种等面积投影。中间的经线和纬线是两条垂直的直线。纬线是经线的两倍长。其他的经线和纬线则成为不等分的曲线，其椭圆形状提示用户地球的形状。该方法主要用于专题制图。投影的定义是

$$x = \frac{2\sqrt{2}\cos\varphi\sin\dfrac{\lambda}{2}}{\left(1 + \cos\varphi\cos\dfrac{\lambda}{2}\right)^{\frac{1}{2}}}, \, y = \frac{\sqrt{2}\sin\varphi}{\left(1 + \cos\varphi\cos\dfrac{\lambda}{2}\right)^{\frac{1}{2}}}$$

摩尔威德（Mollweide）投影是一种等面积伪圆柱投影。它用椭圆表示地球，所有和赤道平行的纬线都被投影成平行的直线，所有经线被平均地投影为椭球上的曲线。方法主要用于绘制整体世界地图。投影的定义是

$$x = \frac{2\sqrt{2}(\lambda - \lambda_0)\cos\theta}{\pi}, \, y = 2^{\frac{1}{2}}\sin\theta, \, 2\theta + \sin(2\theta) = \pi\sin\varphi$$

余弦（Cosinusodial）投影是一种简单快速的等面积伪圆柱投影。它有一个特别的形状和非常好的局部性质。投影的定义是

$$x = (\lambda - \lambda_0) * \cos\varphi, \, y = \varphi$$

亚尔勃斯投影是一种保持面积不变的正轴等面积割圆锥投影。为了保持投影后面积不变，在投影时将经纬线长度做了相应的比例变化。该方法首先使圆锥投影面与地球球面相割于两条纬线上，再按照等面积条件将地球的经纬网投影到圆锥面上，将圆锥面展开就得到了亚尔勃斯投影。亚尔勃斯投影具备了等面积的特性，但不具备等角度的特性。亚尔勃斯投影公式是

$$x = \rho\sin\theta, \, y = \rho_0 - \rho\cos\theta$$

其中：

$$\theta = n(\lambda - \lambda_0), \, \rho = \frac{\sqrt{C - 2n\sin\varphi}}{n}, \, \rho_0 = \frac{\sqrt{C - 2n\sin\varphi_0}}{n},$$

$$n = \frac{1}{2}(\sin\varphi_1 + \sin\varphi_2), \, C = \cos^2\varphi_1 + 2n\sin\varphi_1$$

公式中λ_0为基准的中央经线，φ_0为坐标起始纬度。φ_1和φ_2分别为第

一和第二标准纬线。在生成亚尔勃斯投影时，需要根据目标区域设定上述参数。实施亚尔勃斯投影后，纬线为同心圆圆弧，经线为放射状直线。经线夹角与经差成正比。由于等面积的特性，亚尔勃斯投影广泛使用于着重表现面积的国家或者地区图中。它特别适用于东西跨度较大的中低纬度的地区，原因是这些区域的形变相对较小。中国和美国的疆域特点都符合这些条件，因此绘制两国的地图通常都使用这种投影方法。

6.1.2 常用可视化变量

地理空间数据可视化中常用的可视化变量有以下几类，如图6.3所示。

- 大小：每一个标记的大小、线的宽度。
- 形状：每一个标记或者图案的形状。
- 亮度：标记、线或区域的亮度。
- 颜色：标记、线或区域的颜色。
- 方向：在线上或者区域中单个标记或者图案的朝向。
- 间距：标记、线或者区域中的图案之间的间距。
- 高度：在三维透射空间中投影的点、线和区域的高度。
- 布局：图案的摆放，如点的排列、线的图案、标记的分布。

制图的很多方法围绕绘制地图而设计[12]。在地理空间数据的投影过程中，需要仔细考虑可视化元素的类别分类、数值的规范化和空间聚集性等方面。图6.4中的可视化绘制了德国一个小城市的人口密度。图6.4

图6.3 空间数据可视化变量的例子

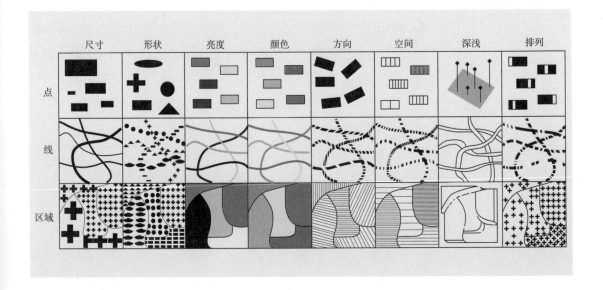

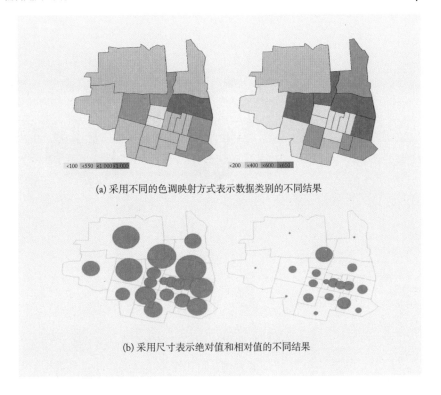

<100 <550 <1 000 ≥1 000   <200 <400 <600 ≥600

(a) 采用不同的色调映射方式表示数据类别的不同结果

(b) 采用尺寸表示绝对值和相对值的不同结果

图6.4 地理空间可视化的不同方法

（a）是采用不同的色调表示不同的类别分类结果（具体分类见图中左下方的色调图）。图6.4（b）展示了采用不同尺寸的圆表示人口密度的绝对数值和相对数值的效果。两个例子结果不同，传递的信息也不同。

6.2 点形数据的可视化

点形数据（简称点数据）本身是离散的数据，可用于描述连续的现象，如气温测量数据。地理空间数据可视化时常采用离散或连续的方式绘制点数据：离散形式的可视化强调了在不同位置处的数据，而连续形式的可视化则强调了数据整体的特征。图6.5总结了圆圈、圆柱、等值面、曲面等不同可视化编码方式，其中连续数据指数值逐渐变化的数据（通常通过数据插值而形成光滑曲面），而突变数据会发生突然的变化（直接在数据点绘制而形成柱状图）。

6.2.1 点地图

可视化点数据的基本手段是在地图的相应位置摆放标记或改变该点

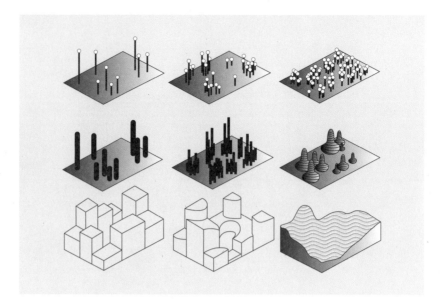

图6.5 离散对比连续和平滑对比
突变数据的可视化，从上到下展
现了从离散到连续的数据类型，
从左到右展现了从突变到光滑的
数据类型

的颜色，形成的结果称为点地图（dot map）。点地图是一种简单、节省
空间的方法，可用于表达各类空间点形数据的关系。

　　点地图不仅仅可以表现数据的位置，也可以根据数据的某种变量调
整可视化元素的大小，如圆圈和方块的大小，或者柱状图的高度。由于
人眼视觉并不能精确判断可视化标记的尺寸所表达的数值，点数据可视
化的一个关键问题是如何表现可视化元素的大小。若采用颜色表达定量
的信息，则还要考虑颜色感知的因素。

　　真实世界中空间数据点的分布通常不均匀。例如，电话记录、犯罪
记录通常都集中于城市地区，或者环境数据通常都集中于现象频繁发生
的地区。因此，点数据可视化的挑战在于数据密集引起的视觉混淆，如
图6.6所示。常用的解决方案是采用额外的维度增加表达效用，例如，
在点密集的区域用2.5维可视化方法[8]，或者根据地图上数据的统计分
布，用柱状图提供更多细节。当然，这类方法仍然无法避免空间的遮
挡，对数据的可视化和分析会造成严重影响。通过交互的方法（如改变
视角、突出显示重要区域等）或采用高维数据可视化技术（如邮票图表
法等）可以部分地解决这个问题，详细方法见本书第7章和第10章。

6.2.2　像素地图

　　不同于点地图，像素地图通过改变数据点位置避免了二维空间中
的重叠问题[14]。像素地图（pixel map）的核心思想是将重叠的点在

满足三个设定的条件下调整位置：地图上的点不重合；调整后的位置和原始数据位置尽可能接近；满足数据聚类的统计性质（kernal-density estimation），即一个区域中性质相似的点尽可能接近。图6.7 显示了2000年芝加哥人口种族分布，清晰地表现了黑人和白人的聚居区，以及一小块绿色的亚裔聚居区的位置。同时，还能发现在聚居区交接的区域通常存在不同种族混居的现象。

　　生成像素地图的方法是全局优化算法或基于递归算法的近似优化方法。递归算法采用四分树的数据结构，以四分树的根结点代表整个数据集，每个枝结点代表部分数据。运用递归的分割算法可以提高效率，分割方式如下。

图6.6 点地图示例，南京交通卡口运行数据可视化，颜色、箭头方向和数量，编码交通卡口的车流速度、方向和流量大小[19]

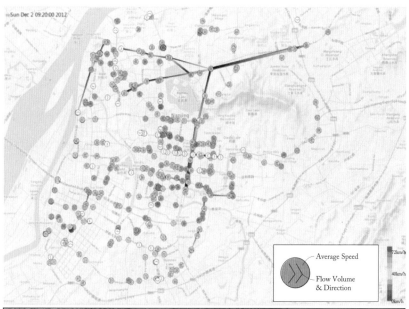

图6.7 2000年芝加哥人口种族分布（不同颜色的点标识了不同的种族，粉红色表示白人，蓝色表示黑人，绿色表示亚洲人，黄色表示拉丁美洲人）

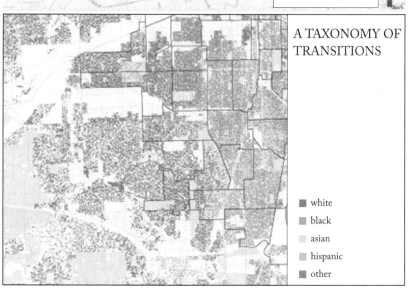

- 从四分树的根部开始，递归地将数据空间分割成四个子区域。分割的原则是使每个子区域的地图面积比该区域所包含的数据点多。

- 若数次循环后，某个子区域只剩下很少的点，将这些点放置在第一个数据点或周围空闲的位置上，并进行启发式的局部排列调节。

算法的具体实现细节参见相关文献[14]。四分树算法保证了地图大致的准确性，只有到最后一步很小范围内才产生随机性。像素地图的一个问题是在高度重叠的地区，地图可能会出现明显形变。位置调整算法的效率也依赖于数据点的先后顺序。

6.3 线形数据的可视化

地理信息的线形数据可定义在直线段、折线或曲线段上。线形数据可视化在处理网络结构数据时也常用到。两者的区别在于网络结构中连线的端点位置可以通过几何投影或者优化程序自由改变，而地理信息空间中线段的端点位置取决于真实的地理空间位置。

6.3.1 网络地图

网络地图是一种以地图为定义域的网络结构，网络的线段表达数据中的链接关系和特征。网络地图中，线端点的经纬度可以用来决定线的位置，其余空间属性可映射为线的颜色、宽度、纹理、填充和标注等可视化参数。此外，线的起点和终点、不同线之间的交点，都可以用来编码不同的数据变量。

6.3.2 流量地图

流量地图（flow map）是一种表达多个对象之间流量变化的地图。流出对象和流入对象之间通过类似于河流的曲线连接，曲线的宽度代表流量的大小。流量地图与普通的网络地图的差异在于：为了最小化曲线的交叉和曲线的数量，采用边绑定的方法（详见本书第8章）将同一个流出对象到不同流入对象的曲线轨迹进行聚类，并对曲线进行适当的变形以获得光滑的流线。流量地图如实地呈现了流量的源头、合并、分散、路径改变和汇入等动态过程。图6.8展示了从美国科罗拉多州向其他各

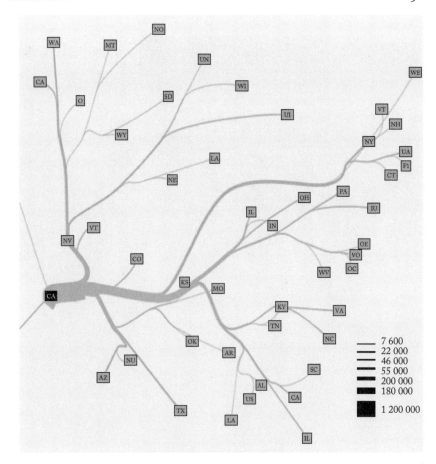

图6.8 流量地图实例（使用流量
地图可视化人口流量，线的宽度
的数值含义见图右下角）

州人口迁徙的流量地图。流向相似方向的流量数据被绑定到一起，因而
清晰地表现了流向东部和西部的数据差别。本质上，流量地图是一种基
于聚类和层次结构的地理信息简化方法。

6.3.3　线集地图

线集地图指将地图中的同类数据以一条线段连接，从而展示了不
同类别数据分布的相对关系，如图6.9所示[1]。连接数据点的方法有很
多，评估的最主要因素是曲线的简单性和平滑性，因为它们支持用户跟
踪并记忆曲线。理想的曲线没有自己交叉的情况，并且尽量减少弯曲的
部分。

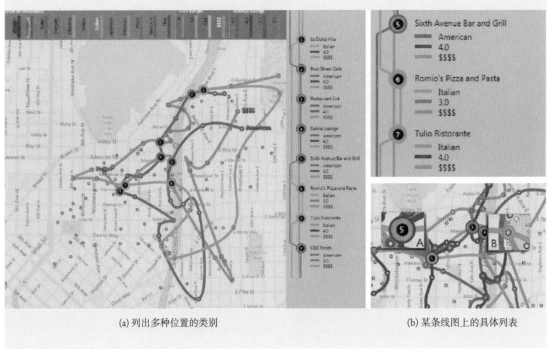

(a) 列出多种位置的类别　　　　　　　　(b) 某条线图上的具体列表

图6.9 线集地图的例子

6.4　区域数据的可视化

MOOC微视频：
区域数据的可视化

　　区域数据是一种常见的地理空间数据，涉及地图上不同区域自然或社会经济的基本状况和统计信息。其中，自然数据区域包括自然要素的空间分布及其相互关系，如地质、气象和植被等；社会经济和人文数据反映区域中社会、经济等人文要素的地理分布、区域特征和相互关系，如人口、行政区划和交通等；还有面向其他专业的数据，如航海、旅游和工程设计等。

　　区域数据的可视化常采用专题地图（thematic map）类似的绘制方法。其基本思路是遵循可视化设计的原则，给地图上不同区域赋予特定的颜色、形状，或采用特定的填充方式展现其特定的地理空间信息。具体包括：分区密度地图、等值线图、等值区间地图和比较统计地图。其中，分区密度地图允许每一个变量独立地分割区域，在实际中应用不多。下面简单介绍其余三类地图。

6.4.1　等值线图

　　等值线图通过等值线显示各区域连续性数据的分布特征，也称为轮廓线图。等值线图又分为两类：第一类，数值是区域上每一点真实属性（例如地表的温度）的采样，需要采用本书第5章介绍的等值线抽取算法，计算数值的等值线并予以绘制；第二类，区域上各点的数值为该点与所属区域中心点之间的距离，这时需要采用距离场计算方法，计算地图上的等值线。前者的应用非常广泛，等值线图的示意和具体实例如图6.10所示。

6.4.2　等值区间地图

等值区间地图（choropleth）是最常用的区域地图方法。该方法假定地图上各区域内的数据分布均匀，将区域内相应数据的统计值直接映射为该区域的颜色。各区域的边界为封闭的曲线。等值区间地图可视化的重点是数据的归一化处理和颜色映射（分别见本书第2章和第3章）。图6.11是一个模拟示意图，可以简单理解为不同区域降水量值的分布情况。

等值区间地图的主要问题是人们感兴趣的数据可能集中在某些局部区域，造成很多难以分辨的小的多边形。同时，一部分不感兴趣的数据则有可能占据大面积的区域，干扰视觉的认知。因此，等值区间地图适合于强调大区域中的数据特征。例如，在人口调查中显示大面积省州的人口分布。

6.4.3　比较统计地图

比较统计地图（cartograms）根据各区域数据值大小调整相应区域的形状和面积，因而可有效解决等值区间地图在处理密集区域时遇到的问题。由于区域的形状和尺寸都经过调整，地图上的各区域产生了形变，

图6.10 等值线图的示意和具体实例

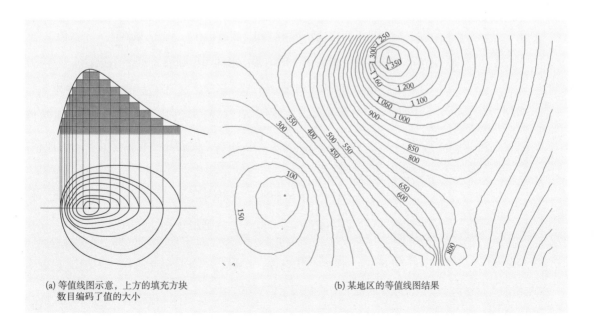

(a) 等值线图示意，上方的填充方块数目编码了值的大小　　　　(b) 某地区的等值线图结果

这种形变可以是连续的（保留网格的拓扑），也可以是不连续的（独立地改变每个区域的大小，或者绘制近似的区域）。

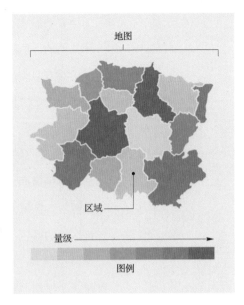

比较统计地图可看成等值区间地图的变种。根据形变的方式和区域的形状表达方式，比较统计地图又可分为连续几何形变地图、不连续几何形变地图、特殊形状（圆形、长方形等）统计地图等不同的

图6.11 等值区间地图模拟示意图

类型。图6.12使用方形表示区域形状，区域的生成采用连续几何形变方法，使得数据密集区域不再拥挤。

比较统计地图设计的难点在于同时满足各区域形状或者面积的约束，将涉及复杂的优化过程。通常，基于各区域连续几何形变的比较统计地图效果最好，算法也最复杂。基本方法是根据指定参数缩放多个多边形，通过优化，最终满足形状和面积的约束。这种方法也可以用于其他信息可视化应用中。

下面介绍两种有代表性的比较统计地图。

1. 区域缩放算法

基于连续形变的比较统计地图的核心是如何实现地图的变形。算法的输入数据是平面多边形网格 ρ 和一组数值 χ（每个区域对应一个数值）。算法的目标是使变形后每个网格多边形的面积和输入的数值成比例。这一方法的好处是宏观上保留了地图的整体形状。这类算法可以统一描述如下。

输入：一平面多边形网格 ρ，包括多边形 p_1, $\cdots$, p_k，和一组数值 $\chi = x_1, \cdots, x_k$，$x_i > 0$，$\sum x_i = 1$。让 $A(p_i)$ 代表规格化的多边形 p_i 的面积，$A(p_i) > 0$，$\sum A(p_i) = 1$。

输出：一个保留了拓扑的多边形网格 $\overline{\rho}$，包括多边形 $\overline{p}_1, \cdots, \overline{p}_k$，使得函数 $f(\overline{S}, \overline{A}) = \omega \sum_{i=1}^{k} s_i + (1-\omega) \sum_{i=1}^{k} a_i$ 达到最小化。其中：$\overline{S} = \{s_1, \cdots, s_k\}$，$s_i = d_S(p_i, \overline{p}_i)$，代表形状误差；$\overline{A} = \{a_1, \cdots, a_k\}$，$a_i = d_A(x_i, A(\overline{p}_i))$，代表面积误差；$\omega$ 是个由用户指定的参数，$0 \leqslant \omega < 1$。

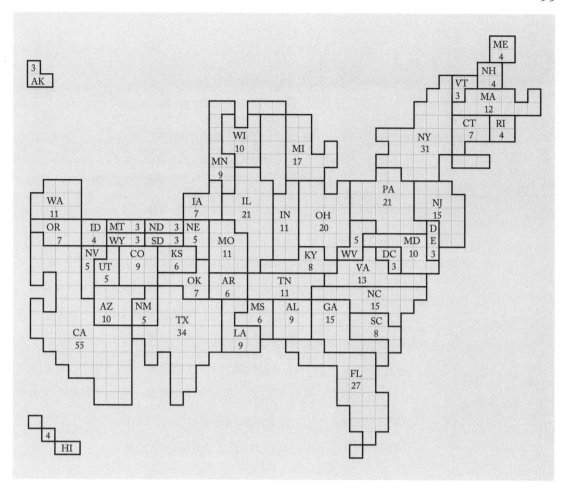

图6.12 美国各州选票数据的比较统计地图可视化

生成比较统计地图需要求解一个空间优化问题。即使忽略形状约束，这个问题也是NP问题。由于难以同时满足面积和形状的约束，上面函数 $f(\overline{S}, \overline{A})$、$d_S$ 和 d_A 代表了输出结果的误差。当误差位于一定阈值内时，则可视为最终结果。

CartoDraw方法[13] 允许用户调整形状和面积的误差，同时保留交互的性能。算法的基本想法是采用扫描线算法逐渐调整地图上多边形的顶点位置，同时允许用户交互地控制局部多边形的形变，并最小化各个区域的面积误差和形变的形状误差。

● 主循环按扫描线依序进行。对每一条扫描线，算法计算多边形变形的可能位置，并检查这些形变对拓扑和形状的影响。若某个位置通过检查，实施这个变形；否则放弃。算法按照扫描线的顺序循环，直到所有扫描线上的面积误差都小于设定阈值。

● 按照减少面积误差的标准对扫描线进行排序。扫描线可以通过自

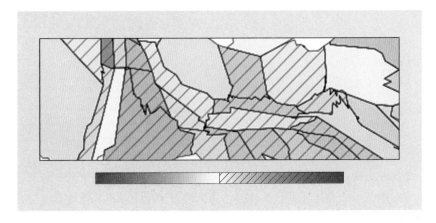

图6.13 美国2000年总统选举
结果的比较统计地图可视化结果
（局部）

动计算获得（例如地图边界的中间轴或者多边形的边）或者手工输入。

● 多边形网格的形状沿和扫描线垂直的方向变化。如果形变需要这
个多边形增加面积，以扫描线为中心，向两侧伸展多边形。如果形变要
求减少面积，就向扫描线收缩多边形。

图6.13是美国2000年总统选举和人口统计的局部地图。州的面积根
据辖区内人口数目进行了缩放，从而真实地反映了选举的结果。这种方
法的一个弱点是，用户需要联系到原始地图，才能正确理解可视化结果，
且识别的效果和地图的形状、方向、连续等因素相关。

2. 矩形地图算法

矩形地图采用矩形近似表示地图上的区域，通过调整矩形网格的形
状来满足形状和面积约束。不同于连续比较统计地图方法，统一地使用
矩形形状可完美满足面积的约束。

在矩形比较地图方法中，矩形的初始位置通常都放置于原多边形的
重心。虽然形状变化，但其位置仍尽可能贴近初始多边形。方法的关键
是如何生成矩形网格，本质也是一个优化问题的求解。代表性方法之一
是采用多个启发式的条件和一个通用的优化过程生成不同的结果[10]。例
如，保留每个矩形的横宽比或者按照给定的地理位置划分空间。

图6.14根据美国各州郡的人口数据绘制，颜色色调表示各州的人口
数。矩形面积与人口数目成正比，同时各矩形的相对位置反映了对应州
的方位关系。

6.4.4　气泡集地图

如图6.15所示，气泡集地图方法将多个独立的地点连接成不规则形

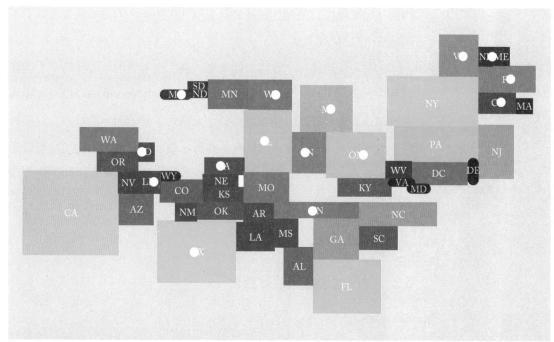

图6.14 矩形地图算法用矩形面积准确编码了美国各州人口数目

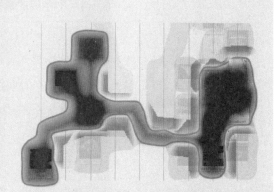

(a) 纽约曼哈顿岛上的旅馆(橙色)、地铁(棕色)和医疗　　(b) 气泡集生成的过程中能量场的示意
　　诊所(紫色)，可以明显看出西侧缺少医疗诊所，而
　　东北部密集了旅馆和医疗诊所

图6.15 气泡集地图

198

状的气泡集合[5]。虽然连接的路线仅仅代表距离，但是气泡集强调了不同类别地点的相互关系。

气泡集是通过一个虚拟的能量场的概念来生成的。假设每一个地点都是一个能量源，并且可以影响到局部区域。影响的范围可以通过距离参数调整，通常影响力随着距离增加而减弱。对于同一类地点，它们的能量场受到了所有能量源的影响，如图6.22所示。气泡集的边缘可以采用marching tiles方法来生成。当气泡集的数量不大时，这种方法可以实时的生成并改变气泡集边缘，便于交互。

6.5 时序地理数据的可视化

地理数据的可视化通常都涉及二维地图。当数据同时也是时序系列时，数据可以表现为一个由两个二维坐标和时间构成的三维空间。传统上三维空间不便于在二维平面上展示，所以时序地理数据的可视化问题增加了难度。比较容易理解的操作包括用三维空间可视化方法直接绘制三维时空间，下面列举几种常用的时序地理数据的可视化方法。

6.5.1 时空间的数据提取

从三维时空间中，提取出数据子集进行可视化。数据子集可以是点、线、面或者体的形式（面和体可以是规则的，也可以是不规则的）。例如，可以选择一个时间点，提取其在空间中的数据。或者选择时空间中的任何一个规则或者不规则的切面。具体的方法包括以下两种。

● 钻取数据：可以选择某一空间点上沿着时间轴的数据，或者某一时间点上沿着空间一个方向上的数据，或者三维时空间上任意一条三维线段上的数据，或者一条曲线上的数据。

● 切割时空间：可以选择以平面或者曲面切割时空间。如图6.16所示，是一个沿着公路的曲线和垂直的时间轴组成的曲面[15]。

6.5.2 时空间的降维

将三维时空间降维到二维空间，通过在某一维度上聚集数据，例如把不同时间的数据全部都绘制在二维空间中。图6.17中的视图采用时间

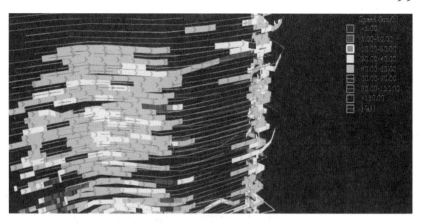

图6.16 切割时空间（某城市交通堵塞的发展）

线的方法可视化了地铁路径选择与时长的关系[18]。从一个站点出发，用户可以根据地铁网络选择任意一个站点下车，水平轴上的长度代表了整一趟旅途所花费的时间。图6.18展示的是一个著名的时空间降维的例子，不同时间的数据全部绘制在二维空间中。

6.5.3　时空间的插值

将数据以某一方式进行插值。图6.19所示为常用的以时间轴为方向插值的例子。多个时间点的数据插值在一起，显示了整个运动的轨迹。同理，可以将空间不同的数据插值在一起。这种方法比较适合变化平缓的数据可视化。

图6.17 时间流图展示了从城市中心站到其他站点路径的时间效率

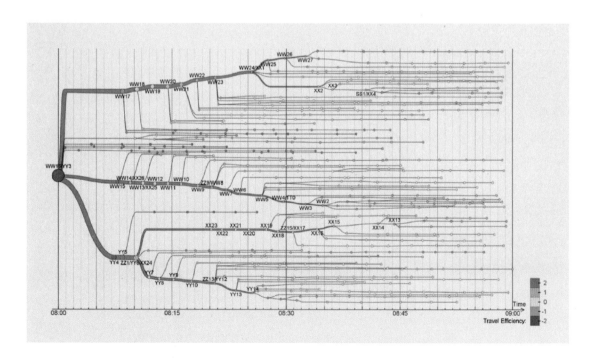

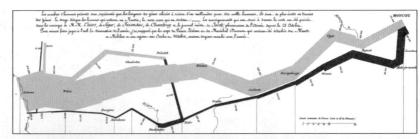

图6.18 时空间降维（拿破仑军队进攻俄国并且失败返回的战争[16]）

图6.19 Etienne-Jules Marey 的多次曝光摄影技术，用一张相片表现了一组动作

6.5.4　时空间的几何转换

下面列出几种可以用于可视化的时空间的几何转换。

● 时间和空间的分别转换：保留空间，通过交互转换时间。同理，保留一定时间，转换空间位置。

● 三维时空间的旋转：用三维可视化方法绘制时空间。

● 三维时空间的缩放：可以在时间或者空间上进行缩放。

● 三维时空间的变形：将三维时空间以某种方式变形，便于用户观察，如图6.20（a）所示。

● 三维时空间的展开：将三维时空间转换到平面或者曲面上，便于可视化，如图6.20（b）所示。这种方法类似于将地球的球面展开到二维平面上。

6.5.5　时空间的内容转换

时空间的内容转换泛指对时空间中数据的各种可视化方法，如图6.21所示。

● 染色：根据时间、空间位置或者某种方法染色。

● 坐标：为重要的时间和空间位置坐标。

● 聚类：将类似的轨迹聚类显示，以避免过多的重叠效应。

● 过滤：过滤掉时空间中的某些数据。

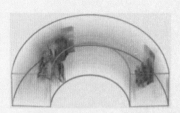

(a) 时空间将时间轴弯曲而变形[7]

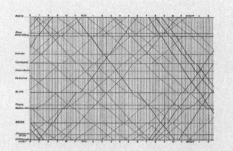

(b) 三维时空间沿着时间轴展开，平行线代表火车站，垂直线代表时间，对角线代表火车的移动轨迹

图6.20 时空间的几何变形

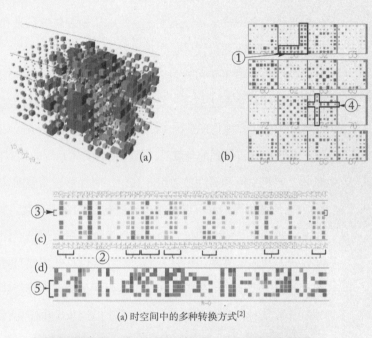

(a) 时空间中的多种转换方式[2]

(b) 聚类的方式展示航空线路，突出了几个航班中心[11]

图6.21 时空间的内容转换

● 抽象：将多个数据点抽象成一个时空物体。例如，三维核密度估计（3D kernel density estimation）将三维点抽象成一个三维体或者二维曲面。

6.6　基于地理位置的综合信息可视化

我们生活在一个真实的三维空间中。人类社会和自然环境对应了人们在三维地理空间中的活动和由此形成的各种关系，这使得以地图为载体的地理信息形式多样，类型丰富。除了地理位置信息和区域性的统计属性外，每个地理位置可包含在该处采集的时变、多维、多源的测量信息。这些信息的采集可通过各种各样的传感器设备和移动互联网完成，这使得利用信息技术感知、分析和融合地理空间与社会空间成为可能。这类系统称为赛博物理系统（Cyber-Physical Systems, CPS）。

从数据分析处理的角度看，信息化的实体系统的状态包括三维位置、时间、客观主体和属性参数组。其中，属性可以是空间几何、外观、拓扑、地理属性等，也可以是主体在某时刻的状态描述，如温度、湿度、速度、通话记录等。传统的地理信息系统和图形学已经深入地研究了空间位置、几何、外观、拓扑、地理属性等信息的建模与可视化方法，并在产业界产生了较大影响，如基于遥感影像的地理环境建模、GPS地图导航、数字城市建模等。另一类数据记录实体随时间演化的属性状态，如视频、定点监控传感器网络数据、从通信手机或GPS获得的位置信息、P2P移动网络的定位信息、网络交通控制器、智能传输环境、RFID射频识别信息等。这些数据通常采用主动推送的方式，形成源源不断的数据流。

毋庸置疑，将这些综合信息服务于社会和经济活动，需要发展新的基于地理位置的综合信息可视化方法。本节从信息简化、多目标标识和综合信息可视化角度介绍已有方法。

6.6.1　地理信息简化与标识

地图可承载的信息复杂，从有利于用户感知的角度，需要从原始数据中抽取出重要的区域、信息和特征，并予以突出显示。这种简化和抽

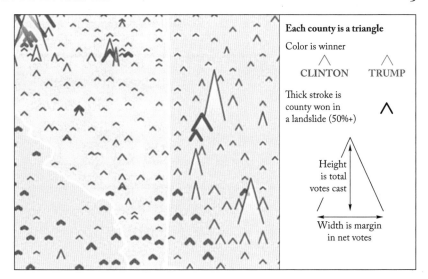

图6.22《政治的山峰》（该设计使用了山峰的隐喻，高度表示投票的人数，而宽度则表示更大的影响力）

象，实际上是对原始精确地图所含信息的概括，它与具体的应用以及任务密切相关，如图6.22所示。设计良好的地图概括方法突出了与任务相关的最重要地图元素，同时保留基本准确的可视化效果。常用的地图概括包括以下一些例子。

● 点简化。在小型的地图上去除一些不相关或者不可分的密集的点，或者合并一些点。

● 线简化。去除线上小的形状；合并多条相似的线为中心线；去掉重叠的线。

● 多边形简化。去除小的形状；合并并且保留重要的形状特点，包括简化多边形的边界，保留重要的形状和大小，或在允许的误差范围内合并相邻的多边形。

6.6.2   地理空间时序数据可视化

从广义上来说，地理空间时序数据即带有时间标记或空间位置的数据，因此不管是空间场数据、时变数据还是地理空间数据皆可以归纳到地理空间时序数据里。从数据构成要素的角度来说，地理空间时序数据的主要要素有三，即空间、时间、描述空间对象的多属性。三种要素相互关联造成了分析的复杂化，本小节也依照三种要素的组合和强调关系将地理空间时序数据的可视化方法分为以下四部分内容。

● 强调时序可视化：主要研究数据对象的各个属性对应的时序采样。典型的如传感器数据，每个或每组传感器都能够以一定时间间隔持续采

204

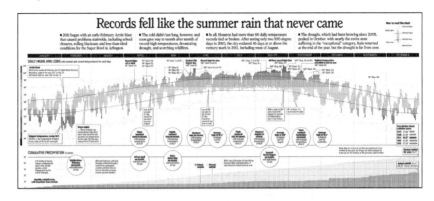

图 6.23 美国得克萨斯州 2011 年气候变化

集以电信号数值化的物理量。

● 时空动态可视化：主要研究数据对象的空间信息随着时间的变化。典型如城市数据里的出租车轨迹数据，人移动过程中留下的 GPS 日志等。这类数据通常包含移动对象和对象在某一时刻的位置采样。

● 时空协同可视化：主要研究数据对象在时间和空间上存在的相关性。如图 6.23 所示，美国得克萨斯州在 2011 年，最高温度屡次超过历史记录，并且在夏天基本上整个州都处于干旱状态。

● 突出地理空间可视化：主要研究处于空间网格中的数据点以及该数据点对应的多维属性。

6.6.3　多源时空信息可视化

一般地，时空地理信息可视化可以分为三维真实感场景地图和二维信息化地图两种。常规的时空信息地图是在地图上加载时间变化信息。例如，基于颜色编码的属性地图描述了随时间变化的数据和动态的现象，交互的空间时间立方体则可呈现时空信息的演化状态，并且可以显示在不同空间尺度下的轨迹的地图。

数据的数量、尺度、维度和其他复杂度都会阻碍数据、维度及其关系在单个显示中的同步表达。因此，用户需要通过观察子集、部分投影和所选中的部分数据来理解整体。空间时间数据的某些属性不能仅仅通过地图有效地可视化，还需要有效地组合多个视图，呈现数据的不同方面。其中一个可能的方法是采用"动态筛选"链接多个视图。对于大规模地理空间数据，其可视化一般包括查询、统计分析和推理等步骤。查询操作支持对特定地理位置区域和时间段的轨迹数据进行过滤，分析师可以从宏观角度查看和探索整个数据集，得到对数据统计分布和特征的大致印象。对于多源异构数据的查询与推理能够最直接的结合各个数据集的知识。如图6.24所示是一个能够应用于城市规划、交通监管和场景再现的可视分析系统[6]。通过建立高效的数据索引，提供对多源异构城市数据的查询、展示和推理，实现复杂的城市分析任务。例如，微博的博主希望寻回在出租车上丢失的手机。分析人员首先在建筑物信息数据中检索到行程起点和终点的位置。紧接着，通过对出租车轨迹数据的OD查询，定位到两辆当晚经过起点和终点的出租车。系统通过对出租车轨迹的场景再现，结合出租车的载客状态与微博描述，从而锁定了乘客乘坐的出租车。

时空信息的分析目标是找出信息中隐藏的模式、演化趋势和时空关系。在实际应用中，多维信息系统中源源不断的时空信息流会导致数据集的急剧增大，引发视觉混乱。尽管用户可以交互地进行数据过滤，但大量同时变化的视觉元素会妨碍用户做出快速反应。解决方案之一是在可视化之前对数据进行约简处理，半自动或全自动地从数据中提取出用户感兴趣的特征或模式。解决方案之二是设计简洁可视化技术，对可视表达对象进行特征保持的简化，其难点在于同时保持表达力。将数据挖掘与可视化结合，是当前可视化领域一个新兴的研究方向——可视分析。例如，可采用自组织图（SOM）方法将多变量数据降维到二维空间，聚合有相似特性的项，进而采用平行坐标、复合小图等技术展现一个时间段内的多变量信息。

MOOC微视频：
通过多源异构数据的查询寻回丢失的手机（案例演示）

图6.24 查询推理可视分析系统

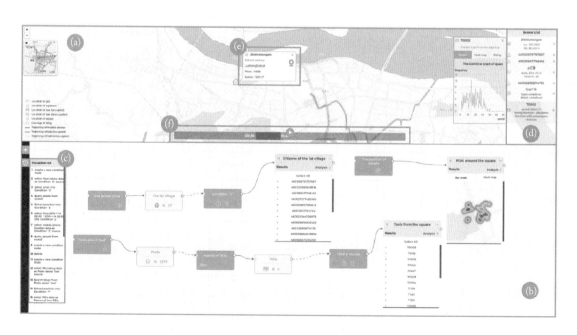

本章描述的点形数据、线形数据和区域数据可视化方法可用于简单时空信息的可视化。但是，复杂的多维信息（如视频监控信息、手机通话记录等）仍难以在二维地图上进行清晰的可视化分析，其原因是在地图这个载体上可视化上述信息时，必须同时解决信息的异构性、显示空间的有限性和分析任务的复杂性这三个挑战。

习题六

1. 请从相关网站上获取近一年的地震数据，采用 JavaScript 的 D3.js 库对这个数据进行可视化，并寻找出现地震的地点。

2. 用 Leaflet API 对第 2 题的地震数据进行可视化。请采用图标可视化方法（glyph visualization）绘制各种变量，包括时间、大小和观测点。

3. 请从相关网站上获取一个出租车行程数据，并对每个区域的上下车流量进行可视化。

4. 设计一个可视化系统，分析第 3 题出租车数据在时间和空间上的模式。

5. 请从 Github 等网站上获取出租车流量数据及相应的天气数据，使用机器学习模型预测未来流量。前 90% 数据作为训练数据，后 10% 数据作为测试数据，算法性能为测试数据上的均方根误差。

参考文献

[1] ALPER, BASAK, NATHALIE R, et al. Design study of linesets, a novel set visualization technique [J] . IEEE Transactions on Visualization & Computer Graphics, 2011(12) : 2259-2267.

[2] BACH, BENJAMIN, EMMANUEL P, et al. Visualizing dynamic networks with matrix cubes [C] // Proceedings of the SIGCHI conference on Human Factors in Computing Systems. New York City : ACM Press, 2014.

[3] BRAUN, MARTA. Picturing time: the work of Etienne-Jules Marey (1830-1904) [M] .Chicago: University of Chicago Press, 1994.

[4] CAO, NAN, et al. Voila: Visual anomaly detection and monitoring with streaming spatiotemporal data [J] . IEEE transactions on visualization and computer graphics, 2018(24.1) : 23-33.

［5］ COLLINS, CHRISTOPHER, GERALD PENN, et al. Bubble sets: Revealing set relations with isocontours over existing visualizations［J］.IEEE Transactions on Visualization & Computer Graphics, 2009（6）: 1009-1016.

［6］ CHEN W, HUANG Z, WU F, et al. Vaud: A visual analysis approach for exploring spatio-temporal urban data［J］. IEEE Transactions on Visualization & Computer Graphics, 2018（9）: 2636-2648.

［7］ DANIEL G, CHEN M. Video Visualization［C］// Proceedings of IEEE Visualization 2003.Washington DC: IEEE Computer Society Press, 2003: 409-416.

［8］ GEISLER G.Making Information More Accessible: A Survey of Information, Visualization Applications and Techniques［R］. 1998.

［9］ GUO D, XI Z. Origin-Destination Flow Data Smoothing and Mapping［J］. IEEE Transactions on Visualization and Computer Graphics，2014（20）: 2043-2052.

［10］ HEILMANN R, KEIM D A, PANSE C, et al .RecMap: Rectangular Map Approximations［C］//Proceedings of IEEE Symposium on Information Visualization 2004. Washington DC: IEEE Computer Society Press, 2004: 33-40.

［11］ HURTER C, ERSOY O, FABRIKANT S, et al. Bundled Visualization of Dynamic Graph and Trail Data［J］. IEEE Transactions on Visualization and Computer Graphics, 2013（99）.

［12］ MACEACHREN A M. How Maps Work: Presentation, Visualization, and Design［M］. New York: The Guilford Press, 1995.

［13］ KEIM D A, PANSE C, SIPS M. Visual Data Mining of Large Spatial Data Sets［M］.Berlin: Springer Berlin Heidelberg, 2003: 201-215.

［14］ KEIM D A, PANSE C, SIPS M, et al. Pixel based visual mining for geo-spatial data［J］. IEEE Computer Graphics and Application, 2004, 28（5）: 327-344.

［15］ TOMINSKI, CHRISTIAN, HEIDRUN S, et al. Stacking-based visualization of trajectory attribute data［J］. IEEE Transactions on visualization and Computer Graphics 18, 2012（12）: 2565-2574.

［16］ TUFTE E R.The visual display of quantitative information ［M］. Cheshire : Graphics Press, 1986.

［17］ Wang F, CHEN W, WU F, et al. A visual reasoning approach for data-driven transport assessment on urban roads［C］//Proceedings of Visual Analytics

Science and Technology (VAST) on 2014 IEEE
Conference.Washington DC:IEEE Computer Society
Press, 2014: 103-112.

[18] ZENG W, FU C W, ARISONA S M, et al. Visualizing
mobility of public transportation system [J] . IEEE
transactions on visualization and computer graphics,
2014, 20 (12) : 1833-1842.

[19] WANG Z, YET, LUM, et al. Visual exploration of sparse
traffic trajectory data [J] . IEEE Transactions on
Visualization and Computer Graphics, 2014/20 (10) :
1813-1822.

第7章 高维非空间数据可视化

高维数据泛指高维（multi-dimensional）和多变量（multi-variate）数据。这两个词在可视化方法中经常混用。有学者认为高维指多个（大于三个）相互独立的维度，而多变量指相互潜在关联的多个变量。实际应用中涉及的高维数据通常为高维且多变量的数据。本章不区分高维数据和多变量数据的差异，统一采用属性代表独立空间的维度和多维数据中的变量。此外，本章介绍的高维数据可视化方法不强调高维空间的几何形状性质，即高维非空间数据通常不具备具体的空间形状，不以日常生活中所见的二维或者三维形式存在。例如，全国人口调查数据包括年龄、性别、职业、居住地等属性；手机通信日志数据包括通信双方、通信时间、通信地点等信息。这些属性通常无法组成二维或三维空间中的实际几何形体。

广义上的高维非空间数据具有非结构化和结构复杂等特点。传统的探索式数据分析方法基于面向低维度（通常为 10 个维度以下）的统计可视化方法，采用数据立方的方式组织结构化数据，并采用二维图表等方式进行展现。面向高维非空间数据的可视化方法一直是数据可视化的热点和难点问题。

高维非空间数据中蕴含的数据特征与二维、三维空间数据并不相同，因此往往不能使用空间数据可视化方法处理高维数据。本章从三个角度描述了常用的高维非空间数据可视化方法：数据变换、数据呈现和数据交互。

7.1 高维数据变换

人眼所能感知的空间仅限于三维。因此，高维数据可视化的重要目标是将高维数据呈现于二维或三维空间内。当数据属性的个数较少时，有效的可视化和统计方法可以完成目标。当属性个数较多时，则存在极大的挑战，通常称"维度诅咒"。高维数据变换的目的是将 N 维数据投射到 K 维空间内（$K \ll N$），以便观察数据的特征和分布，以及压缩无用信息、突出有用特征等。由于将数据从高维空间嵌入到低维空间必然导致信息丢失，用户在理解低维空间简化结果时可能会产生一定偏差，通常包括丢失部分特征信息，或是发现了不存在的特征等。因此降维过程的核心问题在于如何尽可能保留高维空间的重要信息和特征。

高维数据的数据降维方法有多种：将高维数据压缩在低维可以显示的空间中；设计新的可视化空间；直观呈现不同维度的相似程度。从具体的方法来分，数据降维的方法也可以分为线性和非线性两类。线性方法包括主成分分析（PCA）、线性判别分析（LDA）和非负矩阵分解（NMF）。非线性方法主要有多维尺度分析（MDS）、等距映射（ISOMAP）和局部线性嵌套（LLE）等。下面介绍若干代表性方法。

7.1.1 主成分分析法

主成分分析法（principal components analysis，PCA）也称主分量分析，是一种常用的数据降维方法。主成分分析法采用一个线性变换将数据变换到新的坐标系统，使得任何数据点投影到第一个坐标（称为第一主成分）的方差最大，在第二个坐标（第二主成分）的方差为第二大，依次类推。因此，主成分分析可以减少数据维数，并保持对方差贡献最大的特征，相当于保留低阶主成分，忽略高阶主成分。

主成分分析的基本思想是用一组互相独立的综合指标代表数据的统计性质。每一项综合指标都可能包含初始数据的多个属性，并且表现数据的某种统计特性，其结果充分反映了数据之间个体的变异。图7.1（a）所示为一组二维数据点，采用PCA方法检测的前两位综合指标正好指出数据点的两个主要方向（两个正交的箭头）。

MOOC微视频：
PCA举例讲解

主成分分析法借助于一个正交变换，将其分量相关的原随机向量转化成其分量不相关的新随机向量，这在代数上表现为将原随机向量的协方差阵变换成对角形阵，在几何上表现为将原坐标系变换成新的正交坐标系，使之指向样本点散布最开的若干个正交方向。设有随机变量x_1，$x_2, \cdots, x_p$，作标准化变换：$C_j = a_{j1}x_1 + a_{j1}x_2 + \cdots + a_{jp}x_p$，$j = 1, 2, \cdots, p$，有：

（1）若$C_1 = a_{11}x_1 + a_{11}x_2 + \cdots + a_{1p}x_p$，且使$Var(C_1)$最大，则称$C_1$为第一主成分；

（2）若$C_2 = a_{21}x_1 + a_{21}x_2 + \cdots + a_{2p}x_p$，$(a_{21}, a_{22}, \cdots, a_{2p})$垂直于$(a_{11}, a_{12}, \cdots, a_{1p})$，且使$Var(C_2)$最大，则称$C_2$为第二主成分；

（3）类似地，可有第三、四、五等主成分，至多有p个。

主成分C_1，C_2，$\cdots$，C_p具有如下性质。

● 主成分间互不相关，即对任意i和j，C_i和C_j的相关系数$Corr(C_i, C_j) = 0$。

● 组合系数$(a_{i1}, a_{i2}, \cdots, a_{ip})$构成的向量为单位向量。

● 各主成分的方差依次递减，即$Var(C_1) \geqslant Var(C_2) \geqslant \cdots \geqslant Var(C_p)$。

● 总方差不增不减，即 $Var(C_1)+Var(C_2)+\cdots+Var(C_p)=Var(x_1)+Var(x_2)+\cdots+Var(x_p)=p$。这一性质说明，主成分是原变量的线性组合，是对原变量信息的一种改组，主成分不增加总信息量，也不减少总信息量。

● 主成分和原变量的相关系数 $Corr(C_i, x_j)=a_{ij}$。

● 令 $x_1, x_2, \cdots, x_p$ 的相关矩阵为 $\boldsymbol{R}$，$(a_{i1}, a_{i2}, \cdots, a_{ip})$ 则是相关矩阵 R 的第 i 个特征向量。而且，对应特征值就是这一主成分的方差。

主成分分析法的计算步骤如下。

（1）原始指标数据的标准化采集 p 维随机向量 $\boldsymbol{x}=(x_1, x_2, \cdots, x_p)^{\mathrm{T}}$，$n$ 个样品 $\boldsymbol{x}_i=(x_{i1}, x_{i2}, \cdots, x_{ip})^{\mathrm{T}}$，$i=1, 2, \cdots, n$，$n>p$，构造样本阵。

（2）对样本阵元进行如下标准化变换：$Z_{ij}=\dfrac{x_{ij}-\overline{x}_j}{s_j}$，$i=1, 2, \cdots, n$；$j=1, 2, \cdots, p$。

其中，$\overline{x}_j=\dfrac{\sum_{i=1}^{n} x_{ij}}{n}$，$S_j^2=\dfrac{\sum_{i=1}^{n}(x_{ij}-\overline{x}_j)^2}{n-1}$，得标准化阵 $\boldsymbol{Z}$。

（3）对标准化阵 $\boldsymbol{Z}$ 求相关系数矩阵 $R=\left[r_{ij}\right]_p xp=\dfrac{\boldsymbol{Z}^{\mathrm{T}}\boldsymbol{Z}}{n-1}$，其中 $r_{ij}=\dfrac{\sum z_{kj}\cdot z_{kj}}{n-1}$，$i, j=1, 2, \cdots, p$。

（4）解样本相关矩阵 $\boldsymbol{R}$ 的特征方程 $\left|R-\lambda I_p\right|=0$，得 p 个特征根。

（5）对每个选中的 λ_j，$j=1, 2, \cdots, m$，解方程组 $\boldsymbol{R}b=\lambda_j \boldsymbol{b}$ 得单位特征向量 $\boldsymbol{b}_j$。

（6）将标准化后的指标变量转换为主成分 $U_{ij}=\boldsymbol{Z}_i^{\mathrm{T}}\boldsymbol{b}_j$，$j=1, 2, \cdots, m$。$U_1$ 称为第一主成分，U_2 称为第二主成分，……，U_p 称为第 p 主成分。

（7）对每个主成分进行综合评价，对 m 个主成分进行加权求和，即得最终评价值，权数为每个主成分的方差贡献率。

经过主成分分析后的前几个综合变量是潜在的有效主（要）成分，而后几个综合变量为次（要）成分。实践中，保留的主成分个数取决于保留部分的累计方差在方差总和中所占百分比（即累计贡献率），它标志着前几个主成分概括信息之多寡。因此，粗略规定一个百分比便可决定保留几个主成分；如果多留一个主成分，累积方差增加无几，则不需要保留。

图7.1（b）所示为主成分分析法在啤酒风味评价分析中的应用。它显示了市场上主要啤酒的风味物质（乙醛、乙酸乙酯、异丁酯、乙酸异戊酯、异戊醇和己酸乙酯六个成分）经主成分分析后的前两个主成分可

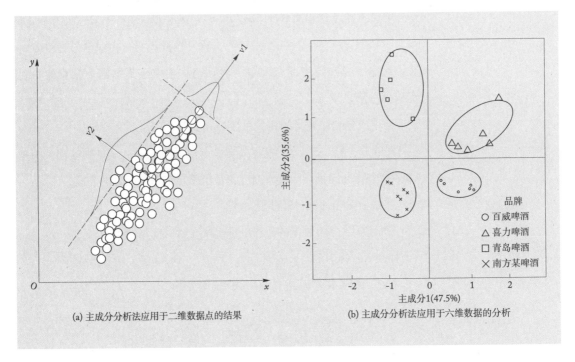

(a) 主成分分析法应用于二维数据点的结果　　(b) 主成分分析法应用于六维数据的分析

图7.1 主成分分析法

以反映全部信息的83.1%。数据点在这两个主成分上的权重可以作为数据点的二维坐标进行可视化，进而还可以用于样本的分类，并发现离群点。尽管百威啤酒、喜力啤酒和青岛啤酒的风味成分含量随时间波动，每种啤酒还是各自成一团，自成一类，三者的中心连成一个风味三角形。此外，南方某品牌的啤酒也有独特之处。

7.1.2　多维尺度分析法

多维尺度分析（multidimensional scaling，MDS）[13]是广泛用于信息可视化、统计学分析和商业智能等领域的标准降维方法。多维尺度分析法的基本原理是根据数据集的相似程度，计算各数据点在K维空间中的位置。算法的关键在于定义数据点之间的距离函数，使得其尽可能逼近数据点在原始高维空间的相似程度。当$K \leqslant 3$时，降维后的数据空间可以被直接可视化。

通常，一组数据点之间的相似程度可采用矩阵形式表示，称为相似矩阵。根据相似矩阵的具体意义，MDS法可分为四类。

● 经典的MDS方法采用数据之间的差异程度作为输入，同时应用最小化应变（strain）函数计算数据坐标。

● 度量的MDS方法推广了计算的优化过程，并通过计算应力

MOOC微视频：
MDS举例讲解

（stress）函数获得低维空间坐标。

● 非度量的MDS方法采用无参数的单调函数描述数据之间的差异程度。

● 一般化的MDS方法将度量的MDS方法推广到任意平滑的非欧氏空间中（如曲面）。

以城市之间的飞行距离为例说明MDS方法的效果。假设每个城市作为一个数据点，数据之间的距离（也可以视为差异）作为数据矩阵，如表7.1所示。令$K=2$，则降维后的空间是二维平面。图7.2给出了应用经典MDS方法的结果以及对应二维可视化的结果。对比可视化的结果和美国的地图，可以看出MDS可视化的结果准确的反映了各大城市之间的距离和相对位置。主要的区别在于MDS的结果和美国地图上城市的位置上下颠倒。其原因是MDS只保证近似数据点之间的相互关系，而不是绝对位置。

表7.1 MDS的输入矩阵（美国各大城市的飞行距离）

	亚特兰大	芝加哥	丹佛	休斯敦	洛杉矶	迈阿密	纽约	旧金山	西雅图	D.C.
亚特兰大	0									
芝加哥	587	0								
丹佛	1212	920	0							
休斯敦	701	940	879	0						
洛杉矶	1936	1745	831	1374	0					
迈阿密	604	1188	1726	968	2339	0				
纽约	748	713	1631	1420	2451	1092	0			
旧金山	2139	1858	949	1645	347	2594	2571	0		
西雅图	2182	1737	1021	1891	959	2734	2408	678	0	
D.C.	543	597	1494	1220	2300	923	205	2442	2329	0

基本的MDS方法的算法流程如下。

（1）给定一个包含M条记录的N维数据，创建一个$M \times M$的矩阵$\boldsymbol{D}$，并且计算每对数据的相似度（如数据点的欧氏距离）。

（2）假设数据被投射到K维空间（在可视化应用中$K=1，2，3$），创建一个$M \times K$的矩阵$\boldsymbol{L}$以存放所有数据点在嵌入后的位置。初始位置可以随机选取，或将主成分分析法作用于原始高维数据后得到的前K个特征向量作为初始位置。

（3）根据数据点在低维空间的位置，计算所有数据对的相似度，保存于$M \times M$矩阵$\boldsymbol{L}_s$中。

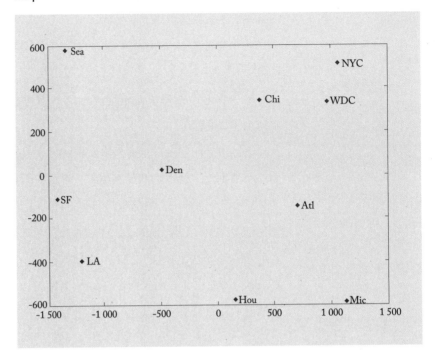

图7.2 基于MDS方法获得美国各大城市位置图，其布局与实际地图吻合

（4）通过测量 $\boldsymbol{D}_s$ 和 $\boldsymbol{L}_s$ 的差别，采用特定方法计算应力值 S，如：

$$S = \sqrt{\frac{\sum_i \sum_j \left(\boldsymbol{D}_s\left[i,j\right] - \boldsymbol{L}_s\left[i,j\right]\right)^2}{\sum_i \sum_j \left(\boldsymbol{D}_s\left[i,j\right]\right)^2}}。$$

（5）若应力值小于提前设定的阈值，或者和前面几次循环没有明显变化，算法停止。否则，将矩阵 $\boldsymbol{L}$ 中数据点的位置向减少单个应力值的方向移动。

（6）回到第（3）步。

从算法的流程中可以看出，应力值 S 越小，MDS结果越接近原始数据之间的差异程度。另一方面，K 值越大，应力值 S 越小，MDS的结果也越准确，而可视化和分析越复杂。反之，S 值过低也可能造成MDS的最终结果不稳定。

上述算法存在多个变量或条件，包括相似度、应力值、起始和结束条件、点位移的策略等。在点位置的优化过程中，应力值可能会陷入局部最优。解决策略是偶尔加入随机的跳跃，以检测点是否会收敛到其他位置。

MDS方法的主要缺点是旋转无关，即两次计算获得的结果之间可能会有旋转上的差异。此外，不同的初始值可能导致结果不同，即结果陷入局部最优。因此，结果中的主要关注点在于低维空间数据点之间的相对位置，其绝对位置不代表实际意义。

7.1.3　等距映射法

等距映射（isometric feature mapping，ISOMAP）算法[4]是对经典多维尺度分析的扩展，其出发点与经典MDS方法一致，也是寻求保持数据点之间距离的低维表示。它们的差异在于距离选取上的不同：MDS采用两点间的欧式距离；而等距映射则采用测地距离来刻画两点间的差异。具体来讲，等距映射算法首先计算数据点之间的测地距离，然后对所生成的距离矩阵使用经典多维尺度分析来获得相应的低维投影。

根据微分几何理论，一个n维流形是一个拓扑空间，每个点的邻域是一个附近类似n维的欧氏空间。等距映射算法包含以下三步。

（1）计算数据点i, j在空间X的距离$d_X(i, j)$，决定它们在高维空间流形上的邻域关系。一个简单的方法是将每个点和一定距离内的点连接，或选择距离最近的K个邻域点。这些邻域关系可以用一个图G表示。$d_X(i, j)$代表邻域点i, j之间的距离。

（2）计算图G上任意两个数据点的最短距离$d_G(i, j)$，以该距离作为流形上的测地线距离$d_M(i, j)$。

（3）采用经典MDS方法计算数据在指定低维空间中的分布。设距离矩阵$\boldsymbol{D}_G = \{d_G(i, j)\}$，应力函数定义为：$E = \| \tau(\boldsymbol{D}_G) - \tau(\boldsymbol{D}_Y) \|_{l^2}$，其中$\boldsymbol{D}_G$代表距离矩阵$\{d_Y(i, j) = \| y_i - y_j \|\}$，$y_i$是点$i$的坐标；$\| \boldsymbol{A} \|_{l^2}$是矩阵$\boldsymbol{A}$的$L^2$形式$\sqrt{\sum_{i,j} A_{ij}^2}$。$\tau$算子定义如下：$\tau(\boldsymbol{D}) = -HSH/2$，其中$\boldsymbol{S}$是距离平方矩阵$\{S_{ij} = D_{ij}^2\}$，$\boldsymbol{H}$是中心矩阵$\{H_{ij} = \delta_{ij} - 1/N\}$。

ISOMAP算法的优势在于可以检测非线性的数据关系。算法简单，只在第一步创建邻域关系时需要一个参数。图7.3所示为一个等距映射算法的例子。

图7.4所示为ISOMAP方法应用于人脸识别的例子（算法的邻域参数$K=6$）。初始数据集是对一个人脸按从不同的方向（左右或上下）在不同的光源方向下获取的698帧图像，图像的维度是4096（64×64）。ISOMAP的结果表明数据集是位于4096维空间中的4维流形上。

7.1.4　局部线性嵌入法

局部线性嵌入（locally linear embedding，LEE）算法[15]是一种针对非线性数据的降维方法，其结果能保持数据间原有的拓扑关系。算法突破了传统的非线性降维模式，基本出发点是数据集由许多相互邻接的局部线性块拼接而成。这种局部线性邻域概要地描述了高维数据集的本征属性，抓住了高维数据集的根本特征，因而被广泛应用于图像数据的分类与聚类、文字识别、多维数据的可视化和生物信息学等领域。

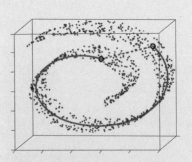

(a) 散点组成的旋转曲面上两点之间的直接距离并不能代表他们在数据之间的差异

LLE算法认为每一个数据点都可以由其近邻点的线性加权组合构造得到。算法输入是一个 $n \times p$ 的数据矩阵 $\boldsymbol{X}$。其中每一行为 $\bar{x}_i$。数据的维度数 $q < p$。算法输出是一个 $n \times q$ 的矩阵 $\boldsymbol{Y}$。算法的主要步骤分为以下三步。

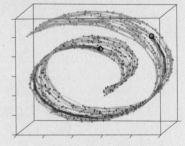

(b) 线显示了两个数据点的真实路径

（1）寻找每个样本点的 k 个近邻点；例如采用KNN策略，将相对于所求样本点距离最近的 k 个样本点规定为所求样本点的近邻点。通常采用欧氏距离。k 是一个预先给定值，且 $k \geqslant q+1$。

（2）由每个样本点的近邻点计算出该样本点的局部重建权值矩阵 $\boldsymbol{W}$。为此，定义重构误差

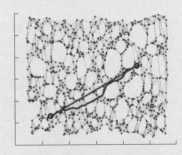

(c) 经过ISOMAP处理过的平面上，两点间的直线距离和真实距离（曲线）非常接近

图7.3 等距离映射算法[19]

$\varepsilon(\boldsymbol{W}) = \sum_i |\bar{x}_i - \sum_{j \neq i} w_{ij}\bar{x}_j|^2$，其中 $w_{ij}=0$ 除非 $\bar{x}_j$ 是 $\bar{x}_i$ 的一个近邻点；定义局部协方差矩阵 $C_{jk} = (\bar{x} - \overline{\eta_j}) \cdot (\bar{x} - \overline{\eta_k})$，其中 x 表示一个特定的点，它的 k 个近邻点用 η 表示。

最小化目标函数 $\varepsilon(\boldsymbol{W}) = \sum_i |\bar{x}_i - \sum_{j \neq i} w_{ij}\bar{x}_j|^2$，其中 $\sum_j \boldsymbol{w}_j = 1$，得到

$$\boldsymbol{w}_j = \frac{\sum_k C_{jk}^{-1}}{\sum_{lm} C_{lm}^{-1}}。$$

（3）由该样本点的局部重建权值矩阵和其近邻点计算出该样本点的输出值。映射条件满足条件 $\min_Y \Phi(Y) = \sum_i |\bar{y}_i - \sum_j w_{ij}\bar{y}_j|^2$。上式可以转化为 $\Phi(Y) = \sum_{ij} M_{ij}(\bar{y}_i \cdot \bar{y}_j)$，其中 $M = (I-W)^T(I-W)$，加上限制条

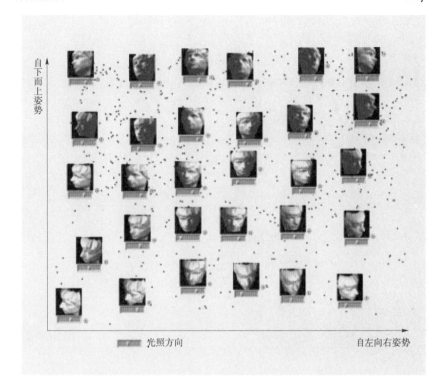

自下而上姿势

光照方向   自左向右姿势

图7.4 将ISOMAP方法应用于
人脸图像的结果

件$\sum_i \bar{\boldsymbol{y}}_i = \bar{0}$（中心化），$\frac{1}{N}\sum_i \bar{\boldsymbol{y}}_i \bar{\boldsymbol{y}}_i^{\mathrm{T}} = I$（单位协方差），问题转换为求解：$\boldsymbol{MY} = \lambda \boldsymbol{Y}$。这是一个标准的特征分解问题，即取$\boldsymbol{Y}$为$\boldsymbol{M}$的最小$m$个非零特征值所对应的特征向量。在处理过程中，将$\boldsymbol{M}$的特征值从小到大排列。第一个特征值几乎接近于零，则舍去第一个特征值。通常取第2到$m+1$间的特征值所对应的特征向量组成列向量，作为输出结果，即一个$N \times m$的数据表达矩阵$\boldsymbol{Y}$，假设有N个数据点。

局部线性嵌入算法操作简单，且算法中的优化不涉及局部最小化。该算法能实现非线性映射，但是，当处理数据的维数过高，数据量过大，涉及的稀疏矩阵过大，则不易于处理。

7.1.5 其他常用高维数据嵌入方法

事实上，除了MDS、ISOMAP、LLE方法外，还有很多优秀的高维数据低维嵌入方法，以及应用高维投影方法的可视分析应用。相较于传统的线性、非线性嵌入方法，新方法主要在计算速度和可交互性上做出了较大的改进。

● 在应对海量数据嵌入分析方面，t-SNE是近年来受关注较多的方法之一。该方法使用概率分布来编码数据点附近的邻域信息，并以高维

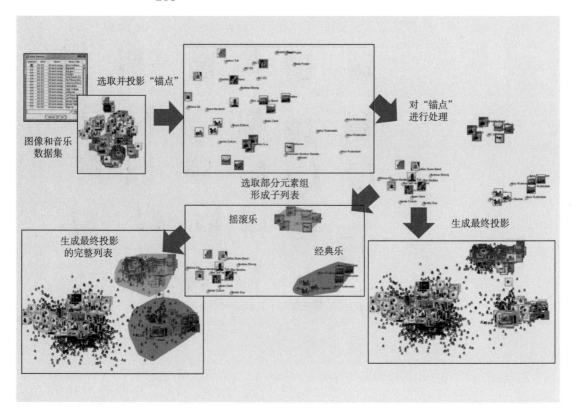

图7.5 LAMP方法的分析流程[10]

和低维空间中邻域数据分布的不相符程度作为总体优化目标,从而缓解了投影数据的"拥挤"问题。

● 局部仿射多维投影(local affine multidimensional projection,LAMP)主要解决了用户如何干预投影布局的问题。该方法使用用户设定的一系列"锚点"作为基准,来决定其余数据的分布。由于计算方法开销较小,LAMP方法可根据用户对锚点的位置更新来实时刷新结果。图7.5所示为LAMP方法的界面和分析流程。

7.2 高维数据的可视化呈现

统计图表是信息可视化中的基础方法。从原理上看,统计图表方法也可应用于高维数据的可视化。与常规的低维数据可视化方法相比,高维数据可视化的挑战是如何呈现单个数据点各属性的数据值分布,以及比较多个高维数据点之间的属性关系,从而提升高维数据分类、聚类、关联、异常点检测、属性选择、属性关联分析和属性简化等任务的效率,因此必须采用专用的可视化技术。

　　常用的高维数据可视化呈现方法包括基于点的方法、基于线的方法、基于区域的方法、基于样本的方法。基于点的方法以点为基础展现单个数据点与其他数据点之间的关系（相似性、距离、聚类等信息）。基于线的方法采用轴坐标编码各个维度的数据属性值，将单个数据属性布局于坐标轴空间，并采用折线段编码单个数据点，以便体现各个属性间的关联。基于区域的方法将全部数据点的全部属性以区域填充的方式在二维平面布局，并采用颜色等视觉通道呈现数据属性的具体值。基于样本的方法采用图标或基本的统计图表方法，编码单个高维数据点，并将所有数据点在空间中布局排列，方便用户进行对比。表7.2 总结了这4类方法的特点。在实际应用中，组合或改进这4类方法可处理各类复杂的高维数据。

表7.2 4类高维数据可视化方法的特点比较

编码对象/方法	基于点	基于线	基于区域	基于样本
单属性值	无	轴坐标	带颜色的点	基本可视化元素
全属性值	无	轴坐标的链接	填充色块	可视化元素组合
多属性关系	无	轴坐标对比	以属性为索引的填充色块对比	无
多数据点关系	散点布局	折线段的相似性	以数据序号为索引填充色块对比	样本的排列对比
适用范围	分析数据点的关系	分析各数据属性的关系	大规模数据集的全属性的同步比较	少量数据点的全属性的同步比较

7.2.1　基于点的方法

1. 散点图矩阵

　　散点图是一种经典的统计可视化方法，专门用于展现二维数据的分布。图7.6（a）所示的标准散点图显示了美国黄石公园里（老实泉）Old Faithful Geyser的喷发时间长度（X轴）和喷发时间间隔（Y轴），直观揭示了两种喷发类别：短等待/短喷发时间和长等待/长喷发时间。在图7.6（b）的散点图中，采用三角形和四角形图标对每个点的数据属性进行视觉编码。

　　当数据的维度大于3时，可将散点图作为基础显示方式，融合改进的可视化设计与交互。

　　● 维度子集：选取对于当前任务最有用数据维度的子集。子集可以由用户手动选择，也可以由算法来自动选择维度。

● 数据降维：用PCA或者MDS方法将数据降维，再采用散点图显示。

● 属性编码：除位置外，散点的其他视觉通道（如颜色、大小和形状）也可用来编码额外的数据属性。

● 多图显示：显示多个子空间。每个子空间包含数据的部分维度。多个子空间可以是按矩阵排开，也可以部分重叠。

● 多图显示最常用的方法是散点图矩阵。这个方法将子空间排成一个 $N \times N$ 的格状，N 是维度的个数。子空间的顺序通常遵循维度的顺序，且横坐标和纵坐标的顺序一致，整个结果沿着对角线对称。对角线上的子空间对应于单个维度，常用来显示该维度的名称或者数据的直方图。在矩阵中，每个选择的子空间都被显示两次（分别在矩阵的 i, j 和 j, i 位置），且两次的可视化结果互相对称。图7.7（a）是四维汽车属性的散点图矩阵可视化，展现了不同类型汽车之间的关系。如果数据的属性较多，依赖用户的肉眼观察效率不高，此时可采用自动方法寻找散点图矩阵中可能感兴趣的单元或区间。图7.7（b）显示了一个自动标注（绿色圆圈）的散点聚类特征和维度相关性特征[18]。

2. Scagnostics算法

散点图矩阵的问题是扩展性不好。随着数据变量的增加，散点图矩阵的内容增多，用户交互的有效性会随之降低。Scagnostics方

图7.6 散点图

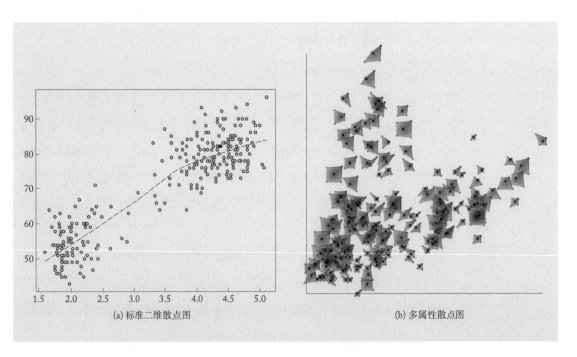

(a) 标准二维散点图　　　　　　　　　　　(b) 多属性散点图

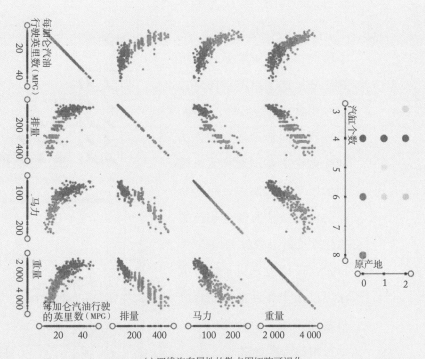

(a) 四维汽车属性的散点图矩阵可视化

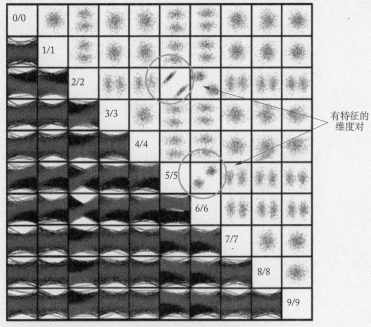

(b) 自动标注的散点图矩阵

图7.7 散点图矩阵实例

法[20]将包含 j 种数据变量的散点图矩阵 $M_{j \times j}$ 转化为另一个散点图矩阵 $M_{k \times k}$，$k < j$。这个新的散点图矩阵通过一组算法来描述散点图中图案的某些性质，包括形状、走向、密度和异同程度。这种方法的优势在于自动地检测出特别的图案，比如满足某些特征的图案，从而可以提高可视化系统的有效性，如图7.8所示。理论上来讲，这种方法可以用于各种散点图矩阵可视化系统。矩阵越大，自动检测的需求也越大。例如，Scagnostics用在处理带有时间标记的散点图序列中。该

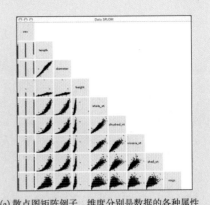

(a) 散点图矩阵例子，维度分别是数据的各种属性

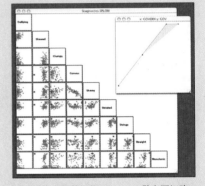

(b) 世界各国数据的Scagnostics散点图矩阵

图7.8 Scagnostics散点图矩阵

系统将整个时间序列划分为多个短时间段，每个时段的数据用来生成一个散点图。通过Scagnostics自动评估，具有特别图案的时段可以被自动过滤出来，进而交由用户处理。

在这个方法里，假设所有散点图都满足一定的几何性质：简单的平面图，任何线段都是无方向的直线，数据仅包括有限的点和线。图7.9列出了将用到的三种基本图形：凸包（H）、Alpha包（A）和最小生成树。凸包和常见定义一致，指包括所有数据点的最小凸边形。最小生成树即是常用的MST算法结果。Alpha包可以有多种选择，这里指一个包

图7.9 三种基本图形：凸包（H）、Alpha包（A）和最小生成树

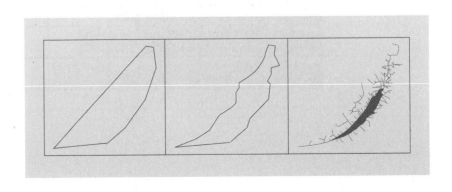

括任意两个数据点组成的线段的最小多边形。

通过上面三种基本图形，可以测量几何图形的以下几种特征。

- 线段的长度（length（e））：两点之间直线距离。
- 图的长度（length（G））：图中所有线段长度的总和。
- 路径（path）：由相邻两点之间的线段组成的简单路径。
- 封闭路径（closed）：多边形的边缘产生一条封闭路径。
- 多边形周长（perimeter（P））：多边形边缘的长度之和。
- 多边形面积（area（P））：多边形内部的面积。
- 图的直径（diameter（G））：图中最长的任意两点之间最短路径。

可以进一步从五个方面评估散点图：局外点、形状、走向、密度、一致度。需要说明的是下面提供了几种具体评估的方法，这些方法都是可以进一步改进或者替换的。

局外点：这是测量图中是否存在分散在数据密集区之外的散点。注意当存在多个数据密集区时，局外点仍然可能位于凸包之内。如果定义 q_{75} 为百分之七十五的最小生成树的长度，可以测量一个全局变量：$\omega = q_{75} + 1.5 (q_{75} - q_{25})$。遍历图中所有点，当一个点只属于最小生成树的一条边，并且这条边所在路径的长度大于 ω，它就可以算作局外点。局外点的概率可以通过路径的长度来估计：$c_{outlying} = length(T_{outliers}) / length(T)$。

形状：测量图边缘的形状。

凹凸性：$c_{convex} = area(A) / area(H)$。当图中散点组成凸形时，$c_{convex}$ 数值为1。

粗细度：$c_{skinny} = 1 - \sqrt{4\pi \cdot area(A)} / perimeter(A)$。通常圆形的值为0，正方形为0.12，细长的多边形的数值接近1。

聚集度：聚集度大的多边形没有分支。$c_{stringy} = diameter(T) / length(T)$。

直线度：$c_{straight} = dist(t_j, t_k) / diameter(T)$，其中 t_j 和 t_K 是图中最长的最短路径的两个顶点。

走向：一个多边形走向的单调度可以是：$c_{monotonic} = r^2_{spearman}$，其中用到 Pearson correlation。

偏斜度：描述了数据在一个多边形内部的分布情况。这里可以衡量多种分布情况，例如重心和偏差有一种简单的偏斜度衡量方式：$c_{skew} = (q_{90} - q_{50}) / (q_{90} - q_{10})$。

密集度：用来描述数据分布的紧密程度：

$$c_{clumpy}(T) = \max_j \left[1 - \max_k \left[length(e_k) \right] \Big/ length(e_j) \right]$$

其中 j 是 MST 中的边的序号，k 代表通过 j 可以访问到的边。

一致性：这里的一致性指最小生成树中路径方向的相似度。定义 $V^{(2)} \subseteq V$ 为连接两条线段的所有顶点。

$$c_{striate}(T) = \frac{1}{\left| V^{(2)} \right|} \sum_{v \in V^{(2)}} \left| \cos \Theta e(v, a) e(v, b) \right|$$

3. 径向布局法

径向布局法（RadViz）是一种基于弹簧模型的圆形布局方法，适用于高维数据的分类和变量选择。对于一个 N 维的数据集，将代表 N 维的 N 个锚点放置在半径为 1 的圆周上，并根据 N 个锚点作用的 N 种力量将数据点散布于圆内，作用力大小取决于具体的数据值。点的布局算法遵循某种弹簧平衡法则，令单个数据点停留在力作用平衡的位置。为了简化计算过程并且提供直观的效果，锚点通常被放置在圆周上。若某个数据点为 $D_i = (d_{i,0}, d_{i,1}, \cdots, d_{i,N-1})$，锚点集合为一组单位向量 $\boldsymbol{A}$（A_j 代表第 j 个锚点），Hooke 平衡公式的定义是：$\sum_{j=0}^{N-1}(A_j - p)d_j = 0$。其中，$p$ 是数据点的位置。求解上式可得：$p = \dfrac{\sum_{j=0}^{N-1}(A_j d_j)}{\sum_{j=0}^{N-1} d_j}$。

这种方法的主要问题是在 N 维空间中完全不同的点可能会映射到二维上相同的位置。在布局后需调整锚点的位置和顺序，观察数据的布局变化，从而辅助用户梳理数据维度之间的关系，也可采用动画的形式展现出数据点位置的变化。

图 7.10 所示为各种汽车品牌和型号的六种属性的可视化实例。代表六种属性的锚点均匀散布于圆周。散布于圆内的数据点的颜色编码了对应汽车的价格。变换变量的顺序可得到不同的数据布局。用户可以根据感兴趣的属性关系调整变量的顺序。例如，图 7.10（b）所示为城市 MPG 和马力的线性关系。

RadViz 方法的一个变种是向量化的 RadViz 方法（简称 VRV）。VRV 方法将同一数据属性分散成多个维度，以便研究数据的分布关系[16]。例如，代表气缸个数的属性可以分成 5 个新的维度：1~2 个气缸、3~4 个

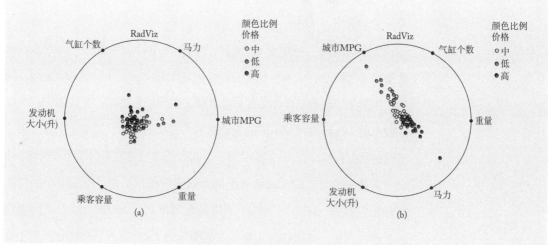

图7.10 RadViz方法，（a）和（b）变换RadViz中变量的顺序，可以得到不同的数据布局

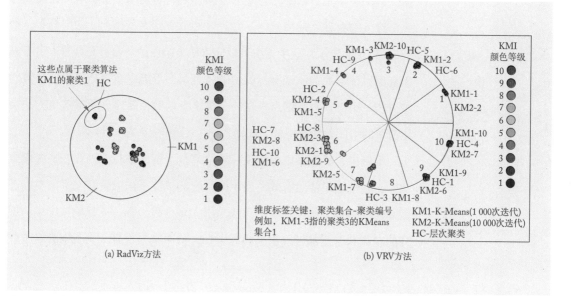

图7.11 RadViz方法和VRV方法比较

气缸、5～6个气缸、7个气缸和8个气缸。新的维度的个数可以由用户决定，也可以由算法决定。这个过程类似于选取合适的数据类的过程（合并数据值相近的数值）。这样，每个原始的维度都用一组新的维度表示。点的坐标在这组维度中用一个0/1的向量表示：0代表不在这个维度，1代表在这个维度。每一个数据都只有一个维度的数值是1，其他都是0。

图7.11所示为RadViz（a）和VRV方法（b）应用于一个具有三个属性的数据集的结果。在VRV方法中，每个属性被人为分类为10个维度，一共产生30个维度。不难看出，数据点被清晰地分成若干个类别。

7.2.2 基于线的方法

1. 线图

线图本质是一种单变量可视化方法：纵坐标表示数值、横坐标表示数据的某种顺序。很多单变量的可视化方法都可以延伸用于高维数据，例如，用多个子图表示多个维度，或者将多条线图合并到一个线图中。当维度较小时，还可以使用不同的视觉通道（如线的颜色、图案、粗细）编码不同的数据属性。图7.12所示为一个四维的鸢尾花数据的线图可视化。

当数据的维度较大或者数据的范围重叠较严重时，不能简单地将线图叠加。例如，图7.13上八个维度的数据来源于100所AAUP不同级别的老师的工资。如果将线图叠加，如图7.13（a）所示，难以分辨单个数据。解决策略是：第一，将线图空间排列，不是用一条横坐标，而是每一个维度都有独立的横坐标，并且这些横坐标平行排列、均匀分布，如图7.13（b）所示，这个方法可以使得每个维度的分布容易分辨。由于纵坐标的数值需要关联横坐标的位置来理解，可能导致数据的具体数值较难分辨。第二，将数据点根据一个维度上的数值排序，通常这个方法会比简单的线图叠加效果好，如图7.13（c）和图7.13（d）所示。

本例中，所有维度的单位一致，都是工资的数目。因此，将线图叠加时，整个结果依然有效。当不同维度的单位不同或者意义不同时，需做额外的处理。通用的一个方法是引入多个纵坐标，并且单独标识。屏幕的左侧和右侧都可以用来画纵坐标，从而减少重叠。线图中的格子线

图7.12 四维数据集的线图可视化

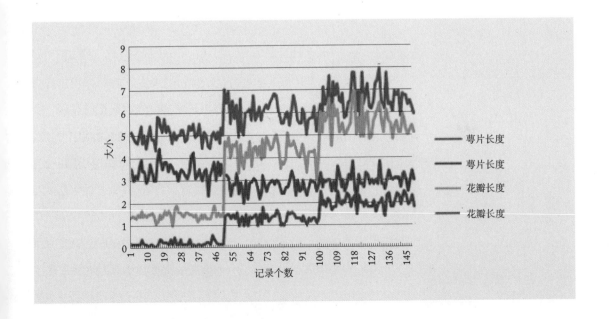

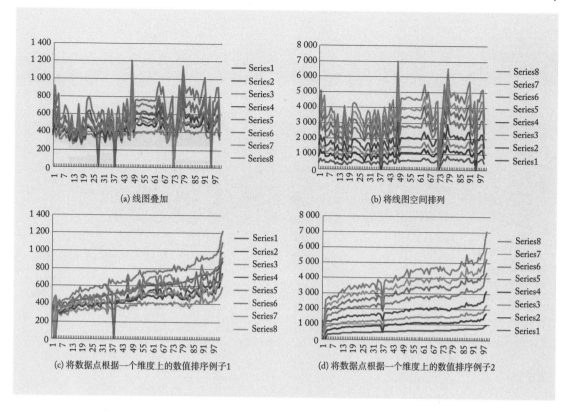

图7.13 不同线图布局结果

(a) 线图叠加

(b) 将线图空间排列

(c) 将数据点根据一个维度上的数值排序例子1

(d) 将数据点根据一个维度上的数值排序例子2

也对应多个纵坐标的数值,这要求将数据的坐标对齐。另外一个方法是为每一个维度创建一个线图并堆叠多个线图,从而避免上述问题。

2. 平行坐标

平行坐标法(parallel coordinate)是一种基于几何形状的方法[9],其基本思路是用平行的轴代表数据的属性,于是,一个数据点转化成穿过每一条轴线的一条折线。平行的轴是等距离分布的水平线或者垂直线。图7.14(a)和图7.14(b)分别展示了不同二维数据集的散点图和平行坐标,可以看出它们之间的模式存在某种关联。

图7.14 五个二维数据集表示

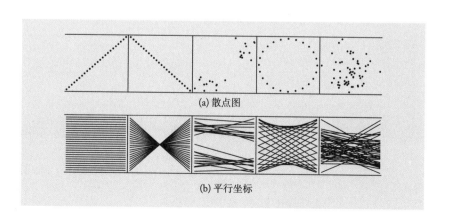

(a) 散点图

(b) 平行坐标

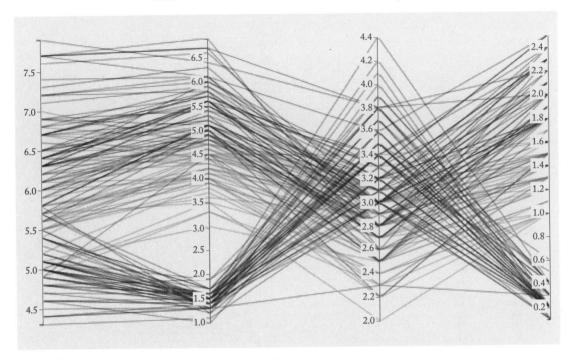

图7.15 平行坐标实例

　　采用平行坐标展现多属性数据的基本原理是线的密度能呈现不同数据属性的关系。在图7.15中，密集的线的位置代表了明显的维度之间的相关关系，交叉的线代表了维度之间的对立关系，相对独立的或者线段斜度大的线则对应了相对独立的维度关系，走势相近的线可以看成具有相同类别的数据聚类。

　　和散点图比较，平行坐标的优点在于可展现维度组之间的关系。此外，通过用户选取等人工交互可过滤数据，更清晰地展现各个维度的分布。由于所有坐标轴按照某种顺序（纵向或横向）排列，坐标轴的顺序决定了平行坐标的表现力，改变部分轴的顺序可减少线段相互重叠，揭示原本不可见的维度关系。坐标轴重排序的作用和图结构矩阵表示的重排序（见本书第8章）类似。实际应用中，可以由用户交互调节坐标轴或采用遗传算法进行自动地优化。其他的平行坐标扩展方法还有以下几种。

　　● 对高密度区域的线段采用半透明显示，增强视觉可读性，如图7.16所示。

　　● 在坐标轴上加入直方图表示，便于观察单个属性的数据分布特征，如图7.17所示。

　　● 基于连续信号重建理论的连续分布平行坐标，或将走势近似的折线绑定，如图7.18所示。

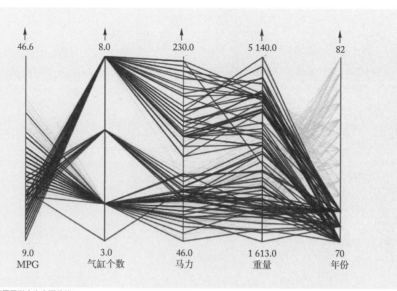

图7.16 半透明的平行坐标显示以突出主要趋势

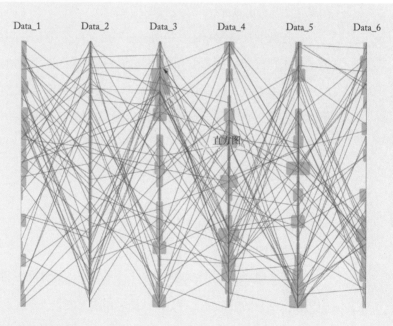

图7.17 坐标轴上加入直方图展现额外的信息

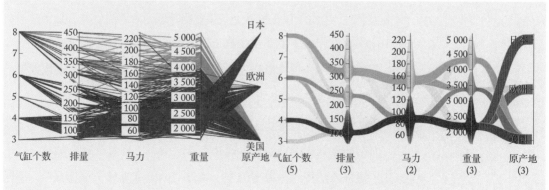

图7.18 在平行坐标中绑定数据，获得聚类效果

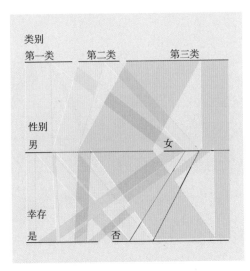

230

• 采用平行集（parallel sets）方法表达多维类别型数据，如图7.19所示。

3. 径向轴技术

径向轴技术（radial axis techniques）是平行坐标的径向排列版本：以圆周作为坐标轴，沿圆周绘制线图，如图7.20（a）和图7.20（b）所示。径向轴线图技术

图7.19 适用于多维类别型数据的平行集可视化

可用来呈现周期性规律。径向轴线图的其他变种有雷达图（radar graph）和星状图（star graph），分别如图 7.20（c）和图7.20（d）所示。

与传统的柱状图相比，径向轴线图的优点是利于比较径向上的数据，但不便于比较相邻的数据元素。其他的径向轴线图类型有：采用极坐标的点图；在基线上绘制柱状图的圆形柱状图；线和基线之间的面积采用颜色或者纹理填充的圆形填充图等。这些方法都采用多个圆周作为线图的坐标轴，圆周的环绕方式可以是不同半径的同心圆，也可以是连续的螺旋线。

7.2.3 基于区域的方法

1. 柱状图

由于人眼对于线形形状的属性十分敏感，因此柱状图和线图常在统计中用作最基本的可视化元素。柱状图采用填充的长方形柱的尺寸（长度和宽度）、填充颜色和填充模式等编码多维度数据的不同属性。柱状图的基本单元——长方形柱可采取水平和垂直两种类型，如图7.21（a）所示。

柱状图设计的一个重要参数是长方形的个数。当数据属性的个数较小时，可以用一个长方形代表一个数据。直方图非常适合于表现数据的分布或整体总结的场合。此外，若数据的范围是连续的或者数据值较大，可将数据范围分割成多个区域，每个区域用一个长方形表达。

面向高维数据的柱状图可视化有若干变种，堆叠柱状图是最常用的方式。这种方法将同一数据的多个属性的数值堆叠成一个长方形，不同属性用不同颜色表示。类似地，纹理或者其他的可视化元素可以用来区

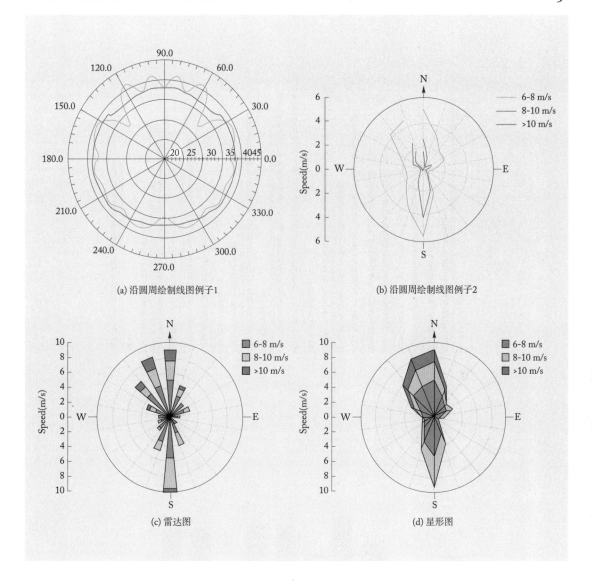

(a) 沿圆周绘制线图例子1　　　　　　　　　　　(b) 沿圆周绘制线图例子2

(c) 雷达图　　　　　　　　　　　　　　　(d) 星形图

图7.20 径向轴技术实例

分不同的数据属性。同理，不同数据属性可以水平并列。具体采用何种方法通常取决于数据属性的个数和长方形的数目。如图7.21（b）所示为堆叠柱状图的例子。

　　传统的信息可视化认为，三维柱状图并没有比二维柱状图提供更多的信息，不是一个可取的选择。在某些特定场合中，三维柱状图可以用来表达更多的数据属性，例如柱形的高低和颜色，其整体观感类似于城市景观图。三维柱状图尤其适用于揭示与地理位置有关的数据。另一方面，三维柱状图容易产生数据遮挡的问题，常用的策略是提供空间浏览的交互、缩小柱形的厚度或者变换柱形的透明度。

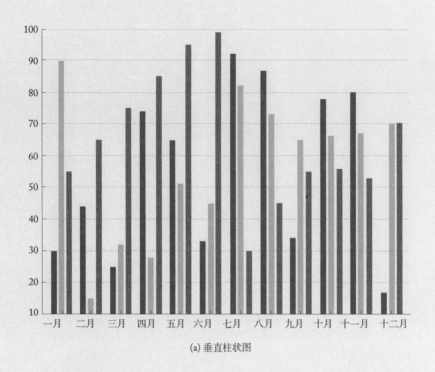

(a) 垂直柱状图

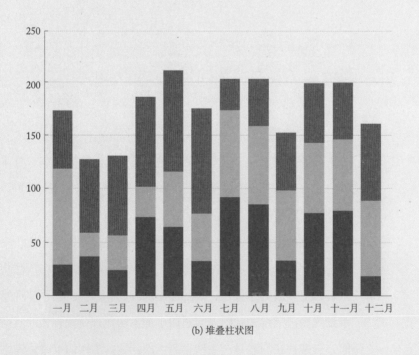

(b) 堆叠柱状图

图7.21 柱状图

2. 表格显示

多维数据经常以表格的形式存储，对应的可视化方法可以采取表格形式，配合敏捷的用户交互功能，以实现对数据的快速理解。

热力图（heatmap）是一种将规则化数据转换为颜色色调的常用可视化方法，其中每个规则单元对应数据的某些属性，属性的值通过颜色映射表转换为不同的色调并填充规则单元。如图7.22所示，使用热力图展示了DNA微阵列与基因表达的关系。

表格坐标的排列和更换顺序可帮助发现数据的不同性质。例如，行和列的顺序可以帮助排列数据成三角格式或者数据中的不同聚类。调查

图7.22 DNA微阵列数据的热度图

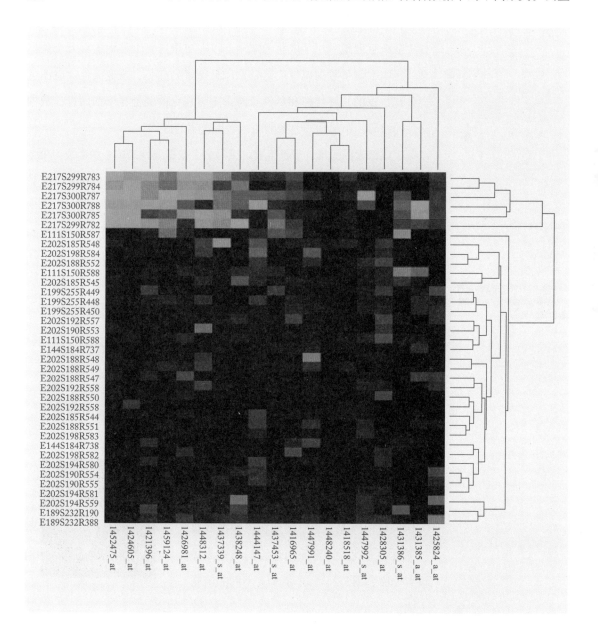

234

图表方法借助坐标排列的变化，通过调节表中格子的尺寸反映数据的数值。这种方法不依赖颜色的比较，但需要用户比较格子的面积，容易造成误差。

表格镜子综合了上述方法，并集成了新的用户交互手段（例如细节调整、缩放等功能）。单个数据属性的可视化可以采用多种方式，如柱状图、直方图或散点图等。通常，对列的顺序进行适当地调节可以帮助找到数据的趋势、相关性或特殊点。

3. 像素图

像素图（dense pixel display）是一种介于点方法和区域方法的混合方法[11]，采用一个颜色填充的小方块表达每个数据的单个维度属性。方法最大程度地利用了屏幕的空间，可在单个屏幕上显示上百万个数据点。其中，每个数据属性决定一个单独像素的颜色，改变颜色映射图可能呈现数据的某些规律和特性。像素图可视化的关键在于如何设计数据属性的编码、布局和颜色映射图，展现数据的性质。

生成像素图的第一步是生成可编码多个数据属性的单个像素块。单个像素块有两种构建方式，第一种方式将所有数据点的同一个数据属性聚类成一个像素块，每个维度是一个独立的数字序列，如图7.23（a）所示，像素块的尺寸等于数据点的数目。第二种方式将一个数据点的所有数据属性聚类成一个像素块，因而像素块的尺寸等于数据属性的数目。数据属性的统计属性（例如该数据属性在数据集中的顺序）也可是额外的属性作为像素块的单元。

将像素块内部的像素或像素块的集合按照某种规则布置在二维平面上是生成像素图的关键步骤。为了突出不同数据点不同数据属性之间的关系，可采用以下两类布局方式。

● 按序填充法。将像素块内部的像素或像素块集合以某种约定的顺序在二维长方形区域内填充。为了展现相邻数据或数据属性的对比，通常采用连续的填充曲线设置顺序。图7.24（a）所示为不同的填充方式。

图7.23 同样的四组股票数据用两种不同的方案填充，得到的像素图效果不同

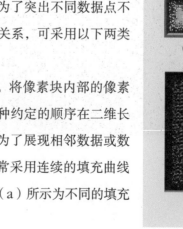

(a) 按数据属性排列

(b) 按数据点排列

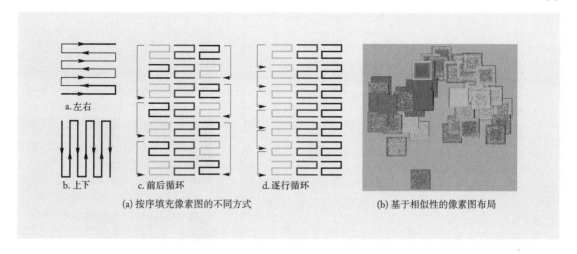

图7.24 填充方法

* 基于相似度的布局。这种方式只适用于像素块集合在平面上的填充，其原理是根据每个像素块（本质上是一个高维向量）在高维空间的相似性，在二维平面上进行不规则的布局。最简单的方法是计算各像素块之间的相似性，并采用多维尺度（MDS）方法计算像素块的位置[21]，如图7.24（b）所示。

和平行坐标、线图方法类似，像素图方法的效率也取决于单个像素块中数据属性排列的顺序。对于某些时间序列的数据，通常根据时间的属性排列像素图。对于其他不明确的数据，调整数据属性的排列顺序可能揭示数据的内在特征。例如，基于数据的不同属性对数据排序，得到的像素图一般都不同，必然存在某种属性的排列结果可以揭示数据的更多特征。还有一种常用的方法是根据所有数据点到一个选定数据点的距离进行排序。这种方法适合反映数据的聚类特征。可视化中的颜色可以考虑通过距离数值来设定，进一步帮助用户观察数据中集群的个数和差别。

像素图的基本原理简单，但实际应用时需要综合考虑布局像素、像素图的形状、数据属性的顺序等设置。达到最优的效果通常需要求解一个复杂的离散优化问题。

4. 维度堆叠

维度堆叠法（dimensional stacking）[14]的基本想法是将离散的 N 维空间映射到二维空间，最小化数据的重叠，同时保留尽可能多的空间信息。这种映射的核心做法是将二维空间根据多个独立的数据属性迭代划分成若干网格，从而灵活地存储多维数据。在多个属性之中，可以选择一个作为非独立的变量决定可视化的参数（例如颜色），其他的维度被视为独立的变量，用来决定数据堆叠的位置。

如图7.25所示，维度堆叠法的过程是一个迭代的区域划分过程。初始状态时所有数据点都散布在二维平面中。划分以第一个维度开始，将二维平面平均分为多个垂直的子空间。数据点根据他们第一个属性的数值分布到不同子空间中。随后，以第二个维度将每个子空间划分为若干更小的水平子空间，并且根据数据的第二个属性的数值分布数据点。重复这个过程，直到所有的维度被嵌入，其结果是离散的高维空间上的每一个数据都映射到一个特定的位置上。将数据堆叠之后，还需要决定每一个属性数据值的划分，并将非独立的变量的维度映射到在二维单元上的颜色或者灰度，如图7.26所示。请注意，每一维度的划分不需要完全相同。

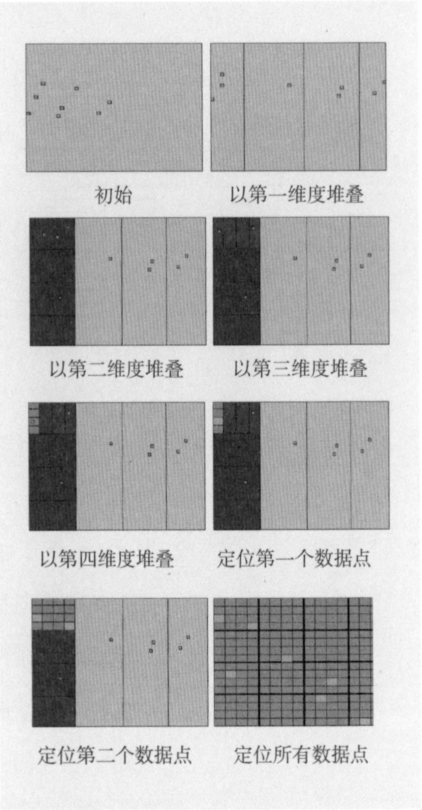

维度堆叠法可看成是一个 N 维空间的直方图，它使用颜色或灰度而不是数据点的位置或形状表达数据属性的值。这种做法的优点是显著地增加了表达的信息量，且在绘制时只需将每个子空间的颜色按照所分布

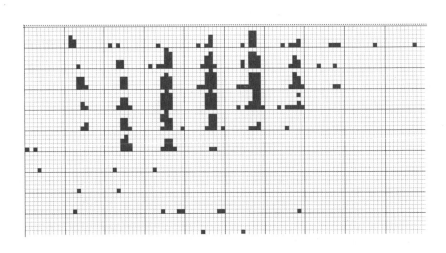

初始　　　　　　以第一维度堆叠

以第二维度堆叠　　以第三维度堆叠

以第四维度堆叠　　定位第一个数据点

定位第二个数据点　　定位所有数据点

图7.25 维度堆叠方法过程示例

图7.26 用维度堆叠法绘制一个四维数据（三维空间位置、钻洞的深度），三维空间位置用维度堆叠实现，钻洞的属性用小单元的颜色或灰度表示

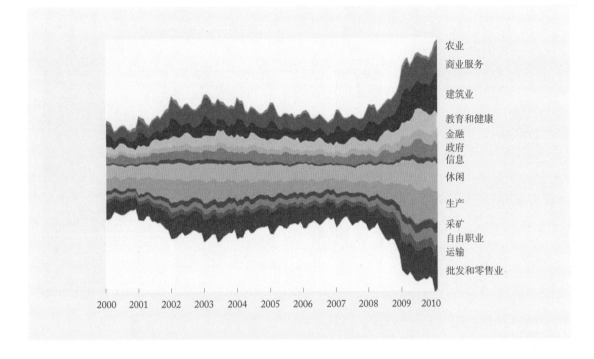

图7.27 堆叠图示例

数据点的灰度值绘制，但代价是降低了可感知性。

维度堆叠法的另一个优点是可以用于比较同类格式的不同数据的差别。它的缺点是当维度增加时，绘制的空白区间也相应增加，造成了屏幕面积的浪费。

图7.28 马赛克图生成过程示例

与维度堆叠法类似的方法是堆叠图（stacked graph），它将同一个维度的数值型数据沿某个坐标轴（X轴或Y轴）堆积排列，形成紧邻的填充区域。堆叠图方法常用于展示时序数据的对比，其中一个重要的变种是文本可视化中的主题河流（见本书第9章）。图7.27所示为2000—2010年美国不同行业的失业率走势图。

5. 马赛克图

类似于维度堆叠方法，马赛克图（mosaic plot）[8]通过划分二维空间来可视化多维数据。主要不同在于马赛克图是根据数据的分布来分配子空间的大小，而维度堆叠方法均匀地分布空间。图7.28所示为马赛

第一步划分

第二步划分

第三步划分

第四步划分

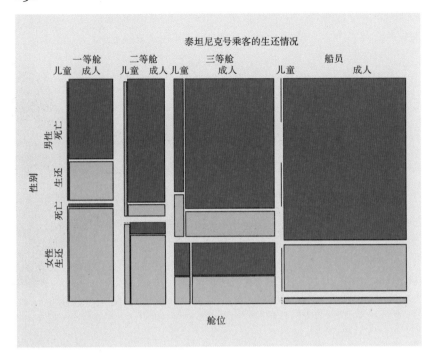

图7.29 使用马赛克图展示泰坦尼克号乘客的生还情况

克图的生成过程。第一步根据第一维度水平划分空间，类似于维度堆叠。第二步根据第二维度垂直划分空间。迭代重复这一过程直到遍历完所有维度。图7.29所示为一个马赛克图在泰坦尼克号乘客生还分析上的案例。

　　马赛克图存在几种变种，包括波动图、多维柱状图、匹配空间图和重叠图，如图7.30所示。波动图结合了马赛克图和维度堆叠方法，每一个数据在空间中位置是根据维度堆叠方法而定，子空间的大小则根据马赛克图，即数据的直方图决定。多维柱状图根据维度堆叠方法而定数据位置，同时采用选定的非独立变量来绘制柱状图。匹配空间图为每一类数据的分布采用相同的子空间形状，例如，没有数据分布的空间用较小形状，数据分布多的空间用较大形状。重叠图为了方便数据的对比，将不同数据或者两组属性重叠放置，并且根据同样标准划分空间。

　　马赛克图强调通过交互来研究未知数据。用户可以通过查询操作来缩小关注的数据范围，例如，可以使用着色来表示查询匹配的程度。

7.2.4　基于样本的方法

1. 切尔诺夫脸谱图

切尔诺夫脸谱图法（Chernoff Face）[5]采用人脸特征编码不同的数据属性。人脸的每一个部位，例如眼睛、耳朵、嘴巴和鼻子，都代表

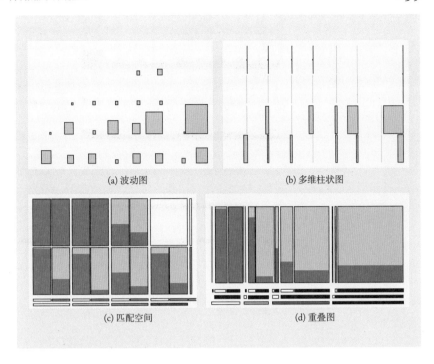

(a) 波动图　　　　　　　　　　(b) 多维柱状图

(c) 匹配空间　　　　　　　　　(d) 重叠图

图7.30 马赛克图的变种

不同的属性。每一个部位的变化表现数值的大小，例如形状、大小、转向和摆放。这种方法利用了人们对脸部特征的熟识和分辨微小变化的敏感性。由于脸部每一个部位对于识别的准确性不同，需谨慎设置数据的属性。图7.31所示为美国各州生活的切尔诺夫脸谱图，包括失业率、大学毕业率、贫困程度等多个度量。

2. 邮票图表

邮票图表方法（small multiples）将高维数据的多个视图以邮票大

图7.31 美国各州生活水平的切尔诺夫脸谱图

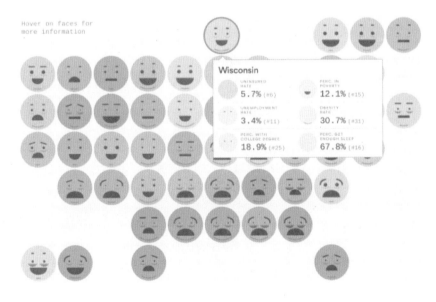

图7.32 邮票图表方法展示
2000—2010年美国不同行业的
失业率的走势图

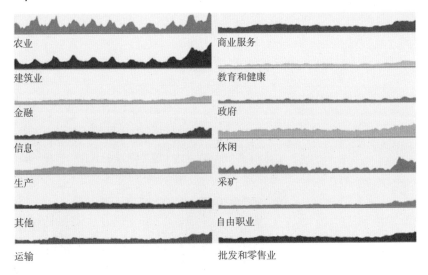

小按一定顺序排列，从而将不同时间和空间的一系列高维数据摆放于同一个视图。该方法为比较多个数据属性提供了一个直接的方案。图7.32用邮票图表方法展现了图7.27所示的数据。邮票图表方法的优势非常突出，常用于属性数目不多的情形。

7.2.5 混合的方法

混合的方法通常涉及两种或者两种以上的基本可视化方法，以某种方式结合在一起。混合方法的优势在于展现数据多方面的性质，或者多种维度之间的关系。本小节用下面三种方法作为例子介绍混合方法的应用。

1. 灵活轴线法

高维数据可视化方法中很多都用到了轴线这个概念，例如散点图的坐标和平行坐标中的平行轴线。灵活轴线法（flexible linked axes, FLINA View）[6]允许轴线自由地设置和布局，并提供了一种交互机制，允许用户在屏幕上绘制轴线、选择轴线的对应关系，并选择常用的可视化方法（例如散点图和平行坐标）。经典的散点图矩阵或平行坐标法都可由灵活轴线法的生成机制导出。

图7.33所示为这种方法绘制的汽车数据。在图7.33（a）中，假设用户对加速度快、节能的汽车感兴趣，可以选择散点图探索加速和MPG的关系。为了理解设计的其他属性，也可加入其他变量（例如重量和马力）。原产地和生产年份等属性，被放置在上下两端。在图7.33（b）中，选择了加速度

高和MPG高的类型（一般消费者最喜欢的车），可以看出这些车的重量都比较轻，而且基本上都是近年生产的（年份靠后）。通过选择重量，还可以发现重量较大的车大多来源于美国。

灵活轴线的思想可直接推广到平行坐标法，可以生成随意摆放的平行坐标轴，展现不同属性的多种平行坐标的对应关系。

2. 平行散点图

平行坐标图的一个问题是线段在相邻两轴之间可能会重叠。当数据量很大时，很难看清线段分布的具体情况。另外一个问题是平行坐标图的轴所代表的维度是固定的，而数据

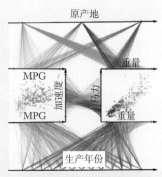

(a) 颜色区分原产地(黄色代表美国，蓝色代表欧洲，红色代表日本)

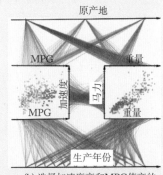

(b) 选择加速度高和MPG值高的汽车类型

图7.33 汽车数据的例子

图7.34 结合散点图与平行坐标，其中两个属性马力和排量的关系在两个轴之间用散点表示

中任何两个维度都存在一定的关联。平行散点图结合了传统的散点图与平行坐标，可以更好地呈现两个维度之间的关系，如图7.34所示。

在平行坐标图中，一个数据点表现为相邻两轴之间的一条线段。它

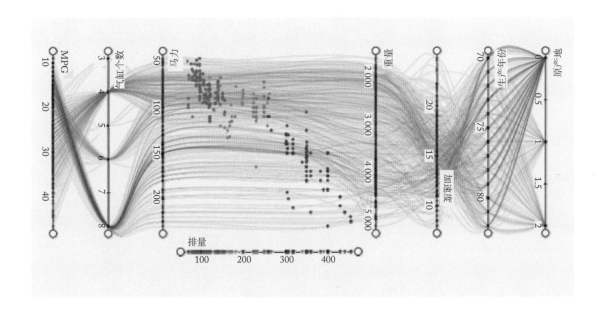

242

的位置由数据点在两轴上的数据值$x_{m,n}$和$x_{m,n+1}$决定。这时可以在两轴之间增加点的位置，例如$p_{m,(n,n+1)}$。新增加的位置可以采用其他高维数据可视化方法，例如常用的MDS，每个点可以分配到一个二维坐标。这样原来的一条线段就变成了一段曲线。为了平滑过渡曲线的形状，可以按照图中红线的顺序链接几个关键点，生成平滑几何曲线。

交互方式可以结合平行坐标和散点图的交互方式，包括选择散点图中的数据子集和按照平行坐标中的数值顺序染色。既然两种可视化方式结合在一起，交互方式也可以结合起来，例如用选择散点图子集的方法过滤平行坐标中的数据。特别的交互方式还包括对于位置和防线的数据过滤。

3. 三维链接技术

对于抽象的高维数据，二维可视化是最主要的方法。但是三维空间仍然具有存在的意义，比如链接多个二维可视化平面。这样每个二维平面集中于某种可视化方法，而三维空间用于链接不同二维平面中的数据。如图7.35所示，二维平面可以按照不同方式摆放，以适应不同需求。这

图7.35 展示不同数据维度之间关系的方法

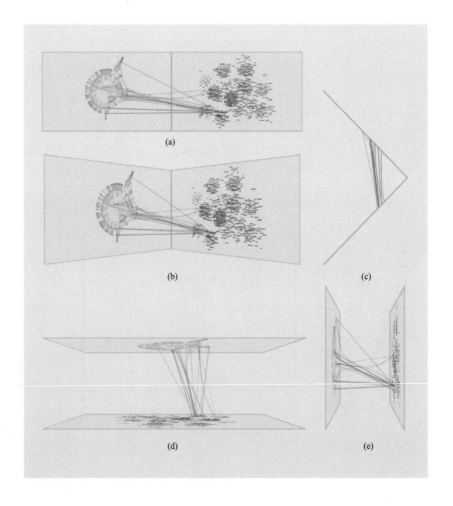

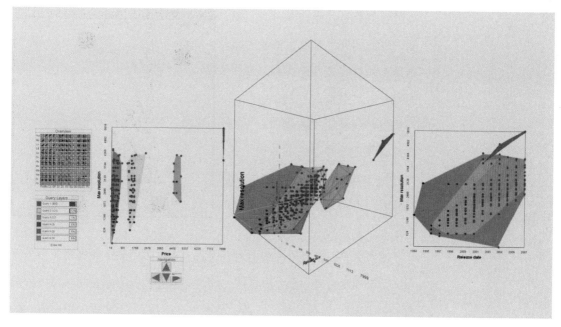

图7.36 使用"旋转骰子"方法
探索散点图矩阵中相关联的散
点图

里的二维平面可以是任何一种可视化方法,例如散点图或者层次线图,
不受三维空间限制。三维的线可以采用直线或者曲线。

另一种经典的链接技术采用了类似"转动骰子"的方法[7],将具有
相同坐标轴的散点图作为骰子相邻的两个面,用户可通过旋转"骰子"
的三维交互方式来查看相关联的散点图,如图7.36所示。

7.3 高维数据的可视化交互

大规模高维数据可视化的最大挑战是显示空间与数据复杂度之间的
矛盾。通过用户交互,选择相关的数据和调整可视化的结果是解决这一
矛盾的必不可少的环节。交互方式可分为直接和间接两种模式,直接交
互通常对数据直接交互,而间接交互方式则以数据的其他方面(如维度)
为主要目标。

7.3.1 直接交互方式

1. 灰尘与磁铁

灰尘与磁铁(dust&magnet或DnM)[22]是一种直观易用的高维数
据交互方法。这种方法采用了一种简便的隐喻:磁铁吸引灰尘,类比于用

244

某种数据属性的组合条件选择数据。磁铁的特点是吸引有磁性的物质，并且将磁性物质和非磁性物质分开。类似这种操作，当用户用各种磁铁吸引数据时，可以将具有某些特殊属性的数据从其他数据中抽取出来。这种方法简单直观，不需要用户掌握任何专业知识。

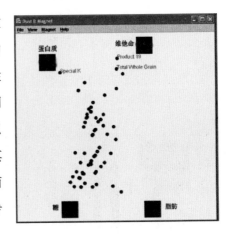

图7.37 DnM技术分析早餐食品营养成分的用户界面

图7.37所示为一个早餐品种的选择过程。图中每个数据对应一个圆点，每个属性对应一个方形磁铁。数据集包括77种早餐食物，每一种都有12种属性，包括品牌、厂商、品种（冷或热）、卡路里、蛋白质、脂肪、钠、碳水化合物、糖、钾和维生素。在初始时刻，数据聚集在屏幕中心且相互重叠。用户可以从磁铁菜单中选择任意属性作为磁铁。例如，用户点击糖作为第一种磁铁，并用鼠标拽动这个方块。当这个磁铁在屏幕上移动时，数据中糖分高的点向磁铁移动；食物的糖含量越高，对应的圆点的移动越快。其后果是，数据点在磁铁的变量作用下分散，特别是高糖分和低糖分的数据点开始分离。注意到本方法的目的并不是让数据点吸引到磁铁上，而是使数据点分散。

在探索多属性数据时，用户可选择任意感兴趣的属性。例如，为了寻找高蛋白质和高维生素的数据，可将这两种属性对应的磁铁放在相邻的位置，同时将低糖和低脂肪属性对应的磁铁放在相反的位置。请注意，即使只有一个磁铁在移动，所有的磁铁都会起作用。交互的最终结果是数据在屏幕上散开，最后位于上部的数据点被选出。

决定磁铁的吸引力需要考虑几种参数：磁铁的属性、数据点对应的数值、磁铁的强度和磁铁的排斥阈值。表7.3说明了这些参数的基本用法。请注意，类别型属性如姓名、职位和描述不能作为磁铁，但可以采用颜色和大小等视觉通道进行编码。严格地说，序数词也不能作为磁铁。但是，序列数的大小可以用来计算吸引力，帮助分离数据。距离磁铁近的数据点不代表它们更接近磁铁属性，而是它们的序号更接近。

表7.3 磁铁的吸引力的参数

磁铁属性	数据点的数值	磁铁的强度	磁铁的排斥阈值
有序型和数量型属性可以由用户选择作为磁铁。	每种属性的数值范围都可能不同，不同属性对应的吸引力应与数据值范围相关。统一起见，可将数值归一化到[0,1]区间。	磁铁的强度可以设置为0到20之间（缺省值为10）。当强度为0时，代表该磁铁没有吸引力。	当数值大于排斥阈值时，数据点被磁铁吸引。数值小于排斥阈值时，数据点被磁铁排斥。这个参数可以用来分隔或分散数据。

若第j个属性是数量型数据，磁铁吸引力可定义为

$$attraction\left(M_j, D_i\right) = \frac{MM_j\left(DV_i^j - RT_j\right)}{\max\left(\left\{DV_k^j\right\}_{k=1,\cdots,d}\right) - \min\left(\left\{DV_k^j\right\}_{k=1,\cdots,d}\right)}$$

其中，M_j是第j个磁铁，D_i是第i个数据点。MM_j是第j个磁铁的强度，DV_i^j是第i个数据点的第j个属性。RT_j是第j个磁铁的排斥阈值。d是数据点的个数。

若第j个属性是序列数，磁铁吸引力可定义为

$$attraction\left(M_j, D_i\right) = \frac{MM_j(-1)^{R_j\left(DV_i^j\right)}\left[DV_i^j - \min\left(\left\{DV_k^j\right\}_{k=1,\cdots,d}\right)\right]}{\max\left(\left\{DV_k^j\right\}_{k=1,\cdots,d}\right) - \min\left(\left\{DV_k^j\right\}_{k=1,\cdots,d}\right)}$$

其中，如果x不是被第j个磁铁排斥的数值，$R_j(x)=0$，否则$R_j(x)=1$。

在移动数据点时，可视界面将产生动画过渡效果。移动速度的快慢由吸引力的大小和磁铁的属性相关，不同属性的移动效果可能不相同。当存在多个磁铁时，数据点的移动效果由所有磁铁的作用共同决定。

当用户希望数据没有重叠时，可以设置一种新的调节模式：自然和逐渐地摇动数据点，将它们分散。这种摇动方式与磁铁的作用不能同时起作用。具体计算时，需要保留每对数据点之间的距离。由于数据点只在小范围移动，只有局部数据点的距离需要准确计算。某数据点A摇动的计算方式如下。

（1）更新数据点A的距离矩阵。

（2）找到和数据点A重叠（或接近）的所有其他数据。

（3）根据每一个和数据点A重叠的数据，

● 计算和A相对位置；

● 将A沿距离远的方向移动一个像素或者一个用户设定的单位；

● 更新数据点A的距离矩阵。

2. 过滤和放大

处理大规模数据的常用思路是分而治之：将数据分成多个部分，集中处理重要的部分。选择重要的数据部分可以通过两种方式实现：交互地浏览数据；通过滑动条等交互工具限定各类数据属性的范围。前者不适合于超大规模的数据，而后者的操作不够灵活。本书第10章深入讨论了过滤和放大技术在其他可视化场景下的应用。

3. 刷选和链接

对同一个高维数据应用不同的可视化方法将导致多种可视化视图，它们之间的有效关联和结合可提升对数据理解的效率。作为最基本的多视图关联方法，刷选和链接（brushing-and-linking）将在某个视图中选取的数据属性和范围自动与其他视图链接，并在其他视图中显示选中的内容。例如，用户在散点图视图中选取若干个数据点，选中的数据将在其他视图中被自动高亮（采用突出的颜色、尺寸或形状）。关于这方面的具体介绍详见本书第10章。

7.3.2　间接交互方式

最经典的维度寻找方式是交互的高维空间探索。当数据的维度较多时，它随机地将数据的不同维度投射到屏幕上，让用户来发现有意义的图案。后来类似的方法也被用来可视化更复杂的高维数据。

下面这个例子结合了随机映射等几种方法来分析一个几百个维度的数据[1]。图7.38所示为该系统的界面，每个窗口分别用于研究几个和多个选中的维度。维度的选择可以通过某种采样来实现。简单的可以采用随机采样；复杂的如机器学习中流形学习里的采样方法[2]。

1. 引入辅助分析

SkyLine是一种有效的多维数据分析方法。Skyline是指数据中的一部分优异的数据点，它们的某种综合指数高于所有其他数据，所以可以解释为在这种综合指数下的最优选择。这种方法的难点在于理解不同的Skyline综合指数。在多维数据的分析过程中，往往没有绝对的最优解，最优选择取决于用户对不同维度重要性的认识。图7.39所示为用SkyLens系统分析NBA统计数据[23]。若干运动员的综合指数在所有数据中最高，包括LeBron James, Dwight Howard, Chris Paul和Lamar Odom。但是他们的优异方面各有千秋，比如James

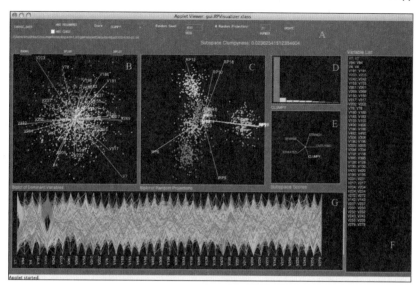

图7.38 维度投射系统的界面，其中B绘制了数据的几个子空间，C随机地映射了几个数据子空间，D列出了分数最高的10个维度，E总结了选出得几个维度的分数，F列出了所有变量，G用平行坐标图绘制了最常用的一些维度

得分最高，而Dwight篮板最强。通过分析多个Skyline数据，可以选择合适的综合指数以及最优选择。类似的应用包括选择旅游目的地和学校。

　　SkyLens系统结合了多种可视化方法：① 所有数据用一种投射方式，用来显示数据中的聚类；② 图表显示四个skyline运动员，同时显示起作用的因素；③ 比较不同的运动员数据；④ 控制面板；⑤ 一个跳出的窗口比较LeBron James和Chris Paul。这里的多种图表设计突出了不同维度和数值的特点。

图7.39 SkyLens系统分析NBA统计数据

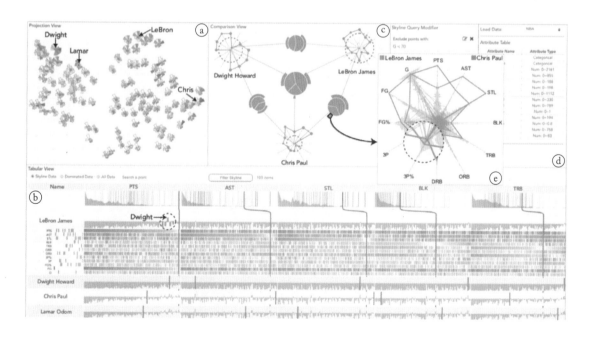

248

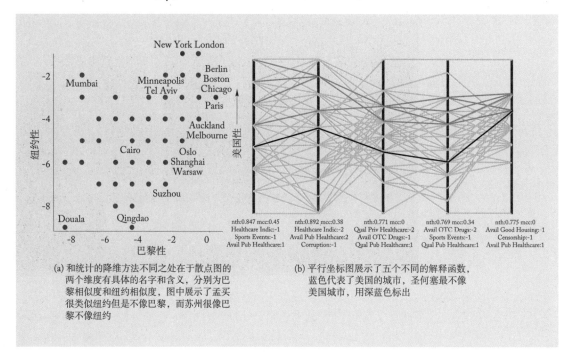

(a) 和统计的降维方法不同之处在于散点图的两个维度有具体的名字和含义，分别为巴黎相似度和纽约相似度，图中展示了孟买很类似纽约但是不像巴黎，而苏州很像巴黎不像纽约

(b) 平行坐标图展示了五个不同的解释函数，蓝色代表了美国的城市，圣何塞最不像美国城市，用深蓝色标出

图7.40 世界城市数据的解释函数展示

2. 解释函数

"解释函数方法"考虑数据分析中的人为因素。和传统的统计方法不同，解释函数找出一组便于用户分析的维度。首先，用户可以选择感兴趣的一组因素，比如城市数据中的美国化的城市。然后，用户还可以指定一些先验知识，比如波士顿是比迈阿密更典型的美国城市。如图7.40所示。

选择解释函数的时候优先选择简单的线性函数，因为它们更容易被解释和理解。例如，$x+y-2z$比$3.654+3.234y-6.43z$更合适。这里的参数可以是正数或者负数。生成解释函数的基本方法是遍历原则。从大量的简单参数组合中生成多个解释函数，并且根据用户的选择条件进行自动选取。

习题七

1. 列出适用于高维数据（$K>10$）的可视化方法，简短列出这些方法的优缺点。
2. 请获取一个多维度数据。在每个维度上（或每两个维度）使用基本统计图表展示数据分布。

3. 尝试基于 7.2 的统计图表结果，实现散点图矩阵。

4. 对 7.2 中找到的数据集进行高维数据变换分析，例如使用主成分分析法、多维尺度分析法或 t-SNE 来展示高维数据。可以使用任何适合的编程语言（Matlab、Python 等）和库。Matlab 内置 MDS、PCA 等函数；Python 可尝试 scikit-learn 等库。

5. 对 7.4 中的数据变换结果进行比较分析，指出结果中的特征有什么异同。主要分析数据点的分布、趋势、聚类、离群程度等方面。

6. 尝试实现 LAMP 方法[10]。需要提供用户交互式设定锚点的功能。

7. 请采用平行坐标或径向轴方法对一个高维数据集进行可视化，变换并比较三种颜色策略：

　① 随机颜色；

　② 线性的颜色地图；

　③ 基于感知的颜色设计。

8. 选择一种常用的高维可视化方法（如散点图或平行坐标），实现一些基本交互和分析功能，例如选择数据点（刷选或框选）、数据过滤、多组结果比较等。

参考文献

[1] ANAND A, WILKINSON L, DANG T N. Visual pattern discovery using random projections [C] //Proceedings of 2012 IEEE Conference on Visual Analytics Science and Technology（VAST）. Washington D C: IEEE Computer Society Press, 2013: 43-52.

[2] ACHLIOPTAS D. Database-friendly random projections [C] //Proceedings of ACM SIGMOD. New York City: ACM Press, 2001: 274-281.

[3] ANKERST M, KEIM D A, KRIEGEL H. Circle Segments: A Technique for Visually Exploring Large Multidimensional Data Sets [C] //Proceedings of IEEE Visualization1996, Hot Topic Session. Washington D C: IEEE Computer Society Press, 1996.

[4] BALASUBRAMANIAN M, SCHWARTZ E L, TENENBAUM J B. The ISOMAP Algorithm and Topological Stability [J]. Science, 2002, 295（5552）:7.

[5] CHERNOFF H. The Use of Faces to Represent Points in K-Dimensional Space Graphically [J]. Journal of the American Statistical Association, 1973, 68（342）: 361-368.

[6] CLAESSEN J, WIJK J. Flexible Linked Axes for Multivariate Data Visualization [J]. IEEE Transactions

on Visualization and Computer Graphics, 2011,17
（12）:2310-2316.

[7] ELMQVIST N, DRAGICEVIC P, FEKETE J D. Rolling the dice: Multidimensional visual exploration using scatterplot matrix navigation [J] . IEEE transactions on Visualization and Computer Graphics, 2008, 14（6）: 1148-1539.

[8] HOFMANN H. Exploring Categorical Data: Interactive Mosaic Plots [J] . Metrika, 2000,51（1）:11-26.

[9] INSELBERG A. The Plane with Parallel Coordinates[J]. The Visual Computer,1985, 1（2）:69-91.

[10] JOIA P, COIMBRA D, CUMINATO J A, et al. Local affine multidimensional projection [J] . IEEE Transactions on Visualization and Computer Graphics, 2011, 17（12）: 2563-2571.

[11] KEIM D A , KRIEGEL H P. VisDB: database exploration using multidimensional visualization [J] . IEEE Computer Graphics and Applications,1994,14（5）:40-49.

[12] KEIM D A. Information Visualization and Visual Data Mining [J] . IEEE Transactions on Visualization and computer graphics, 2002, 8（1）:100-107.

[13] KRUSKAL J B, WISH M. Multidimensional Scaling [M] . Quantitative Applications in the Social Sciences Series. Newbury Park: Sage Publications, 1978.

[14] LEBLANC J, WARD M O, WITTELS N. Exploring N-dimensional databases [C] //Proceedings of IEEE Visualization 1990. Washington D C: IEEE Computer Society Press,1990:230-237.

[15] ROWEIS S T, SAUL L K. Nonlinear Dimensionality Reduction by Locally Linear Embedding [J] . Science, 2000, 290（5500）:2323-2326.

[16] SHARKO J, GRINSTEIN G, MARX K A. Vectorized Radviz and Its Application to Multiple Cluster Datasets [J] . IEEE Transactions on Visualization and Computer Graphics, 2008,14（6）:1427-1444.

[17] STOLTE C , HANRAHAN P. Polaris: A System for Query, Analysis and Visualization of Multi-dimensional Relational Databases [J] . IEEE Transactions on Visualization and Computer Graphics, 2002, 8:52-65.

[18] TATU A, ALBUQUERQUE G, EISEMANN M, et al. Automated Analytical Methods to Support Visual Exploration of High-Dimensional Data [J] . IEEE Transactions on Visualization and Computer Graphics, 2011,17（5）:1584-5971.

[19] TENENBAUM J B, SILVA V, LANGFORD J C. A Global Geometric Framework for Nonlinear Dimensionality Reduction [J]. Science, 2000, 290 (5500):2319-2323.

[20] WILKINSON L, ANAND A, GROSSMAN R. Graph-theoretic scagnostics [C] //Proceedings of IEEE Symposium on Information Visualization. Washington D C: IEEE Computer Society Press, 2005:157-164.

[21] YANG J, PATRO A, HUANG S, et al. Value and Relation Display for Interactive Exploration of High Dimensional Datasets [C] // Proceedings of IEEE Symposium on Information Visualization 2004. Washington D C: IEEE Computer Society Press, 2004 :73-80.

[22] YI J S, MELTON R, STASKO J, et al. Dust & Magnet: Multivariate Information Visualization Using a Magnet Metaphor [C] //Proceedings of IEEE Symposium on Information Visualization. Washington D C: IEEE Computer Society Press, 2005: 239-256.

[23] ZHAO X, WU Y H, CUI W W, et al. SkyLens: Visual Analysis of Skyline on Multi-dimensional Data [J] . VisWeek, 2017.

第8章 层次和网络数据可视化

本章主要介绍两种重要的结构型数据的可视化，即具有层次关系的数据和具有网络关系的数据。它们分别对应"数据结构"课程中学习过的树和图，或层次和网络数据，表达的是事物间错综复杂的关系，可谓万事万物的筋脉。

8.1 树和图与可视化

可以用图（网络数据）来表示的数据无所不在，而树形结构（层次数据）实际也是一种特殊的图（即没有回路的连通图）。现代科学技术的发展，人类社会的组织发展，从数据的角度出发都离不开图的表达。图8.1所示为几种不同的图结构实例。图和树形数据的可视化已经成为各个相关领域的重要需求。另外，随着图数据库和图挖掘等计算技术和工具的发展，图和树的可视化也拥有了更广泛的应用前景。特别需要指出的是，当前人工智能技术的核心就是不同模型的人工神经网络，而人类大脑的功能也能使用网络结构来表示（如图8.2所示），可视化技术能够帮助人们有效地理解和利用这些数据，促进人工智能领域应用技术的发展。

层次和网络数据的可视化从几何拓扑上讲主要指树和网络数据结构的绘制方法，也就是图（graph）的绘制方法，图的布局也是图绘领域最主要的内容，在超大规模集成电路设计、软件过程可视化、地理信息系统、生物化学等领域被广泛应用。

在具体介绍层次和网络数据可视化算法之前，首先简单回顾树、网络和图结构之间的关系。树、网络数据都可以用图论中的图结构表达，如图8.3所示。图G由顶点有穷集合V和一个边集合E组成。在图结构中，结点称为顶点，边是顶点的有序偶对，若两个顶点之间存在一条边，则它们具有相邻关系，表达为连接图G的两个顶点i,j的边$e_{ij}=(i,j)$。

结点和定义了权重的边构成了加权图，结点和定义了方向的边构成了有向图，反之则是无向图。对于无向图，与顶点v相关的边的条数称作顶点v的度；对于有向图，从顶点v出发的边的条数称为出度，反之为

254

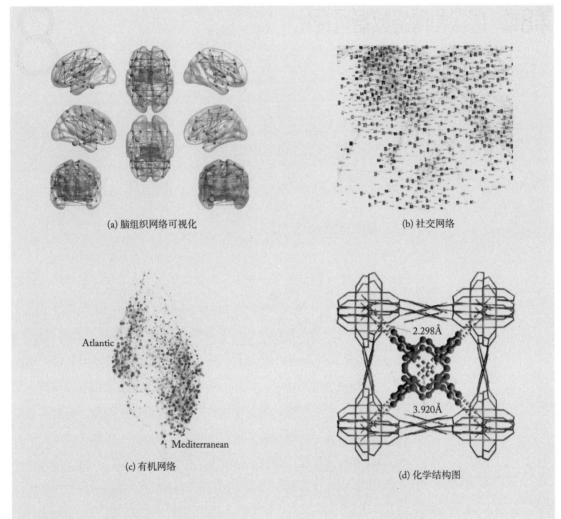

图8.1 图结构实例

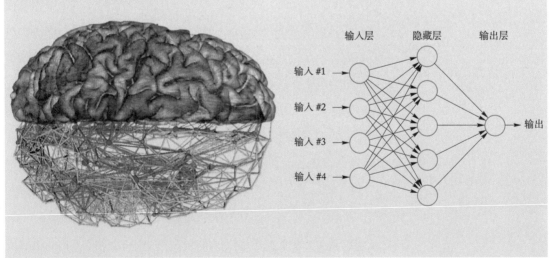

图 8.2 脑网络与人工神经网络

入度。如果平面上图的边可以不交叉，则称这个图具有平面性。如果图中任意两个顶点之间都存在连通的路径，则称该图为连通图。若一条路径的第一个顶点和最后一个顶点相同，则这条路径是一条回路。连通的、不存在回路的图称为树（tree），即树形结构，反之即为网络结构。树形结构和网络结构是层次和网络数据可视化的基本型，边的方向和权重是可视编码的重要组成部分，结点的度、平面性、连通性是图结构的基本性质，对树、网络的挖掘至关重要。

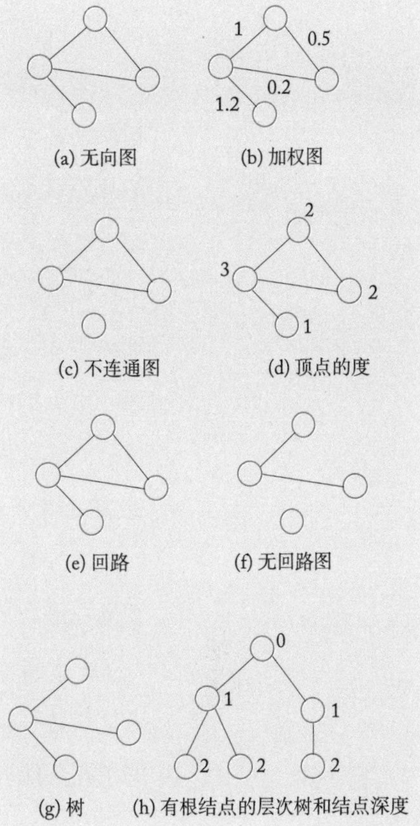
1
0.5
0.2
1.2
(a) 无向图
(b) 加权图
2
3
2
1
(c) 不连通图
(d) 顶点的度
(e) 回路
(f) 无回路图
0
1
1
2
2
2
(g) 树
(h) 有根结点的层次树和结点深度

图8.3 使用结点链接图的结构表达

8.2　层次数据可视化

层次数据表示事物之间的从属和包含关系，这种关系可以是事物本身固有的整体与局部的关系，也可以是人们在认识世界时赋予的类别与子类别的关系或逻辑上的承接关系。典型的层次数据有企业的组织架构、生物物种遗传和变异关系、决策的逻辑层次关系等。例如，逻辑上的承接层次典型的是决策树，一个结点代表一个问题，一个答案代表一个分支，形成一棵以“如果……那么……”承接关系为层次关系的决策树，问题越复杂，层次数据越复杂。

按数据的理解方式不同，数据层次的构建分自上而下和自下而上两种。以中国的行政划分为例，自上而下的方法是细分的过程：一个国家可分为若干个省（直辖市、自治区、特别行政区）；省（直辖市、自治区、特别行政区）又可以细分为市（区）；市（区）还可以再细分到县、镇、乡、村。自下而上的方法是合并的过程：同乡的村合并到乡，乡合并到县、市（区）、省（市、特别行政区），最后合并为一个中国。在层次数据可视化中，这两种布局顺序分别称为细分法和聚类法。

层次数据可视化的核心是如何表达层次关系的树形结构、如何表达树形结构中的父结点和子结点以及如何表现父子结点、具有相同父结点的兄弟结点之间的关系等。按布局策略，主流的层次数据可视化可分为结点链接法、空间填充法和混合型三种。

- 结点链接法（node-link）：结点链接是树形结构的直观表达。用结点表达数据个体，父结点和子结点之间用链接（边）表达层次关系。结点链接法包括正交布局、径向布局的树以及在三维空间中布局的树等方法。由于结点链接法能够直观地展现数据的层次结构，因此又被称为结构清晰型方法。当树的结点分布不均或树的广度深度相差较大时，部分结点占位稀疏而另一部分结点密集分布，可能造成空间浪费和视觉混淆。

- 空间填充法（space-filling）：空间填充法采用嵌套（nested）的方式表达树形结构，代表性方法有圆填充、树图、Voronoi树图等。空间填充法能有效利用屏幕空间，因此也称为空间高效型方法。在数据层次信息表达上，空间填充法不如结点链接法结构清晰，处理层次复杂的数据时不易表现非兄弟结点之间的层次关系。

- 混合型：结点链接法和空间填充法具有明显的互补性，因此可以针对数据特性而混合应用两种布局方法，在空间填充图中嵌入结点链接图，或是对结点链接的某些分支使用空间填充图。弹性层次图是混合布局的代表。

Jürgensmann和Schulz对几乎所有层次结构的可视化技术和论文进行了总结和分类，制作了海报以及在线动态树可视化检索系统，如图8.4所示。

8.2.1　结点链接法

结点链接法是图论中树形的扩展，可视化绘图的核心是结点和边的位置编码和视觉符号编码。为了提高结点链接法的实用性和美观性，在绘图算法设计时往往要遵循以下一些原则。

- 尽量避免边的交叉。边的交叉可能会导致对树结构的错误理解。
- 结点和边尽量均匀分布在整个布局界面上。

图8.4 层次数据可视化分类

- 边的长度统一。

- 可视化效果整体对称，保持一定的比例。

- 网络中相似子结构的可视化效果相似。

然而在实际设计中并不一定能完全满足所有的原则，甚至原则之间会产生矛盾，需要进行平衡和取舍。因此也就产生了对各原则有不同侧重的布局。根据不同的布局策略，结点链接法可以细分为正交布局、径向布局以及三维布局。

1. 正交布局（网格型布局）

在正交布局中，结点沿水平或竖直方向排列，所有子结点在父结点的同一侧分布，因此父结点和子结点之间的位置关系和坐标轴一致，这种规则的布局方式非常符合人眼阅读的识别习惯。最典型的正交布局是缩进图法，它用正交折线表现边，被广泛用于文件目录、软件结构等层次结构的展现。例如人们最熟悉的计算机界面之一：Windows系统的文件资源管理器，就是这种布局的可视化产品。另一个变种，（生物）系统树图（dendrogram）可表达淘汰制比赛的晋级安排、物种和语言的衍生与发展等事物，如图8.5所示。

常用的正交布局算法有Reingold–Tilford算法，采用自底向上递归聚类的原则，先绘制子树再绘制父结点。子树的绘制采用二维形状的包

258

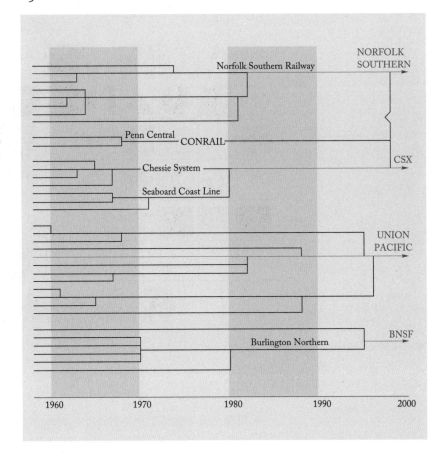

图8.5 基于缩进法的层次结构可视化，如实地呈现了美国铁路经过50年的兼并形成四大铁路集团的进程

围盒技术，尽可能紧致地包裹子树，并使得两个子树尽量靠拢，父结点再放在各子树的中间。此算法中所有结点按照在树中的层次进行分层绘制，尤其注重布局的对称性和紧凑性，以及子树在不同情况下布局的一致性。由于所有子结点都在父结点的同一侧，而子结点的个数往往随着树深度增加而增加，正交布局容易导致布局的不均匀分布和较大的空间浪费。

2. 径向布局

为了提高空间利用率，径向布局将根结点置于整个界面的中心，不同层次的结点放在半径不同的同心圆上。结点的半径随着层次深度增加，半径越大则周长越长，结点的布局空间越大，正好可以提供越来越多的子结点的绘制空间。图8.6和图8.7分别是采用正交布局和径向布局的可视化效果，可以看出正交布局的子结点比较拥挤，而径向布局的子结点能获得更大的布局空间。

3. 三维布局

如果二维空间无法满足层次结构的布局，可将显示空间扩充到三维，

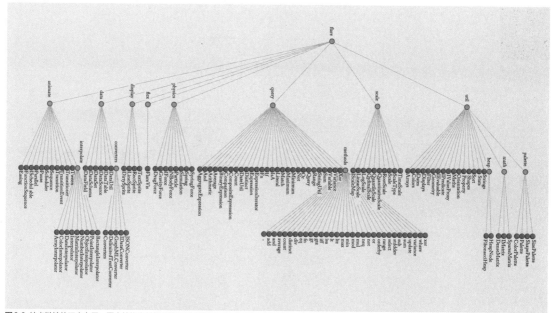

图8.6 结点链接的正交布局，图中结构为某软件的函数名称

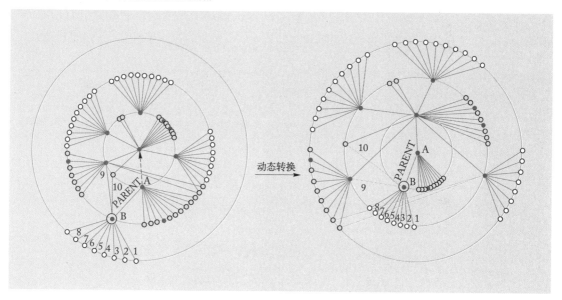

动态转换

图8.7 径向布局可视化，用户选择结点A为新的根结点后，整个布局随之变化

维度的增加极大地增强了可表达数据的尺寸。代表性方法有圆锥树或双曲树的方法，它们结合了正交布局和径向布局的优点。其中，圆锥树的俯视图为径向布局，侧视图为正交布局。从外形上看如图8.8所示，每一个父子结点的层次关系是以父结点为顶点，子结点环状分布形成底面的圆锥形。

　　三维布局方法在实际应用中少见，原因是人类对三维空间的视觉识别远远慢于对二维空间的识别。此外，在三维空间布置结点容易造成结点或边之间的遮挡，导致阅读障碍，因此必须辅以三维交互手段，通过

260

MOOC微视频：
树结构交互

旋转、拖拽等交互展现被遮挡的
数据。

4. 针对大量数据的对策

在很多应用中，可视化层次
结构的有限空间不允许显示全部
的结点和链接。在这种情况下，
可以有选择地显示部分数据，并
通过与使用者的交互实现可视
化。重要的是，在部分展示层次

图8.8 三维布局方法：基于圆锥
树方法的树结构数据可视化（圆
锥采用轮廓线绘制）

数据时，应该尽量保持总体的结构关系。通常，隐藏结点的具体信息而
保留链接部分。当这样的设计不被允许时，可以采用分组、聚类等方案
把相似的或作用相同的结点合并。图 8.9所示为一种使用交互方式的层
次数据可视化工具（SpaceTree）。其中部分子分支以三角的方式展示，
说明了分支中的特征，使用者可以交互式的打开和关闭不同的分支。

图8.9 一种使用交互方式的层次
数据可视化SpaceTree

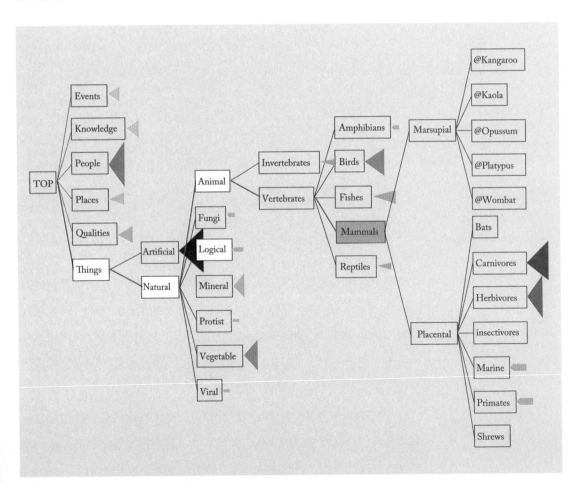

8.2.2　空间嵌套填充法

空间嵌套填充法是一种基于区域的可视化方法，它直接采用显示空间中的分块区域表示数据中的个体。针对层次结构数据，利用上层区域对下层区域的包围表示父结点和子结点的关系，兄弟结点在同一个区域中相互不遮挡。由于嵌套表达父子结点之间的包含关系，空间填充法中不存在边，因此可视化的核心在于兄弟结点位置的安排和形状的编码。按形状分类空间填充法有圆填充图、树图以及沃罗诺伊（Voronoi）树图等方法，本小节以树图为重点介绍空间嵌套填充法。

空间嵌套填充法在设计中同样要遵循一定的设计标准，下面列出三个可计算的评价指标。

● 可读性：评价在逻辑上相邻的兄弟结点是否在空间布局上也相邻。较高的可读性能让用户更快地理解布局。

● 距离相关性：衡量兄弟结点在逻辑上的关系能否在空间距离中体现。

● 稳定性：平均位置变化的倒数。针对动态布局，稳定的布局算法中结点的位置变化较小，提供连续和平滑的交互过渡，减少阅读负担。

其余指标有连续性（可读结点的比例）、稳定性、平衡性（位置变化的标准差的倒数）等。

1. 圆填充图

圆填充图（circle packing）是一种"大圆包小圆"的布局，如图 8.10 所示，所有子结点在父结点的圆内用圆填充，子圆之间互不遮挡。由于圆与圆之间必然存在空隙，所以圆填充图的有效空间利用率低于之后介绍的矩形填充法，即树图。"填充密度"指被圆覆盖的区域占所有布局空间的比例，填充密度越高布局越紧凑。

图 8.10 圆填充图

2. 树图

树图（treemap）算法弥补了圆填充法对空间利用不足的缺点。矩形代表层次结构中的结点，子结点按所给权重的面积比例填满父结点的矩形。如图 8.11 所示，根结点是树图中最大的矩形，被两个子结点纵向分割成 2 个小矩形，面积各占矩形的 3/10 和 7/10；其中子

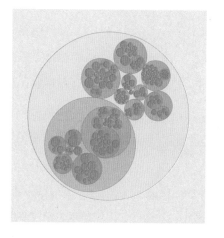

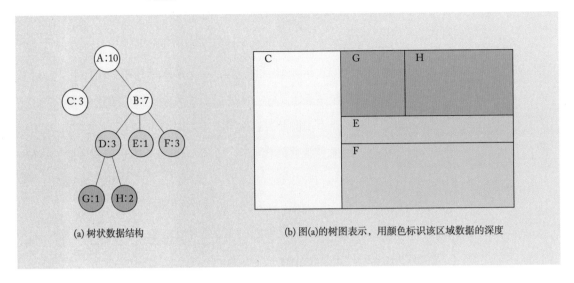

(a) 树状数据结构　　　　　　　　(b) 图(a)的树图表示，用颜色标识该区域数据的深度

图8.11 树图

结点B被它的三个子结点按权重横向分割成3个小矩形，如此递归。从图中可以看出树图的布局算法是细分法，递归地把整个布局区域按子结点的权重比例分割成小的矩形。树图的可视化设计具有三个明显特点：（1）使用矩形可以更有效地利用空间；（2）用户可以使用矩形颜色和面积大小来展示它们所代表的数据属性；（3）用户更容易进行交互分析。

然而，在树图生成中需要处理一个重要的矩形长宽比问题，细长条形的矩形应当避免出现。首先，心理研究实验表明，方形比细长条形的矩形更容易被识别。另外，细长条形的矩形所代表的面积不容易被认知，会造成可视化结果的误读。因此，"平均长宽比"是衡量静态树图可读性的重要指标，其他指标还有上文提到的整体可读性、距离相关性和稳定性以及其相关指标。

最早的树图生成算法称为交替纵横切分法（slice-and-dice），顾名思义，指按层次交替地对区域进行纵切和横切分割父结点区域的方法。交替纵横切分算法思路简单，容易实现，严格符合距离相关性。但是，当结点分布不均衡时，尤其是在分割具有非常多子结点的区域时，效果很不好，容易产生密集的细长条矩形。严格的正等分法（squarified）采用贪心算法放置结点矩形到最合适的位置，使结点矩形更加接近正方形，避免细长条矩形子区域的出现，保持均衡的"平均长宽比"。但是贪心算法不考虑兄弟结点原来的顺序，会破坏兄弟结点的距离相关性，因此结点权重变化时可视化结果会发生剧烈变动。兼顾长宽比和距离相关性的树图算法有条形树图（strip）、有序树图（ordered）、螺旋树图

（spiral）、有序正等分树图和局部有序树图算法等。图8.12所示为六种典型树图算法的效果。

其余的树图扩展算法从颜色亮度、饱和度、阴影效果等方面制造三维效果，在一定程度上体现层次信息，致力于解决树图层次关系表达不清的问题。

凭借高效的数据表达和美观的外形，树图布局法在实际应用中广受欢迎，成为最常见的一种可视化方法。图8.13是利用树图对伦敦个人房产数据的可视化案例，其中用颜色编码交易金额。需要注意的是，图中的房产数据并不是原生层次数据，而是多属性数据（包括房产的地理位置和户型两个属性），层次来自于对这两个属性的重要性判断，也就是相比于户型，地理位置在房产价格占更主导的地位。从图中可看出，市区比郊区房子价格高，而房子类型则是影响交易金额的主要因素。图 8. 14利用树图可视化股票实时数据，是现实中被美国投资者广泛应用的一种工具。每一个矩形代表一个公司的股票，它的面积代表公司的股票市值，而颜色代表股票价格的涨跌。这些矩形被分为不同的区块用来代表不同的行业分类。用户可以交互地改变面积和颜色所代表的属性，并可以选中一个具体的矩形来查看其所代表的公司股票细节信息（如图中所加亮的苹果公司AAPL的股价变化）。

图8.12 树图布局算法

尽管树图能有效利用布局空间，配合上行、下行等交互方式实现大

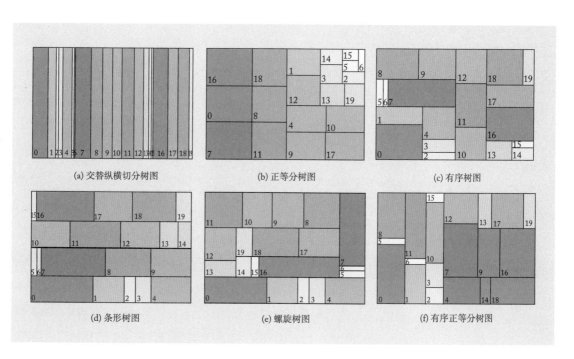

(a) 交替纵横切分树图　　　　　(b) 正等分树图　　　　　(c) 有序树图

(d) 条形树图　　　　　(e) 螺旋树图　　　　　(f) 有序正等分树图

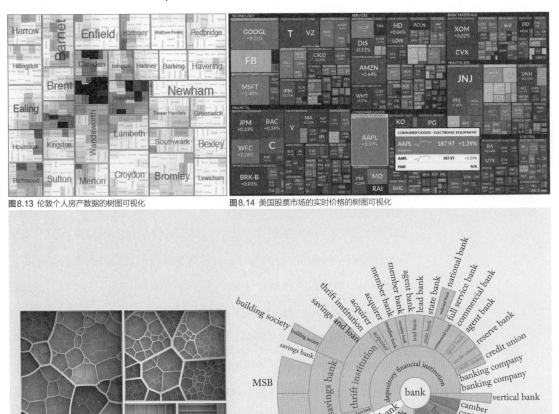

图8.13 伦敦个人房产数据的树图可视化

图8.14 美国股票市场的实时价格的树图可视化

(a) Voronoi树图[1]和规则树图方法(右下)的比较

(b) DocuBurst[7]中用旭日图方法对WordNet词库进行可视化的结果

图8.15 Voronoi树图和旭日图方法对比

规模数据的可视探索，但在层次结构表达上不如结点链接图，尤其在需要对比不同父结点的子结点层次关系时，容易造成数据解读障碍。另外，由于使用矩形的嵌套结构，树图对深度大的层次结构（如多于四五层的树）可视化效果不佳，容易使用户失去对层次之间关系的理解。

3. Voronoi树图

Voronoi树图采用凸多边形代替矩形，同时解决了圆填充图中的空间利用率不足和经典树图算法的长宽比两个问题。如图8.15（a）所示将Voronoi树图和上文提到的几种树图方法进行比较，可以看出Voronoi树图由于不存在长宽比而显得更加美观。尽管Voronoi树图使用轮廓线的粗细表达层次结构，用户仍然能判断任意一块多边形所处的层次深度。

其他的空间嵌套填充布局算法有扇环填充的旭日图算法，如图8.15（b）所示。但是空间嵌套填充法只能在一定程度上比较兄弟结点在父结点中所占的比重大小，对于比重比较接近的兄弟结点还是不能准确地判断两个结点的面积大小。

8.2.3　其他方法

将结点链接法表达层次关系的优点和空间嵌套填充法有效利用布局空间的优点结合，可产生一些新的布局方法。例如，冰柱图采用正交布局展现结点之间的层次关系，如图8.16所示。弹性层次图[17]对结点密集的子树采用树图可视化，而层次结构仍然由结点链接图构造，有效解决了结点分布不均衡数据的表达，如图8.17所示。

图8.16 用Flare软件包数据实现的冰柱图

图8.17 结合结点链接法和树图的弹性层次图

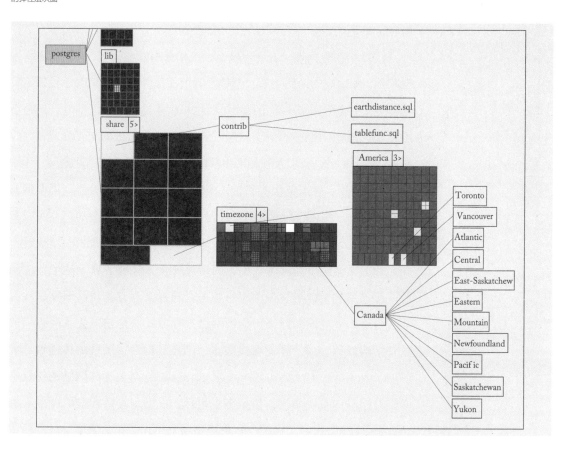

8.3 网络数据可视化

层次结构是网络结构的一种特殊形式。层次数据反映个体之间或语义上的从属关系，网络数据（图结构）则表现更加自由、更加复杂的关系网络，如计算机网络中的路由关系、社交网络里的朋友关系、协作网络中的合作关系。人工神经网络则是一种典型的网络数据结构。此外，非同类的异构个体之间的关系也可表达为网络关系，例如，用户对电影打分而形成的用户–电影关系；从该关系中衍生的有相同兴趣爱好的用户–用户关系；受到相同用户喜欢的电影–电影关系。

主流的网络数据可视化方法按布局策略分为结点链接法、相邻矩阵和混合型三种。

- 结点链接法（node-link diagram）：结点链接法是网络的直观表达，结点表示个体，连接结点的边表示个体之间的关系。常用的结点链接法有力引导（force-directed）布局和多维尺度（MDS）布局，两种布局的目标都是用结点在低维空间的距离表达个体之间的相似性。结点链接法对关系稀疏的网络表达较好。但在处理关系复杂的网络时，边与边形成大量的交叉，会导致严重的视觉混乱。

- 相邻矩阵（adjacency matrix）：相邻矩阵法采用 $N \times N$ 的矩阵表现 N 个个体之间的两两关系，个体之间的相似性用颜色编码。相邻矩阵可解决关系密集网络中采用结点链接法可视表达的边交叉问题，但是不能有效地表达网络拓扑结构，往往需要结合其他有效的交互方式，因此在表达关系的传递性以及挖掘网络社区的效率上不如结点链接法。

- 混合型：结点链接法和相邻矩阵法具有明显的互补性。混合型兼取两家之长，针对数据子集的特性对关系密集型采用相邻矩阵而关系稀疏型采用结点链接法，辅以有效的交互方式，可实现更好的可视化布局。

对于规模较小的网络数据，网络可视化方法能清晰表达个体之间的链接关系和个体的属性。用户则可以通过交互方式观察识别这些特征。而对于大规模的网络，分析网络数据的核心是挖掘关系网络中的重要结构性质，如个体的聚类关系、结点相似性、关系的传递性、社区（community）、网络的中心性（centrality）等。比如网络的结点中心性是网络的重要属性，包括多个指标：以度为衡量标准的度中心性（degree centrality）；以结点在最短路径上出现的次数为衡量标准的中介中心性（betweenness centrality）；以结点到所有其他结点距离和的倒数为衡量标准的接近中心性（closeness centrality）；衡量结点在图中影响力的特征向量中心性（eigenvector centrality）。结点中心性广泛应用于社交网络分析、路由网络分析。

8.3.1　结点链接法可视化

网络的结点链接法采用结点表达数据个体，链接（边）表达个体间的关系，易被用户理解和接受。由于关系数据的结点通常不存在物理空间中特定位置信息（空间坐标），可视化中的结点布局是一个重要课题。通常网络数据可视化是把结点和边在二维空间（平面）中布局，来满足分析需求。核心问题是如何通过结点和边的颜色和几何属性（形状、宽度、曲率等），以及它们的相互位置来帮助使用者理解它们所代表的数据，例如结点的大小可以表示上文所述的中心性。在大多数应用中，结点的布局需要用来表达个体的相似性（也就是关系亲疏程度），结点在二维空间上的距离应尽量体现结点之间的相似性。

1. 力引导布局

力引导布局的核心思想是采用弹簧模型模拟多个结点的动态布局过程，使得最终布局中结点之间相互不遮挡，比较美观，同时能够反映数据点之间的亲疏关系和网络的重要拓扑属性。图8.18所示为力引导布局对一个社交网络可视化的效果，用户可以清楚识别出网络中的核心人物（Ben, Jeff, Chris, Fernando和Alan），他们有各自的小团体（社区），小团体之间通过他们而互相关联起来。因此力引导布局能直观得出网络中的重要拓扑属性，如中心性（这里体现了度中心性和中介中心性）和社区属性。

下面介绍常用的结点布局实现方法。

力引导布局算法来自于质点弹簧法。一个有多个质点和连接它们的弹簧的物理系统，从初始的状态释放，经过弹簧力的综合相互作用，最终达到一个平衡状态。从物理上讲，这个状态由质点的质量和各个弹簧的刚度、阻尼系数和自然长度等因素来决定。应用在可视化网络中，这种算法以结点为质点，链接为弹簧，经过多次迭代后达到整个布局的动态平衡。网络数据的属性可以用来设置质点和弹簧属性，从而达到需要的布局结果。随后，"力引导"的概念被提出，引入质点之间的静电力，

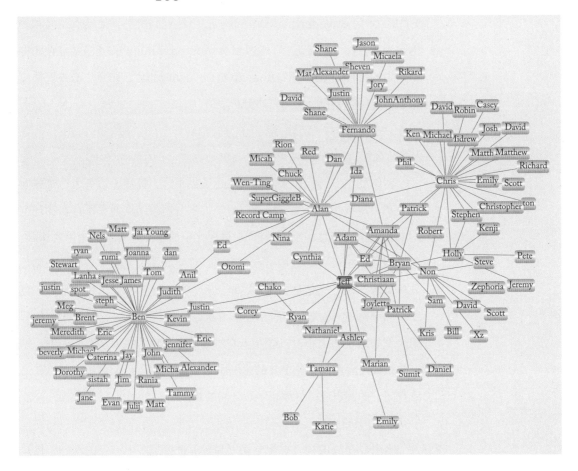

图8.18 力引导布局算法示例

弹簧模型被更一般化的能量模型替代，通过最小化系统的总能量达到优化布局的目的，最终演化成现在的力引导布局，或力导向布局算法。

对于平面上两个质点 i 和 j，用 $d(i,j)$ 表示两个点的欧氏距离，$s(i,j)$ 表示弹簧的自然长度，k 是弹力系数，r 表示两点之间的静电力常数，w 是两点之间的权重。在可视化中这些参数可以根据网络数据设置。例如对相似的结点可以设置较短的自然长度，从而使它们之间的弹簧力把它们拉近。这样的作用力需要在所有结点和边之间达到平衡。两种基本的模型优化函数（能量函数）可以表达为：

弹簧模型
$$E_S = \sum_{i=1}^{n}\sum_{j=1}^{n}\frac{1}{2}k\big(d(i,j)-s(i,j)\big)^2$$

能量模型
$$E = E_S + \sum_{i=1}^{n}\sum_{j=1}^{n}\frac{rw_iw_j}{d(i,j)^2}$$

力引导布局的算法本质是数值计算中的能量优化问题，不同力引导布局算法的优化函数的选择各不相同。给定初始条件，经过反复迭代可达到整个模型的能量最小化。整个算法的时间复杂度是$O(n^3)$，迭代次数与步长有关，一般认为是$O(n)$，每次迭代都要两两计算点之间的力和能量，复杂度是$O(n^2)$。为了避免达到动态平衡后的反复震荡，也可以在迭代后期将步长调整为一个较小值。初始位置可以任意选择，但是初始位置决定了弹簧模型的初始形态，会对最终布局产生较大的影响。合适的初始位置可以大大减少迭代次数，不合适的布局则可能使计算速度变慢，甚至出现不满意的结果。

力引导布局易于理解、容易实现，可以用于大多数网络数据集，而且实现的效果具有较好的对称性和局部聚合性，比较美观。该算法交互性较好，用户可以通过界面观察到整个布局逐渐趋于动态平衡的过程，对布局结果更容易接受。因此很多可视化工具都实现了力引导布局算法，用户只需定义点、边和权重，就能快速获得力引导布局，如Tulip、Prefuse和Gephi。力引导布局法的缺点是常常只能达到局部优化，无法达到全局优化，且初始位置对最后结果的影响较大。另外，$O(n^3)$的复杂度使得这种算法对大规模网络数据的可视化速度下降，需要进行改进。该算法的众多改进主要集中在效率的优化，优化思路大致分为减少迭代次数和降低每次迭代的时间复杂度两种。例如，可以利用Barnes-Hut四叉树分解大大降低计算任意两个点之间静电力的复杂度，将$O(n^2)$的迭代时间复杂度降低到$O(n \log(n))$，是目前主流的力引导布局实现方法。在实践中也可以通过借助GPU硬件进行并行化的加速以提升效率。

MOOC微视频：
力引导布局演示

2. 多维尺度布局

力引导布局方法中的力作用于网络的连接边上，这种局部优化使得在局部区域内点与点之间的距离能够较忠实地表达内部关系，但却难以保持局部与局部之间的关系。而多维尺度（MDS）布局则弥补力引导布局的局限性。它将结点数据看成高维空间的点，采用降维方法将其嵌入低维空间，力求保持数据之间的相对位置不变。相对于力引导方法，多维尺度方法考虑到了所有点之间的作用，本质上追求全局最优，即保持整体的偏离最小，这使得MDS的输出结果更符合原始数据的特性。

MDS（multidimensional scaling）并不是只针对网络布局的算法，它是一种常见的高维到低维的数据降维方法。设$V=\{1, 2, 3, \cdots, n\}$是高维空间的n个数据点，矩阵$D \in R^{n \times n}$是数据点两两之间相异性相邻矩阵，

即矩阵 D 中的每个 d_{ij} 表达了第 i，j 两个点之间的相异性（i，$j \in V$），坐标矩阵 $X = [x_1, x_2, x_3, \cdots, x_n]^T \in R^{n \times d}$ 表示在低维空间（如二维空间）点的坐标（$x_1, x_2, x_3, \cdots, x_n \in R^d$）。对于所有点 i，j 都有：$\|x_i - x_j\| \approx d_{ij}$。

求解上述问题有两种方法：古典尺度分析方法和基于距离的尺度分析。

（1）古典尺度分析法基于矩阵近似和基本欧式几何理论，计算伪内积空间与内积空间中点的相异性。这种借助内积空间的迂回的求解方法增加了计算的空间复杂度和时间复杂度，对于数据规模的扩展有一定的局限性。而且求解过程有时会导致退化解，使输入不再对输出产生影响。

（2）基于距离的尺度分析方法，其思想是使两点的距离尽量等价地表达它们的相异性，也就是求解一个优化问题，使高维距离和相异性差的误差函数 stress 最小：

$$\text{Stress}(X) = \sum_{i,j} w_{ij} \left(d_{ij} - \|x_i - x_j\| \right)^2$$

相异性相邻矩阵是个维度为 $N \times N$ 的对称矩阵，即 $d_{ij} = d_{ji}$；矩阵元素表达的是相异性，因此对角线的值为 0。

尺度分析方法在实际应用中产生一个问题：对于距离比较远的点所产生的误差在优化过程中占主导，结果使点的布局保持全局的轮廓，却丢失了细节。为了提升距离近的点对的权值，降低距离远的点对的权值，使它们在优化函数中占同样重要的作用，用 w 加权点对的误差：$w_{ij} = d_{ij}^q$，实际应用中一般 $q = -2$，使距离近的点对权值升高。不难发现，q 的值越小，距离近的点越能被保持，也就是说越能保持图的细节特征，从图 8.19 可以看出两种尺度方法的效果对比以及 q 值对图可视化结果的细节保持产生的影响。

由于布局质量好，具有较好的可扩展性，MDS 方法常用于处理结点和关系多的数据，可以参考 Java 语言的 MDS 库 MDSJ。

古典尺度分析法因其时间复杂度和空间复杂度较大而不能处理大数据图。Pivot-MDS 法用基于采样的方法获得近似古典尺度分析的效果，不但能降低算法复杂度，还能通过调整采样频率渐进式地细化布局的效果。

3. 其他结点链接布局

针对不同的数据特性，出于不同的分析目的，可采用不保持结点相

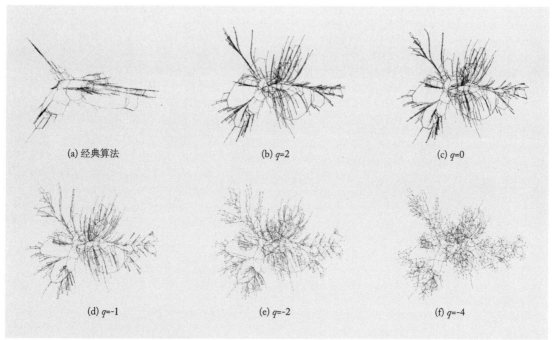

(a) 经典算法　　　　　　　(b) $q=2$　　　　　　　(c) $q=0$

(d) $q=-1$　　　　　　　(e) $q=-2$　　　　　　　(f) $q=-4$

图8.19 MDS的两种实现算法以及q值对图产生的影响

图8.20 用弧长链接图表达的
HTML链接跳转图，从图中可以
看出该网站的哪些网页点击率比
较高，高点击率的网页可以从哪
些网页跳转以及可以跳转到哪些
网页

似性的结点链接布局。例如，具有内在层次结构的网络数据可视化可以扩展层次数据结点链接布局，形成回路图；采用弧长链接图表达具有时间顺序或线性顺序

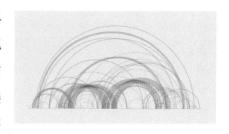

的网络数据，其中圆弧表达不相邻时间的数据之间的关系[15]，如图8.20所示；以正交布局表达具有地理位置信息的道路交通；采用基于属性的布局（或基于语义的布局）表达有多个属性的数据点之间的网络关系，如PivotGraph方法按数据的两个类别属性维度聚合，表达数据相对于这两个类别属性的分布，如图8.21所示。

　　财新网可视化数据新闻《周永康的人与财》（如图8.22所示）基于新闻调查数据搜集和处理与周永康相关的人和事。从报道技巧上说，它不是对报道对象的抽样分析，而且"全样本"分析，清晰地展现了所要调查事件的"轮廓"，增强了新闻报道的背景深度。

8.3.2　相邻矩阵可视化

　　相邻矩阵法（adjacency matrix）采用大小为$N \times N$的相邻矩阵表达N个结点之间的两两关系。图 8.23采用交易相邻矩阵表达城市之间的网

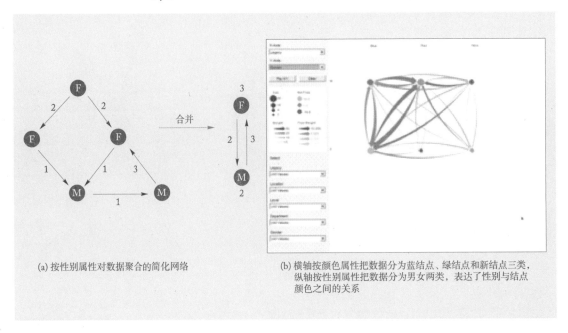

(a) 按性别属性对数据聚合的简化网络

(b) 横轴按颜色属性把数据分为蓝结点、绿结点和新结点三类，纵轴按性别属性把数据分为男女两类，表达了性别与结点颜色之间的关系

图8.21 PivotGraph 按属性类别对数据聚合

上交易物流关系。矩阵行列均按结点顺序排列，位置 (i, j) 表达第 i 个结点和第 j 个结点之间的关系，位置 (i, i) 是第 i 个结点本身，可以记为 0 或标记其他属性（如结点的重要性），图8.23中表达为同城交易情况。无向网络位置 (i, j) 和位置 (j, i) 的值相等，矩阵对称；有向网络不对称，图8.23中的收货–发货物流关系是一个有向网络。无权重网络只需要表达关系是否存在，是一个 1 与 0 的二元矩阵；带权重的网络用矩阵内

图8.22 刻画人事关系的可视化效果图

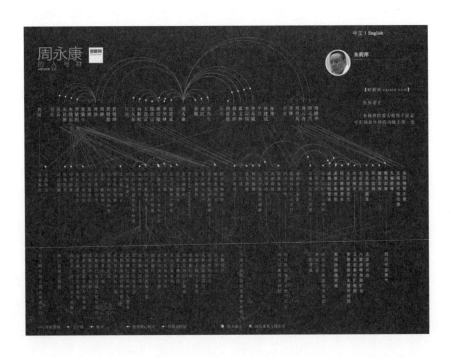

的值表达城际交易与物流的发达程度。

　　相比结点链接法，相邻矩阵能够如实记录任意两结点之间的相互关系，不会引起可视元素的交叉重叠，但网络拓扑结构欠清晰。因此相邻矩阵布局的核心问题是如何揭示网络的拓扑性质（如社区和路径）。常用的算法包括排序和路径搜索两类。

　　相邻矩阵法排序的目标是将关系紧密的结点聚集，在矩阵中形成数据块（block），从而呈现网络中的聚类信息。图8.24所示为一个好的结点排序结果的矩阵。结点排序问题也称为序列化问题，在矩阵结点序列的 $n!$ 种排列中找到使代价函数最小的排列方式称为最小化线性

图8.23 城市交易相邻矩阵示例，横向-纵向表示收货-发货的关系，饱和度越低颜色越白，表示交易值越小，饱和度越高颜色越深，表示交易值越大

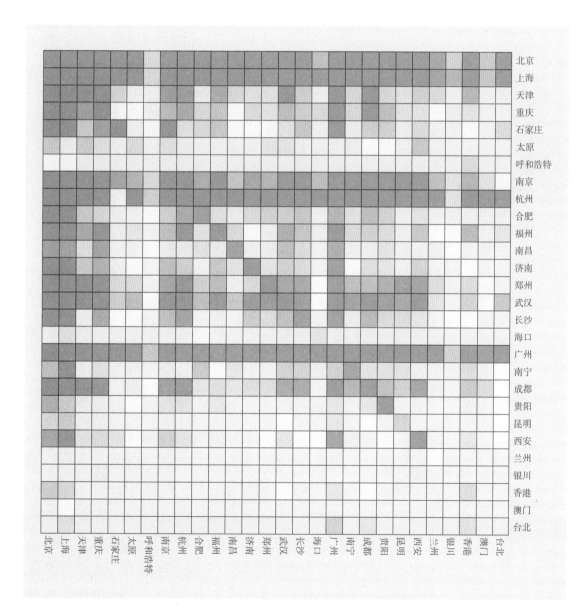

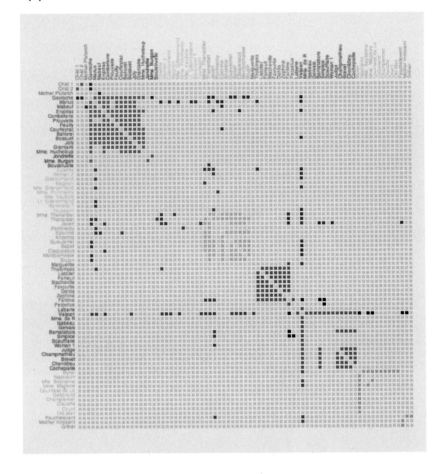

图8.24 一个好的结点排序结果
的矩阵

排列，是一个NP问题。现有的相邻矩阵排序算法有基于图论的算法、
基于稀疏矩阵的算法以及谱分解算法三种。基于图论的算法按点的度
（degree）进行排序，或指定一个根结点运用树的遍历算法（宽度优先、
深度优先等）；基于稀疏矩阵的算法应用稀疏矩阵计算的技巧减少计算开
销，但是算法依赖图的稀疏性；谱分解算法利用图的拉普拉斯矩阵的谱
性质求解，计算稳定，但开销较大。

　　实际应用中的网络关系往往是稀疏的。对稀疏矩阵排序，将非零元
素尽可能排到主对角线附近，使得矩阵中的有效值尽量聚集，形成主对
角占优，可减少矩阵计算的开销，并展示网络结构中的规律，增强可视
化结果的可读性。针对稀疏矩阵的排序算法主要有高维嵌入方法和最近
邻旅行商问题估计方法（nearest-neighbor TSP approximation）。

　　路径搜索算法解决关系传递性的可视表达问题，相邻矩阵的路径可
视化表达两个结点之间的最短路径。在相邻矩阵上表达两个点的路径，
需要综合路径布局和路径交叉等问题。Quilts是一类相邻矩阵的压缩可

视化方法，如图8.25所示。这类方法将稀疏矩阵按一定规则分块显示，块和块之间的结点关系采用特殊编码表示。另一种方法用折线段连成路径表达结点间的间接关系：给定两个结点，用最短路径算法得到间接关系的传递过程结点，用折线段连接过程结点得到路径，如图8.26所示。此外，采用曲线、带边框直线、曲线表达交叉部分等手段可纠正边的交叉导致的视觉误导。

良好的用户交互可提高相邻矩阵布局的体验。例如，用户可通过选择、高亮等交互操作提升相邻矩阵的表达力，也可应用"聚焦＋上下文"的方法放大用户感兴趣的部分数据块，或者采用交互的聚类和排序操作完成网络结构的深层次探索。

8.3.3　混合型可视化方法

相邻矩阵法可很好地表达一个两两关联的网络数据（即完全图），而结点链接图不可避免地会造成许多边的交叉，造成视觉混乱。相反，在

图8.25《哈利波特》中的家庭关系（局部），字母F表示一个由父母（在字母F之上的黑色点）和子女（在字母F之下的黑色点）组成的家庭[3]

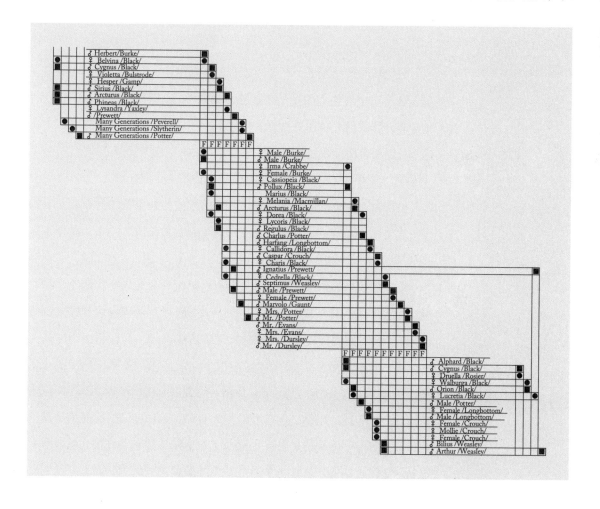

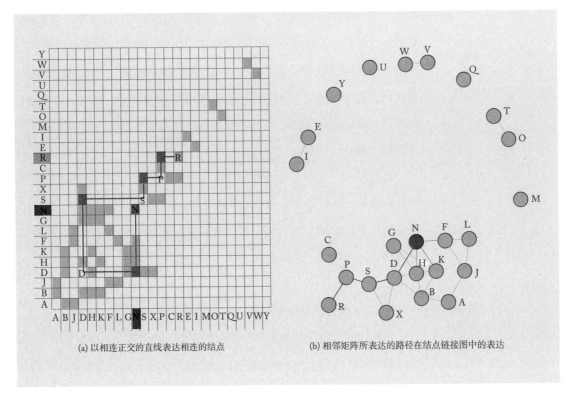

(a) 以相连正交的直线表达相连的结点　　　　(b) 相邻矩阵所表达的路径在结点链接图中的表达

图8.26 相邻矩阵路径的可视化[13]

边的数量较小的情况下，相邻矩阵难以呈现网络的拓扑结构，也不能直观表达网络中心性和关系的传递性，结点链接图则能很好地做到这点。对于部分稀疏部分稠密的数据，单独采用任何一种布局都不能很好地表达，可以混合两种布局设计。

混合布局的使用和设计必须仔细思考以下两个问题。

● 是否一种布局已经足以表达数据的模式？如果增加的布局并不能表达重要的更丰富的信息特征，与原有可视化效果重叠，那么混合布局并不是一个好的选择。

● 多种布局如何混合成一种布局？根据可视化布局组合研究，除并列式组合外还有载入式、嵌套式、主从式、结合式等四种组合模式，巧妙应用布局的组合模式才能达到扬长避短的目的。

MatrixExplorer和NodeTrix是混合布局的两种类似思路。MatrixExplorer方法（如图8.27所示）用并列式视图同步显示相邻矩阵和结点链接布局，以结点链接布局作为对照。这种方法的明显不足在于结点链接布局整体看起来很乱。NodeTrix方法采用结合式模式组合两个布局，如图8.28所示。该方法首先对网络数据进行聚类，同类结点之间

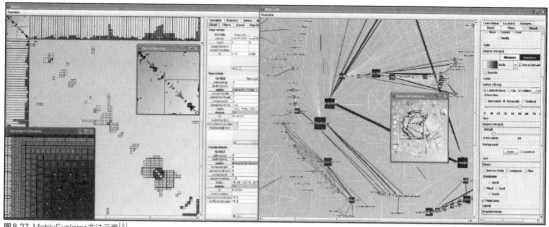

图8.27 MatrixExplorer方法示意[9]

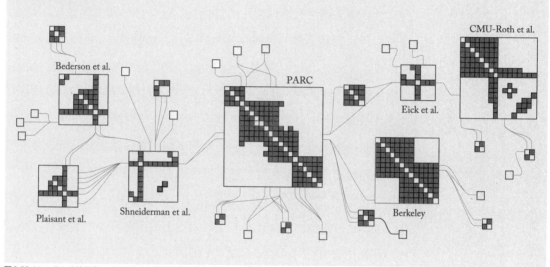

图8.28 NodeTrix方法示意，呈现了信息可视化学术圈学者的合作关系[10]

关系紧密，而不同类结点之间关系相对疏远，形成部分稀疏部分稠密的数据块。类内部关系用相邻矩阵表达，跨类关系用结点链接布局表达。NodeTrix还支持类的分裂和聚合，选择Noack的Linlog布局（一个能量模型的结点链接布局算法，可快速将不同的类区分开）作为初始布局，在交互上支持类的拖拽、合并和拆分。

8.4 图的交互与简化

针对海量和动态的图数据，交互和简化是两个主要的可视化解决方法。

278

8.4.1 动态网络数据的可视化

动态网络数据指会随时间变化的网络数据，包括网络中结点的增减、链接的增减、结点/链接权重的变化三种。由于动态数据不断更新，布局只能采用适用于动态可视化的方法，并且需要考虑未知的新数据给原来的可视化带来的潜在影响。

用户对可视化产生的视觉感知和认知会在脑中停留，称为"意象图（mental map）"。在数据更新后重新载入新的数据重新布局（即刷新可视化布局）会导致视觉连续性的缺失，不仅没有利用用户对上一帧可视化的记忆，反而会使新布局与意象图产生冲突，降低了读图效率。因此，设计动态网络数据可视化的目标是尽量保持帧间连续性与一致性。图8.29所示为动态图的可视化技术分类：动画技术（animation）和时间轴技术（time line）。在每一类下面，又可以分出详细的小类。其中，动画技术是一种直观的可视化技术，它主要通过结点链接法表示。因此，这类技术考虑的主要问题是，如何为每一个时间点的图去选择一个好的布局。而根据选择布局时考虑的特性的不同，布局算法又可以分为通用性算法和特殊算法。通用性算法可以处理所有类型的动态图数据。这类算法要考虑的一个核心问题是如何使其与思维导图（mental map）保持一致。也就是说，如何使得每个时间点上的图都有一个美观且容易理解的可视化布局，同时相邻时间点上的图布局又尽可能相似以方便用户追踪点的移动。而特殊算法往往针对特殊的数据，用来满足一些特殊的要求。比如某一类图数据，其中结点之间不仅有相互联系，结点本身还存在一个层级关系，即这些结点属于同一类，这类图数据称为组合图（compound graph）。在动态组合图的可视化中，一个重要需求是保证同一类的结点始终在一起，并且当时间切换时，同一类结点形成的闭包的位置需要大致保持不变，如图8.29所示。

动态网络数据可视化的典型案例是动态力引导布局，即以原来布局的平衡位置作为结点的初始位置，在力引导布局中对结点或关系做增减、

图8.29 动态图可视化的分类[2]

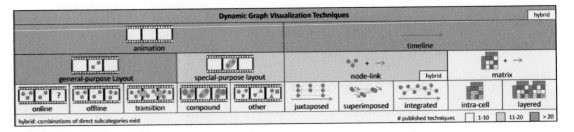

权重改变的操作，布局的系统平衡被打破，结点位置重新开始迭代，最后达到一个新的平衡。实现方法与前述的力引导布局方法相同。这个过程并不会产生结点位置的突变，较好地保持了布局的连续性和一致性。另外，设计人员还可以加入一些动画效果辅助动态网络数据可视化的更新，使帧之间的转换更加平滑。

8.4.2　图可视化的视觉效果

网络数据规模的扩大给传统图布局方法带来巨大挑战，结点和链接不得不挤在同一狭小空间内，造成视觉混杂，一方面增加了绘制的压力，另一方面也阻碍了用户对真实数据的认知。现有方法大致可以分为三种基本思路：① 根据信息可视化的信息分级原则，对大规模图进行拓扑简化；② 在尽量不减少原图信息量（包括边和结点的数目）的前提下，对图进行基于骨架的聚类；③ 不侧重在图结构本身的可视化，而是针对图挖掘算法的结果，可视化图中的社区、聚类等重要模式。三种思路的目的都是为了应对大规模图对有限可视化空间的挑战，降低网络数据可视化的视觉混杂度，挖掘和展示数据背后隐藏的信息。

1. 图的拓扑简化

图的拓扑简化也分为结点简化和链接简化两种。

● 结点简化方法采用社区子群聚类等方法将一类结点聚合，同时也减少边的个数。图8.30是对自然科学领域1 431种社会科学杂志的文章之间的217 287个相互引用关系网络的简化结果。所有1 431个结点被分割聚合为54个模块，每个模块结点是一个聚类，而模块的大小则对应聚类中原来结点的数目。此外，可以采用核密度估计（KDE）和聚合的方法同时对点和边进行聚合简化。前文提到的基于属性的PivotGraph也是一种对结点和边进行图的拓扑简化方法。

● 边简化方法以一定标准对连通网络构造最小生成树，即包含所有顶点的不含回路的连通子图。简化标准根据实际情况可以是边的总长度最短或边长度差异最小，或是其他。产生最小生成树的算法有很多，常用的有反向删除算法和Prim算法。图8.31通过最小生成树的简化来可视化人类大脑网络结构数据。

图的拓扑简化方法遵循两个思路：在前端的数据处理阶段减少图的复杂程度；在绘制阶段从图像层面合并像素点。两个方法均导致较抽象

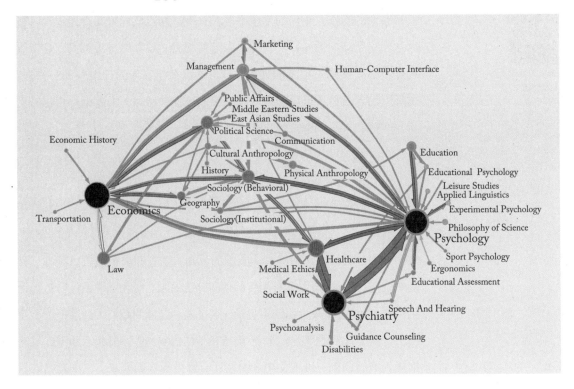

图8.30 自然科学领域的1 431
种杂志互相引用的聚类可视化

的可视化效果。值得指出的是，图的拓扑简化不可避免地会造成信息的
丢失：在获得更高层次数据抽象结果的同时，丢失细节信息。

2. 图的边绑定

边绑定是近年来提出的一种既保持图的信息量又提高图的可识别
度的方法。边绑定是一类可视化压缩算法，主要针对结点链接图中关系
过多造成的边互相交错、重叠、难以看清等问题。边绑定不减少边和结
点总数，将图上互相靠近的边捆绑成束，从而达到去繁就简的效果。图
8.32所示为使用边绑定技术对一个软件中各模块之间调用关系图进行处
理的结果。边的颜色代表方向，绿色表示调用模块，红色表示被调用模

图8.31 通过最小生成树的简化
来可视化人类大脑网络结构数据

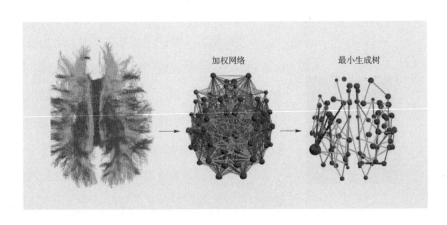

块。随着绑定系数加大，相似形状的连线构成线束，使视觉复杂度大大降低，结点间的连接关系也趋于清楚明了。

现有方法的一个共同特征是按照一定标准（方向、力、骨架等），选择在该标准下"相似"的边对其绑定，最终形成图的骨架结构。通过边绑定算法，可在不丢失点和边数目的前提下，展示图的基本结构和边的大致走向，挖掘和展示

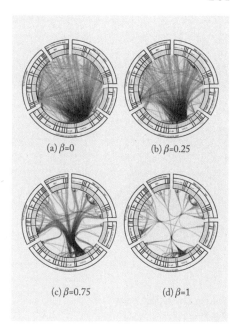

(a) $\beta=0$　　(b) $\beta=0.25$

(c) $\beta=0.75$　　(d) $\beta=1$

图8.32 层次化边绑定技术中绑定系数对绑定效果的影响（β 为绑定系数）

隐藏于图中的价值信息。尽管边绑定不丢失结点和边的数目信息，对边的走向扭曲却非常大，可能会影响对数据表示的准确性，也有人因此对这种方法产生质疑。

3. 针对图挖掘的方法

相邻矩阵法和结点链接法都不容易处理具有大量结点的网络数据。这根源于人类视觉智能的有限性和有限的可视化空间。在这种情况下，对大规模数据的可视化的重心不再是对结点和连接的图形化展示，而应该侧重于对数据中的重要结构和模式的显示。可视化的方案应当和聚类等数据挖掘和图挖掘的算法相结合，主要目标是交互式地帮助用户分析这些算法的发现。图8.33所示为一种对大规模网络的可视化方法——PIWI系统[12]，图中的网络数据共有1 200个结点和7 042条边，每一个结点具有唯一的标签。使用结点链接法不能有效展示图中的模式和内容。PIWI系统的设计人员使用图挖掘算法中的社区检测算法发现图中的社区。可视化设计着重在显示这些社区和社区间的关系，用户可以交互地研究社区的具体内容。图8.33展现了PIWI的界面，其中每一个社区使用不同颜色表现，每一个社区的关键词展示了社区的内容。右侧的可视化使用方格图显示本社区结点的邻居结点在其他社区中的分布情况，其中D1是一阶邻居结点，D2是二阶邻居结点。用户可以交互地学习每一个社区的内容，并在不同社区中跳转。

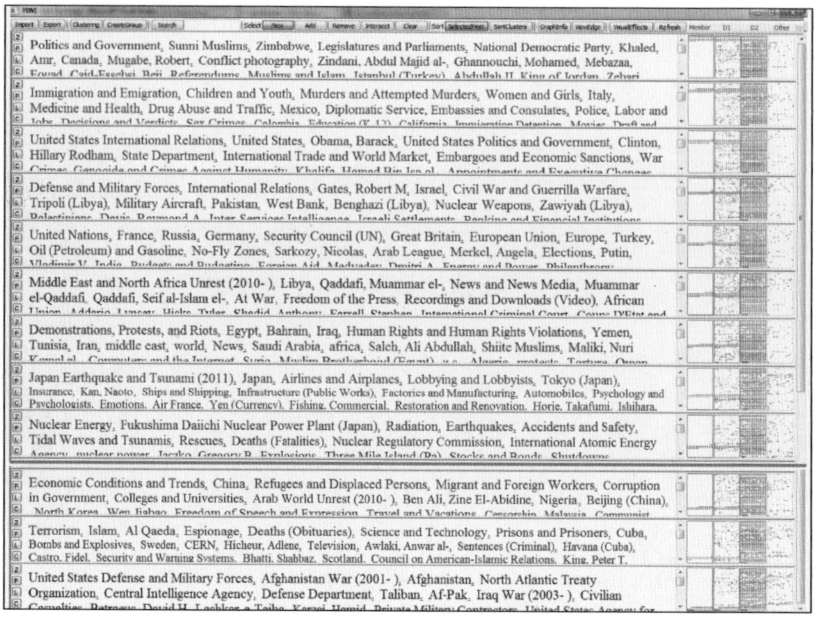

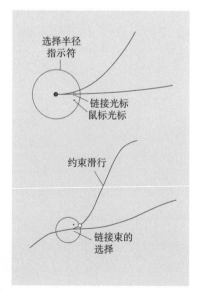

图8.33 PIWI系统对大规模网络的可视化

8.4.3　图可视化中的交互

图可视化方法需要提供良好的交互方法，从而提取用户感兴趣的数据，克服大规模图的视觉混杂问题。本小节介绍几种常见的交互方法：基于视点的交互、基于图元的交互、基于图结构的交互以及基于图的属性的交互。

1. 基于视点的交互

基于视点的交互指用交互手段来预测和帮助用户在图中切换视点。视点交互中比较常规的方法包括界面的平移、缩放、旋转等操作，而近年来，随着人眼和体感跟踪技术的发展，还出现了一些跟踪人眼和身体移动轨迹的硬件支持的交互。

Link Sliding和Bring & Go技术是代表性的交互操作：Link Sliding操作适用于寻找较长的边的两个端点，从一个点出发，模拟鼠标跟踪，沿着边滑动就可以到达另一个点，而不用担心在途中"迷路"。图8.34是Link Sliding技术的示意图。假设用户希望从当前关注的起始结点（绿色）移动

图8.34 使用Link Sliding技从一个结点滑向另一个结点

到其领域的另一个结点，将所有与起始结点相连的边进行绑定，并且侦测和感知用户鼠标在绑定后边上的微小位移，自动滑动关注焦点（图中红色小圆圈）。当滑动到路径的分岔口时，弹出方向性选项供用户选择，直到最终抵达目标结点。

与Link Sliding技术类似，Bring & Go交互操作的目的也是帮助用户将关注焦点从一个结点转移到它相邻结点。当用户点击一个结点，所有与之相邻的点会在该点周围形成若干个同心圆，使得用户不用浏览整个图而轻松实现焦点跳转。

2. 基于图元的交互

基于图元的交互是指对一个可视化映射元素的交互，如结点的选择、高亮、删除、移动、下钻（获取子结点结构）与上卷（隐藏子结点结构）。其中，结点的上卷与下钻在大规模网络结点链接图中应用广泛，结点的上卷可以降低整个布局的视觉复杂度，使布局更加美观；结点的下钻配合视点的交互可以使用户的注意力聚焦到感兴趣的局部数据。但对大规模的网络数据，图元将密集分布，此时选择操作难以指明对象，图元交互可能会带来不确定性，因此需要采用面向图结构的交互模式。

3. 基于图结构的交互

基于图结构的交互是针对由图元组成的图结构的交互手段，它源于"焦点＋上下文"思想。在图结构交互里，最著名的方法是鱼眼技术及其变种。"鱼眼"这个词来源于摄影中的极端广角镜头技术，它使用一种焦距极短并且视角接近于180°的镜头。图8.35所示为运用鱼眼技术对一个网络图进行交互探索的可视化结果。随着图中鼠标（代表用户关注

图8.35 鱼眼镜头和基于鱼眼技术的图的交互

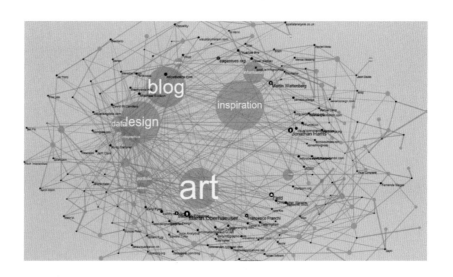

焦点）的移动，位于其周围的结点按照距离中心的位移成比例地放大，从而帮助用户看清在局部区域内结点的连接关系。值得注意的是，鱼眼将导致数据可视化的结果产生变形，此时，结点大小不反映数据权重，而是用户对数据的关注度，图8.36中离鼠标越近的结点越大。但是基于几何的鱼眼技术在缩放的时候会忽视图的结构从而带来畸变，图8.36展示了两类透镜：可以维持一个子结构的聚类透镜；可以聚焦到一个用户指定的路径上的路径透镜[14]。

图8.37所示为一种对大规模网络数据的子结构交互浏览与探索方法[6]。用户可以在全图中选取一个子结构，或者在绘画面板中绘制一个子结构进行搜索，系统会推荐全图中相似的子结构。

4. 基于图的属性的交互

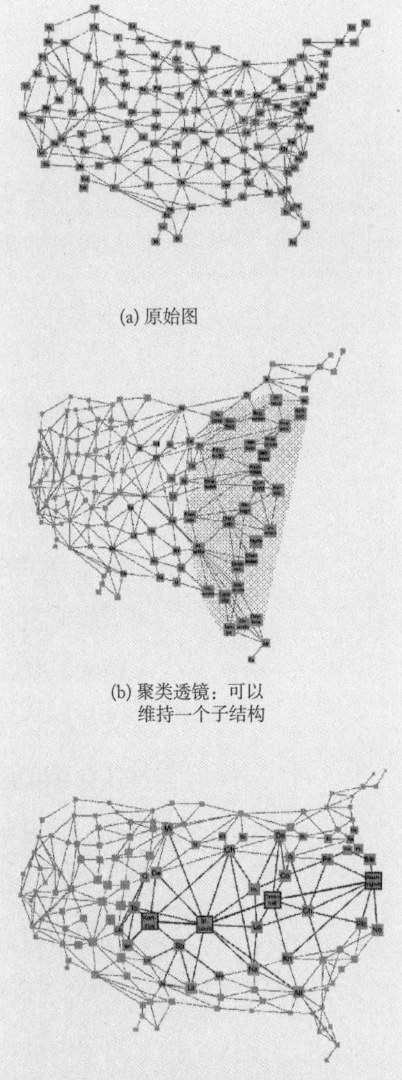

基于图的属性的交互是指通过图中的结点和链接的属性来交互地选择、过滤和动态变化图的可视化元素。现实应用中人们通过专业知识和应用特点来选择这些属性的不同数值，从而减少图可视化的目标，实现清晰和具体的网络可视化结果。同时，也可以帮助人们理解图的结构和变化方式。图8.38所示为用户交互选择时间属性的图可视化结果。从左到右，用户选择更小的时间范围来过滤出需要研究的图结构。

(a) 原始图

(b) 聚类透镜：可以
维持一个子结构

(c) 路径透镜：可以聚焦到
一个用户指定的路径上

图8.36 透镜

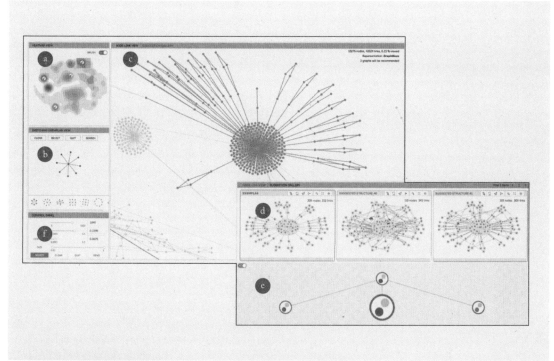

图8.37 一种对大规模网络数据的可视化探索方法

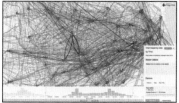

图8.38 通过交互选择网络的时间属性实现可视化复杂网络

习题八

1. 对于层次结构可视化，解释结点链接图和树图的优缺点，并举例说明。

2. 通过自学找到人工神经网络的可视化应用。思考本文介绍的几种网络可视化方案，在这项应用中会各自有什么优点和缺点。

3. 用缩进法和径向布局法为美国NBA季后赛设计赛程的可视化，对比两者的区别和优劣。

4. 深入理解空间嵌套填充法，用树图可视化方法可视化系统盘的一个文件夹中的所有文件。

5. 用相邻矩阵布局可视化任意一个社交网络。

6. 换用结点链接法可视化第3题的社交网络，对比两者的区别和优劣。

7. 实现力引导布局的算法，在数据中加入不同模式的子图（例如完全联通图、星状图等），观察不同模式的子图在力引导布局下的状态。

参考文献

［1］ BALZER M, DEUSSEN O. Voronoi Treemaps［C］// Proceedings of IEEE Symposium on Information Visualization 2005. Washington D C: IEEE Computer Society Press, 2005:49-56.

［2］ BECK F, BURCH M, DIEHL S, et al. The state of the art in visualizing dynamic graphs［J］. EuroVis STAR, 2014, 2: 1-21.

［3］ BEZERIANOS A, DRAGICEVIC P, FEKETE J D,et al. GeneaQuilts: A system for exploring large genealogies ［J］. IEEE Transactions on Visualization and Computer Graphics, 2010, 16（6）:1073-1081.

［4］ BORG I, GROENEN PJ F. Modern Multidimensional Scaling, Theory and Applications［M］. 2nd edition. Heidelberg: Springer, 2005.

［5］ BRANDES U, PICH C. An Experimental Study on Distance-Based Graph Drawing［C］// International Symposium on Graph Drawing 2009. Heidelberg: Springer, 2009:218-229.

［6］ CHEN W, GUO F, HAN D, et al. Structure-Based Suggestive Exploration: A New Approach for Effective Exploration of Large Networks［J］. IEEE transactions on visualization and computer graphics, 2018.

［7］ CHRISTOPHER C, SHEELAGH C, GERALD P. DocuBurst: Visualizing Document Content using Language Structure［J］. Computer Graphics Forum, 2009, 28（3）:1039-1046.

［8］ GEORGE G R, JOCK D M, STUART K C. Cone Trees: Animated 3D Visualizations of Hierarchical Information［C］// Proceedings of SIGCHI Conference on Human Factors in Computing Systems: Reaching through Technology1991. New York City: ACM Press, 1991:189-194.

［9］ HENRY N, FEKETE J D. MatrixExplorer: a Dual-Representation System to Explore Social Networks ［J］. IEEE Transactions on Visualization and Computer Graphics, 2006, 12（5）:677-684.

［10］ HENRY N, FEKETE J D, MCGUFFIN M J. NodeTrix: A Hybrid Visualization of Social Networks［J］.IEEE

Transactions on Visualization and Computer Graphics, 2007,13（6）: 1302-1309.

[11] HOLTEN D. Hierarchical Edge Bundles: Visualization of Adjacency Relations in Hierarchical Data [J] . IEEE Transactions on Visualization and Computer Graphics, 2006, 12（5）:741-748.

[12] YANG J, LIU Y, LAN R, et al. PIWI: Interactively Exploring Large Graphs [J] . IEEE Transactions on Visualization and Computer Graphics, 2013, 19（6）: 1034-1047.

[13] SHEN Z, MA K L. Path Visualization for Adjacency Matrices [C] // Proceedings of Eurographics/IEEE-VGTC Symposium on Visualization 2007.Washington DC: IEEE Computer Society Press, 2007: 83-90.

[14] WANG Y, WANG Y, ZHANG H, et al. Structure-aware Fisheye Views for Efficient Large Graph Exploration [J] . IEEE transactions on visualization and computer graphics, 2018.

[15] WATTENBERG M. Visual exploration of multivariate graphs. [C] // Proceedings of the SIGCHI conference on Human Factors in Computing Systems. New York city: ACM press, 2006: 811-819.

[16] XIA M, WANG J, HE Y. BrainNet Viewer: a network visualization tool for human brain connectomics [J] . PloS one, 2013, 8（7）: e68910.

[17] ZHAO S, MCGUFFIN M J, CHIGNELL M H. Elastic Hierarchies: Combining Treemaps and Node-Link Diagrams [C] //Proceedings of IEEE Symposium on Information Visualization 2005. Washington D C: IEEE Computer Society Press, 2005:8-15.

第9章 跨媒体数据可视化

9

媒体是人与人之间进行信息交流的中介，是信息的载体。媒体有多种形式，包括文本、图像、视频、音频等。在信息时代，通过多种传播媒体获取和理解信息已经成为信息传播的发展潮流，因此，"多媒体"与"跨媒体"的概念应运而生。多媒体是指组合两种或两种以上媒体的一种人机交互式信息交流和传播媒体；跨媒体则强调信息在不同媒体之间的分布和关联。本章主要介绍跨媒体数据中的文本数据、社交网络数据以及日志数据的可视化方法。文本作为人类信息交流的主要载体之一，对其进行可视化能够有效地帮助人们快速理解和获取其中蕴含的信息；近年来，社交网络发展非常迅速，其用户数量呈爆炸式增长，对社交网络进行可视化，将社交网络信息以生动易理解的方式呈现，可以直观地揭示隐藏在社交网络背后的结构模式；日志数据记录了对象随着时间变化的行为特征信息，用可视化的方式呈现日志数据中隐含的信息，可有效帮助用户挖掘日志数据中的信息，理解被记录对象的行为特性。

9.1 文本与文档可视化

9.1.1 文本可视化释义

文本是人类信息交流的主要媒介之一，文本信息在日常生活中无处不在，如新闻、邮件、微博、小说和书籍等。面向海量涌现的电子文档和类文本信息，利用传统的阅读方式解读电子文本已经变得越来越低效。利用可视化和交互生动地展现大量文本信息中隐含的内容和关系，是一种提升理解速度、挖掘潜在语义的有效途径。

文本可视化是信息可视化的主要研究内容之一，它指对文本信息进行分析，抽取其中的特征信息，并将这些信息以易于感知的图形或图像方式展示。文本可视化结合了信息检索、自然语言处理、文本数据挖掘、人机交互、可视化等技术，可谓信息时代沟通的润滑剂。

一千个读者，就有一千个哈姆雷特。对于同一篇文档或同一个文档集，不同的读者对其中信息的理解和需求也各不相同。例如：文章的关键字以及所要表达的主题；一个文档集合中各个文档之间的关系；文章的主题随着时间迁移的演化规律。除了需求的多样性，文本的类别也多种多样：单个文档、由多个文档组成的文档集、具有时间标签的时序文档等。面向这些差异，人们提出了各类文本可视化方法，包括普适性文档可视化方法和针对特定文本类别与分析需求的可视化方法。

9.1.2 文本可视化基本流程

文本可视化基本流程包括三个主要步骤：文本处理、可视化映射和交互操作。整个过程应围绕用户需求进行分析和设计。

- 文本处理

文本处理是文本可视化流程的基础步骤。它的主要任务是根据用户需求对原始文本资源中的特征信息进行分析，例如提取关键词或主题等。对原始文本数据进行处理主要包括三个基本步骤：文本数据预处理、特征抽取以及特征度量。

通常，在对文本数据进行分析之前，需要对原始数据进行预处理，以排除数据中的一些无用或冗余的信息。最常用的方法有分词技术与词干提取等。**分词**（tokenization）指将一段文本划分为多个词项，并去除文本中不表达任何语义信息的停止词（stop word）。停止词在指文本中出现频率较高，但是对确定文本主题几乎没有用处的词，如英文文本中的a、the、that和中文文本中的"的""是"和"得"等。**词干提取**（stemming）指去除单词的词缀，以得到单词最一般写法的过程，如将英文单词复数"apples"还原为单数"apple"，或将动词的不同时态还原，如"running"还原为"run"等。词干提取可以避免同一个单词的不同表示形式对文本分析的影响。中文语言处理也需要经过中文分词，词性标注等过程。

对文档进行分词和词干提取处理后，可得到表示该文档的一组词项，称为词袋（bag of words）。然而，对于大尺度文本，这组词项的维度非常庞大，不仅为后续工作带来巨大的计算开销，还会影响文本分析结果的精确性。因此，必须进一步对文本进行净化处理，抽取可代表整个文档的特征信息。这些处理是自然语言理解中的基本方法，可以通过使用公开的语言处理软件来完成这些操作。比如Stanford CoreNLP软件包括了英语、法语、德语、西班牙语以及汉语的语言处理功能。本章第9.1.3节将阐述特征向量的抽取和表示方法。

- 可视化映射

可视化映射指以合适的视觉编码和视觉布局方式呈现文本特征。其中，视觉编码指采用合适的视觉通道和可视化图符表征文本特征；视觉布局指承载文本特征信息的各图元在平面上的分布和呈现方式。本章第9.1.4、9.1.5、9.1.6和9.1.7节重点介绍单文档、多文档、时序文档和类文档的可视化方法。

● 交互

对同一个可视化结果，不同用户感兴趣的部分可能各不相同，而交互操作提供了在可视化视图中浏览和探索感兴趣部分的手段。本书第10章将详细阐述可视化中的交互方法。

9.1.3　文本处理简介

1. 向量空间模型

向量空间模型（vector space model, VSM）是自然语言文本最常用的形式化表示模型。它的主要思路是将一个文档转换为一组高维空间的特征向量，由该组特征向量构成文档的特征向量空间。利用特征向量，可对文本进行计算和度量，如文档相似性计算、文档的分类与聚类等。下面介绍向量空间模型的两个基本概念：特征项与特征项权重。

● 特征项

特征项是文本中可抽取的最小的度量单元，如字、词、词组或短语等，每篇文档都可以由若干个特征项所形成的一组特征向量表示。这些特征项通常使用9.1.2小节中讲述的分词与词干提取技术来获取。

● 特征项权重

特征项权重指某特征项在文档中所占的权重。同一个特征项对不同文档的重要性不尽相同。例如，"科比"（著名篮球巨星）这个词在篮球类的体育新闻文本中出现频数较高，而在足球类的体育新闻文本中出现频数较低，这也从侧面反映了不同的文档所侧重的主题不一样。因此，特征项对于文档的权重可有效地刻画文档的主题结构。一种简单直观的方法是将每个特征项在文档中出现的频数作为该特征项在文档中的权重：频数越大该特征项对于该文档的重要性越高，因而也越能代表该篇文档，反之亦然。这样得到的由一组特征项以及特征项在文本中出现的频数所组成的向量称为该文本的词频向量。词频向量是最简单也是最常用的刻画文档的特征向量。

下面以著名印度诗人泰戈尔的诗篇 *The furthest distance in the world* 作为示例讲述词频向量的计算：

The furthest distance in the world

Is not between life and death

But when I stand in front of you

Yet you don't know that

I love you

The furthest distance in the world

Is not when I stand in front of you

Yet you can't see my love

But when undoubtedly knowing the love from both

Yet cannot

Be together

The furthest distance in the world

Is not being apart while being in love

But when plainly cannot resist the yearning

Yet pretending

You have never been in my heart

The furthest distance in the world

Is not but using one's indifferent heart

To dig an uncrossable river

For the one who loves you

上述一段文本中共有115个单词，经过分词与词干提取后，得到可以表述该段文本的一组词频向量，如表9.1所示是该词频向量的一部分。

不难看出，词频向量存在一个明显的问题：文本长度越长，某个单词出现的频数可能越大。因此，仅使用词频向量进行文档间的比较或相似性计算不能反映实际情况。为排除文本长度对于文本主题表达

表9.1 词频向量示例

单词	far	distance	I	you	heart	world	love
频数	4	4	3	7	2	4	5

的影响，可根据文本的长度对单词出现的频数进行归一化，即用单词出现的频数除以文本的总单词数得到该单词在该文本中的频率，即单文本词频（term frequency,TF）。例如，一篇文本中共有1000个单词，而"iphone"和"application"两个词分别出现了20次和30次，则"iphone"和"application"的词汇频率分别为0.02和0.03。

在一个由多个文档组成的文本集合中，某个单词的权重计算不仅仅和单词在单个文本中的频率有关，也和其在整个文本集合中的分布有关。以"iphone"和"application"两个单词为例。若一篇文档出现了"iphone"，则该文档极有可能与苹果公司或智能手机等主题相关。若一篇文档中出现了"application"，则无从得知该篇文档是否与移动手机应用、计算机终端应用或Web应用相关。这是因为"application"比较通用，在许多领域的文本中都会出现，而"iphone"的针对性较强，一般只出现在与苹果公司和智能手机领域相关的文本中。这也表明，不同的词对文本的区分能力不同。因此，在计算特征词的权重时，应将该特征词对文本的区分能力考虑在内，即如果一个词在整个文本集合或语料库中出现的频率较高，那么该词对于单个文本的区分能力不高，应该具有较低的权值，反之亦然。这就引出了"逆文本频率（inverse document frequency, IDF）"的概念：如果一个文档集合中共有D篇文档，而单词w在其中的D_w篇文档中出现过，那么单词w的IDF值为$\log(D/D_w)$。

结合上述的TF（单文本词频）与IDF（逆文本频率）的定义，即可获得TF-IDF权重度量：TF-IDF（w）=TF（w）$\times \log\left(\dfrac{D}{D_w}\right)$。其中，w是某一个单词，TF（w）是词w在某个单文本中的词频，而D_w是出现了词w的文本数，D是总文本数。

TF-IDF在文本搜索、分类和其他相关领域应用广泛，被公认为信息检索领域最重要的发明之一。TF-DIF值反映了一个词在文档中的相对重要性，这也符合人们对词的重要性的直观认识：一个词在越少的文档中出现（越低的DF值），而在单个文档中出现的越多（越高的TF值），则表明这个词的相对重要性越高，可区分文本能力越强。

向量空间模型是文本数据挖掘的一个基础课题。基于向量空间模型，采用不同的测度可有效解决不同的文本分析问题，如自动识别与特定主题或内容相关的文本。本质上，文档相似性和查询都可通过采用特定的测度计算文档特征向量之间的相似性来解决。

向量空间模型还可帮助用户从不同层次快速理解整个文档集合的主题或主要内容，包括文本的特定模式或结构、文档的主题或主题在整个文档集合中的分布等。这通常需要将文本中的结构、主题或文档中的关联进行视觉编码，并呈现在二维空间。本节后续内容将从单文本内容、多文本关系、时序型文本以及特殊文本四个方面来阐述一些文本可视化中的经典案例和应用。

2. 文本的主题模型

在人工智能化的文本处理中，主题模型（topic modeling）是一种有效的机器学习方法，可以有效地发现文本集（collection of documents）中的一组抽象"主题"。主题挖掘的基本方法是利用概率模型来推理出文本中的隐含语义结构，在信息提取、自然语言理解和机器学习中都有广泛的应用。例如，对于一组科学论文，通过主题挖掘可以发现它们大约可以被归类于"物理""数学"和"计算科学"等不同的主题。重要的是，主题模型是概率模型，对于一篇论文，它有90%的可能性属于计算科学，也有10%的可能性属于数学。文本可视化的一个重要任务是对于文本集的主题进行有效地展示和交互。主题模型有多种不同的实现方法，这里简单介绍一种常用的主题模型——LDA（latent dirichlet allocation）模型。

LDA是一种非监督机器学习技术，是由Blei教授在2003年提出的[2]，现在已经成为文本分析中的一种重要方法。在前面介绍了对于一个文档可以利用关键词特征向量来描述。在LDA中，假设整个文本集一共有K个主题和M个文档，每个主题也可以看作是由一组关键词组成的特征向量（φ）来描述。这里的特征向量是基于概率分布的描述：如果整个文本集的词汇表是V，则φ是由V中每一个关键词（w）取一个概率值来组成的。同时，文本集中每一个文档（d）可以认为是由关于K个主题的一个概率分布（θ）来描述的，即一个文档可能是由多个主题按照不同的概率结合生成的。从统计理论出发，θ和φ分别是一个带有超参数α和β的Dirichlet分布（Dirichlet distribution）。则我们可以认为每一个文档是由如下的过程生成的：对于d中的每一个单词w，从该文档所对应的主题多项分布θ中抽取一个主题z，然后再从主题z所对应的多项分布φ中抽取一个单词w。将这个过程重复N次，就产生了文档d，所

以 N 是 d 的单词总数。图9.1表示了这个生成过程（generative process）。图中的阴影圆圈表示可观测变量（observed variable），非阴影圆圈表示隐含变量（latent variable），箭

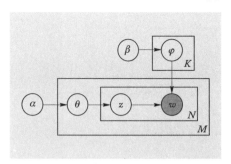

图 9.1 LDA 主题模型的表示

头表示变量间的依赖性（conditional dependency）。LDA方法通过统计推理（statistical inference）的方法，从观测到的结果，即文本集中的文档，推理出 θ 和 φ，也就是主题和文档的组成向量。常用的方法是机器学习中常用的最大期望方法和Gibbs抽样法。需要注意的是主题数量 K 需要提前指定。所以成为LDA算法在实践中经常需要设计和改变的变量。图9.2是一个使用LDA从17 000篇著名期刊Science的论文中挖掘100个主题的例子[3]。其中的四个主题分别是遗传学、进化、疾病和计算机。每一个主题的15个主要关键词显示了这些主题的主要内容。

文本可视化的内容主要是单一文本或多文本中的关键词、主题，以及它们之间的各种关系。以下介绍文本可视化的基本方法。

9.1.4 单文本内容可视化

1. 标签云

标签云（tag cloud）[19]，又称为文本云（text cloud）或单词云（word cloud），是最直观、最常见的对文本关键字进行可视化的方法。如图9.3所示是使用免费标签云生成服务对泰戈尔的"The furthest

图 9.2 使用LDA发现17 000篇著名期刊Science的100个主题

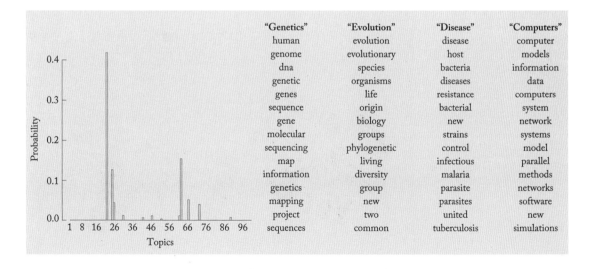

图9.3 使用标签云可视化"The furthest distance in the world"全文的结果　　　图9.4 Wordle可视化"The furthest distance in the world"

MOOC微视频：
标签云和
Wordle的例子

distance in the world"内容进行可视化的结果。标签云一般使用字体的大小与颜色对关键词的重要性进行编码。越重要（权重越大）的关键词的字体越大，颜色也越显著。关键词的权重通常使用前述的特征项权重方法计算。

除了字体大小与颜色，关键词的布局也是标签云可视化方法中的一个非常重要的编码维度。在图9.3所示的标签云可视化中，关键词简单地按照行进行排布，关键词出现的先后顺序与该词在原始文本中出现的顺序相关。Wordle[20]改进了标签云方法的布局，它允许自定义可视化的视图空间，如正方形、圆形或者其他不规则图形，将关键词紧密地布局在视图空间，如图9.4所示。图9.5所示为另一个Wordle实例。

2. 单词树

单词树（word tree）[21]不仅能可视化关键词，还能可视化文档中的语句上下文信息。其中，树的根结点是用户自选定的感兴趣的单词或短语，而树的各个分支则是与根结点处的单词或短语有上下文关系的

图 9.5 采用不同的关键词布局方式的Wordle可视化

图9.6 单词树可视化"The furthest distance in the world"内容

MOOC微视频：
单词树及其变种

词组、短语或句子。字体大小反映每个词项或短语在文本中出现的频率（也可以使用不同的权重）。图9.6显示了"The furthest distance in the world"内容的单词树可视化结果。

3. Novel Views

Novel Views方法使用简单的图形将小说中的主要人物在小说中的分布情况进行可视化。如图9.7所示为小说《悲惨世界》中的主要人物在各个章节的出现情况，由于篇幅限制，图中只展示了完整小说的一部分。在纵轴上，每个小说人物按照首次出现的顺序从上至下排列；横轴上首先分成几个大块，每个大块表示整套书中的一卷，每一卷中用灰色的线段表示每一本书，并且更进一步用小矩形表示每个章节。矩形的高度编码了相应的任务在该章节中出现的次数，出现次数越多，高度越高；矩形的颜色用以编码该章节的感情色彩：消极（例如频繁出现"怨恨""愤怒""死亡"等词汇）；积极（例如频繁出现"幸福""爱""笑"等词汇）。从图9.7中可以看出整部小说的基调是消极的。

图9.7 Novel Views方法对小说《悲惨世界》的人物出现频率可视化，图片的外文为人物名称

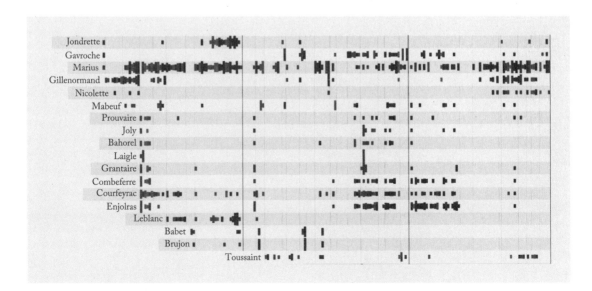

9.1.5 多文档可视化

多个文档构成的文档集合蕴含的文本内容丰富，关系复杂，多文档可视化可帮助理解不同主题在文档集合中的分布、多文档之间的关系等隐藏的信息。本小节列举了星系视图、主题山地和新闻地图三个多文档可视化的例子，其中星系视图和主题山地分别用了星系图和地形图的隐喻来刻画文档之间的关系，而新闻地图则是基于树图的布局对新闻文档进行分类并表达它们的相对重要性。

1. 星系视图和主题山地

MOOC 微视频：
星系视图

星系视图（galaxy view）[24]将文档集合中的文档按照主题相似性进行布局。这些主题可以通过前述的 LDA 或其他主题挖掘方法得到。这种视图采用了宇宙星系的可视隐喻：单个文档是宇宙星系中的星星，其在视图中的位置按照某种相似性计算规则投影到二维平面中，主题越相似的文本距离越相近，反之亦然。其中，主题相似的文档（星星）在布局上聚拢成一个密集的星簇，每个星簇代表一类主题，星簇越密集表明属于该类主题的文档数量越多。

主题山地（themescapes）方法可看作是星系视图的改进。方法使用了抽象的三维山地景观视图隐喻文档集合中各个文档主题的分布，其中高度与颜色用来编码主题相似的文档的密度。如图 9.8 所示，每个文档被映射成视图中的点，点在视图中的距离与其所代表的文档主题之间的相似性成正比，主题越相似，则距离越近，反之亦然。点分布越密集

图 9.8 主题山地可视化

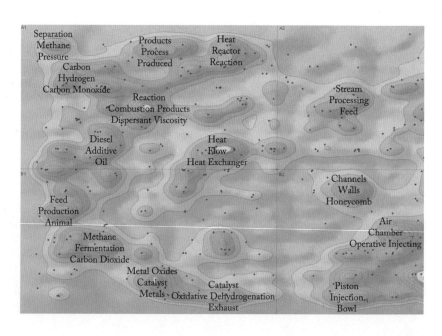

表明属于该类主题的文档数量越多，其高度越高，颜色也越偏向红色。此外，主题山地可视化方法也加入了一般地形图中的等高线概念，将文档密度相同的主题用等高线进行划分和标记，方便用户比较文档集合中各个主题数量的多少。

2. 新闻地图

新闻地图（newsmap）使用了树图的布局方式将新闻文本进行归类与可视化。如图9.9所示，每个矩形代表一类主题，矩形的大小表示与该主题相关的新闻报道的数量。颜色用于编码主题的类别，如国际新闻、国内新闻、商业、科技等，而颜色的亮度则用于编码该主题出现的时间，亮度越高表明该主题出现的时间越近。新闻地图方法以层次结构整合了大量的新闻文本，并对其中的主题进行抽取和归类。在如今信息泛滥的时代，该方法为用户提供了一种高效获取热点新闻的方法。

3. 主题可视化

对主题的可视化通常使用多变量可视化的方法来显示文本在多个主题中的分布。同时，主题的内容和文档的内容可以用关键词的可视化来表现。交互可视化系统集成了这几种可视化视图，用户可以发现主题、文档和关键词之间的关系。图 9.10所示为一个多文档的主题交互可视化系统LDAExplore[8]的界面。主题使用平行坐标法来显示，每一个坐标对应一个主题，而每一条折线代表一个文档。左下角的树图显示了主题。用户可以交互选择每一个文档或主题，并在另外两个视图中学习它们的关键词内容。

图 9.9 新闻地图示例

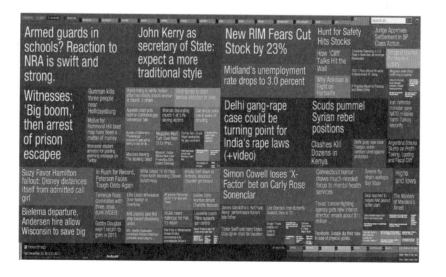

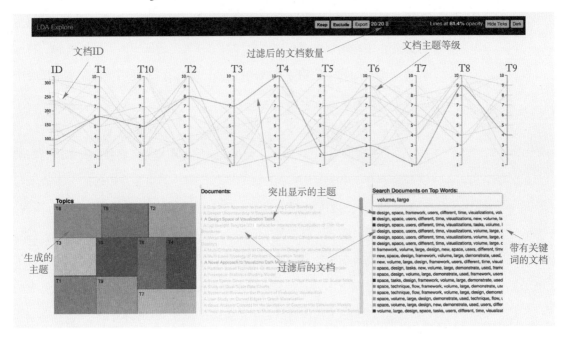

图9.10 多文档的主题交互可视化系统LDAExplore

图9.11所示使用主题镜（TopicLens）可视化一个文档集[9]。此方法首先使用主题发掘发现主题，然后通过散点图来可视化数据集。其中每一个点代表一个文档。用户交互式地移动长方形的主题镜，主题镜中的部分文档重新使用不同的参数进行主题挖掘，从而分析不同主题的内容和特点。这个系统显示了可视化技术在数据挖掘和机器学习中的应用。

9.1.6　时序型文本可视化

时序型文本通常指具有内在顺序的文档集合，例如一段时间内的新闻报道、一套丛书等。由于时间轴是时序型文本的重要属性，需重点考虑时间轴的表示与文本可视化的有机结合。

1. 主题河流

主题河流（themeriver）是可视化时序型文本数据的经典方法[16]。顾名思义，主题河流将主题随着时间的不断变化发展隐喻为河流的不断流动，属于流图（streamgraph）表示的变种。如图9.12所示，每个主题用一条河流状的颜色带表示，横轴作为时间轴，某个时间点上河流的宽度表示与该主题相关的文本数量，数量越多，宽度越大。用户可直观查看每个主题随时间演化的情况，了解整体的主题走势，也可对比某个时

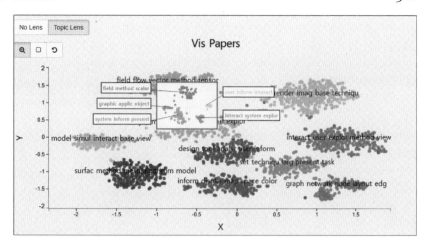

图9.11 使用主题镜技术可视化文本主题

间点上各个主题相关的文本的数量。

　　传统的主题河流方法并不能展示主题的内容如何随时间演化。TIARA[22]解决了这个挑战，TIARA也采用了类似河流的隐喻，每条色带代表一个主题，其不同之处在于，

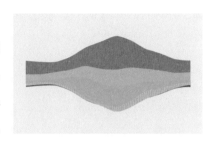

图9.12 主题河流可视化示例

TIARA采用标签云技术展示每个时间点上的关键词，字体越大，表明该时间点上与该关键词出现的频率越高，如图9.13所示。

　　2. 文本流

　　主题河流和TIARA方法都是针对单个主题随着时间的演化进行可视化，然而，在实际应用中，文本的主题往往不是独立演化，在新闻事件中，常常是多个事件或主题相互影响。因此，为了能够展示多个时序型文本的主题之间如何互相影响，人们提出了文本流（textflow）的方法[14]，如图9.14所示。其中，每个河流形状的颜色带表示一个主题，横轴作为时间轴，河流的宽度表示在某个时间点上与该主题相关的文档数量。在此基础上，文本流可视化方法使用了支流来隐喻主题之间的相互融合或分离。河流中的每条曲线表示一个贯穿主题的关键词，当多条附着关键词的曲线以波浪的形式交错时，表示这些关键词同时出现。另外，为了让用户能够了解主题相互融合或者分离的原因，文本流方法利用算法抽取出主题的产生、结束、合并和分离四种关键事件，并用相应的符号进行标记，如图9.14中的a、b、c、d所示，以方便用户进一步探索和分析。

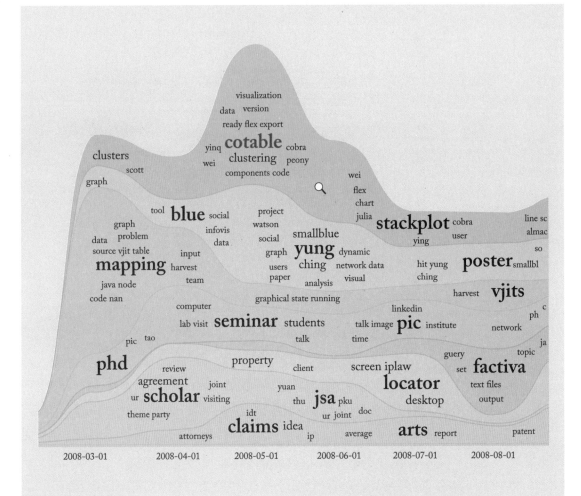

图9.13 TIARA文本可视化结果

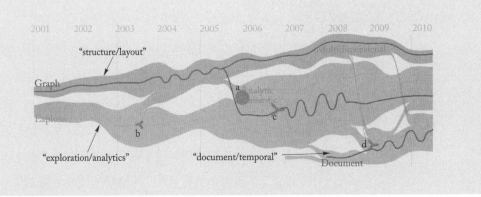

图9.14 文本流可视化结果

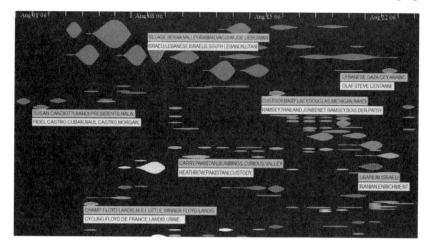

图9.15 事件可视化技术 EventRiver

3. 动态事件流

图9.16 StreamIT系统使用动画 可视化动态文本集

时序文本集的演变包含了事件（event）的发生和消失。这些事件可以认为是动态变化的文本聚类，或动态变化的主题。在机器学习中，很多事件检测技术改进了LDA等方法，考虑了时间维度的作用。图9.15所示的可视化方法是一个事件可视化系统——Event River[10]。Event River 使用事件泡（bubble）表示时间上接近的一组新闻文本，这些新闻具有相同的内容。不同颜色的事件泡表示不同的事件类型。

4. 动画可视化

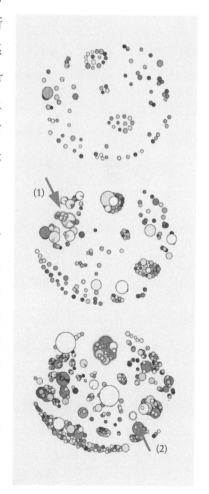

前述几种方法的共同点是使用时间轴来表示文本数据集随时间的变化。另一种可视化方法是使用动画来表示时间演进。可视化界面随着时间演进变化，用户观看这样的动画来研究文本集的变化。交互技术如播放、暂停、回放和鼠标拖动等非常重要，可以帮助用户自主控制，克服变化盲视（change blindness）的副作用。图9.16使用动画来可视化动态文本集[11]，

304

其中每一个圆表示一个文档，它的大小和色彩表示文档的属性和主题分布。从左到右的不同结果显示随着时间变化，更多的文档加入，它们自动地移动到与它们接近的文档，从而显示了这个数据集动态变化的过程。

9.1.7　特殊文本可视化

文本不仅是一种人类用于沟通的信息载体，还广泛应用于科学研究、工程实践的规范性记述和表达，例如软件代码、搜索引擎的检索结果、地图标注等。

1. 文本检索结果可视化

传统的文本查询结果将文本中匹配的词项高亮显示，而文本检索结果的可视化工具TileBar[17]则更进一步地统计了文本与查询词项的匹配信息，如词项在文本中出现的频率、分布情况以及文本的长度等，并用直观的方法对其可视化。在Overview工具中，用户可以在大尺度文献集合中对文本进行检索、标注和阅读，如图9.17所示。该工具首先利用层次聚类方法，基于文档间的相似度，对大规模文档集合进行聚类。再使用树形结构对层次聚类结果进行可视化，用户可以通过输入文本在整个文档中进行检索，检索结果会通过树形结构进行展示，同时，检索结果的关键字也会在界面中进行展示。用户可以在树中自顶向下地对检索结果进行探索，也可以选择或输入相关关键字，对文档进行过滤。所有符合条件的文档会在右方以列表形式进行展示。通过点击文档标题，用户可以阅读文档的详细内容。

图9.17 Overview文本检索分析可视化工具

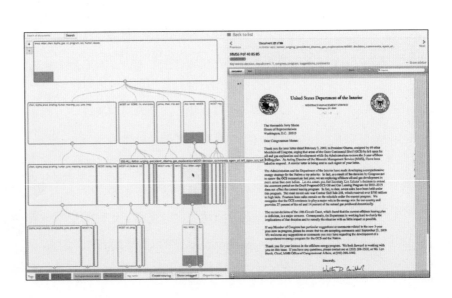

2. 软件可视化

运用可视化技术可提高软件开发的效率，增强软件的可读性。例如，SeeSoft软件将代码的统计信息进行可视化[15]。其中，每一列表示一个代码文件，其高度则反映文件的大小，大文件可跨列表示；一个像素点编码文件中的一行代码，其颜色值编码某个统计信息，如修改时间、修改次数和调用次数等。分辨率为1 000×1 000的视图可展示50 000行代码的统计信息。像素颜色编码了每行代码的被调用次数，由此可看出关键的代码所在。SeeSoft还提供查看代码细节的交互方法，允许用户查看具体某行代码的内容。

9.2　社交网络可视化

社交网络服务指基于互联网的人与人之间相互联系、信息沟通和互动娱乐的运作平台。微信、微博、Facebook、Twitter、豆瓣、Flickr等都是当前普及的社交网站。它们提供不同的服务：可供用户之间进行信息传递，发布自己的状态，上传图片、视频、音乐，转发好友消息，参与某件事的讨论等；或者可供用户记录自己观看过的图书、电影等，给音乐唱片、电影进行评分、评论。基于这些社交网站提供的服务建立起来的虚拟化网络就是社交网络。

社交网络是一个网络型结构，由结点和结点之间的连接组成。这些结点通常指个人或者组织，结点之间的连接关系有朋友关系、亲属关系、关注或转发关系（新浪微博、Twitter）、支持或反对关系（YouTube）、拥有共同的兴趣爱好等。随着社交网站的不断发展，社交网络在人们日常生活中扮演着越来越重要的角色，作为传播、交流和获取信息的平台，它的重要价值日益显现。

伴随着社交网站的快速发展，社交网络的用户数目呈爆炸式增长，用户之间的联系也越来越复杂。人们生活、工作，以及社会活动中的各种数据在这些社交网站上传播和聚集。对这些海量的并且变化的信息进行有效处理成为网络社会一个十分重要的课题。社交网络信息处理已经成为数据库、数据挖掘、机器学习，以至于硬件发展的重要驱动力和侧重点。

显然，仅用简单的数据表格和文字已很难全面有效地展现社交网络，难以满足用户对社交网络进行了解、分析、管理、决策等需求。社交网络可视化是信息可视化的一个重要研究方向，但社交网络的复杂性增加了研究分析的难度。对社交网络进行可视化可以充分地利用人们的视觉通道，将社交网络信息以生动易理解的方式呈现，使专家和普通用户有效地从可视化结果中获得需要的信息。例如，对社交网络的整体结构可视化可以揭示隐藏在社交网络背后的社区（community）结构模式，展示社交网络的潜在结构，帮助专家发现网络中的社区以进行决策或管理；对社交网络中用户交流内容可视化，可以了解社情民意，挖掘网络中有价值的舆论信息。

9.2.1　社交网络可视化的相关概念与原理

社交网络是一种复杂网络，单纯地探究网络中结点、边或计算网络中的统计信息并不能揭示网络的全部内容和潜在信息。社交网络可视化最直观的呈现方式是网络结构，结点链接法可以直观地显示这种结构。例如，图9.18所示为美国一所大学中空手道俱乐部成员之间的社会关系，结点表示俱乐部成员，两个结点之间有一条边代表这两个结点成员经常出现在除俱乐部之外的其他场合。整个网络有34个结点和78条边。可视化技术重要的研究方向是表现社交网络中的隐含模式信息和社群信息。下面介绍几种重要的概念。

● 社区

志趣相似的人容易结聚成群，社交网络中的社区正是这种"群"的体现。社交网络中的社区是由彼此联系紧密的一些结点构成的小群体，

图9.18 空手道俱乐部网络图

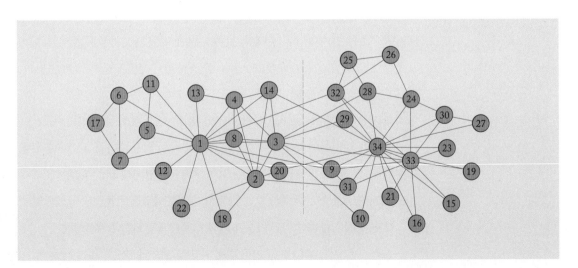

不同的社区之间的联系则相对松散。图9.18中的社交网络可以看成是由蓝线划分开的两个社区组成。社区结构是社交网络研究中的一个重要方面，寻找社交网络中的社区有助于发现网络中个体之间的关系模式。

- 聚类系数

社交网络中，同一个体的朋友彼此之间可能仍是朋友，网络的这种性质被定义为聚类特性，可以用聚类系数衡量。具体而言，聚类系数描述的是社交网络中与一个结点相连的其他结点之间的联系程度。网络中，假如某个结点a与k个结点有连接，这k个结点之间存在e条相连接的边，则结点a的聚类系数可以定量地表示为边数e与这k个结点之间的总边数$k(k-1)/2$的比值，即$2e/(k(k-1))$。

- 小世界网络

在现实生活中，可能会遇到这种情况：与一个陌生人交流后惊奇地发现彼此认识同一个人。小世界网络正是对这种现象的刻画。从图论的角度来说，小世界网络中的结点数量很大，但是任意两个结点之间的平均最短路径却远小于结点数目（平均最短路径为$O(\log\log N)$，N为结点的个数）。1967年，美国哈佛大学社会心理学家米尔格伦通过300多名志愿者转寄信函的实验说明了两个陌生人之间要建立联系，中间平均最多经过5个朋友。这就是著名的"六度分隔"理论。社交网络是现实生活中一类重要的小世界网络。2007年，微软研究人员对2亿多MSN用户的300亿条信息进行研究分析，结果表明MSN用户之间的平均距离是6.6。

在社交网络中，结点的中心性是一个重要的研究内容。一个结点在网络中所处的地位、结点传播信息的影响力、结点对其周围结点信息交流能力的控制力等都可以用该结点的中心性来刻画。下面介绍结点的四个重要性度量。

- 点度中心性

社交网络中个体的行为会影响周围个体的行为，个体与周围的多个个体有联系，说明该个体处在网络的中心地位。结点的点度中心性可以直接用该结点的度衡量。当一个结点的度数较高时，可影响周围更多的结点，具有较高的点度中心性。在图9.18中，结点1和结点34的点度中心性较高，代表这两个个体在网络中处于相对中心的地位。

● 接近中心性

接近中心性衡量个体与其他所有个体之间的接近程度。社交网络中的个体与其他个体越接近,与这些个体进行信息交流就越容易,该结点的接近中心性就越高。一个结点的接近中心性可以用该结点与其他所有结点之间最短路径之和的倒数度量。

● 中介中心性

如果某个体处在多个个体往外连接的必经通道时,则该个体对应的结点具有较强的控制其他个体之间信息交往的能力,其地位相对重要,中介中心性较高。一个结点的中介中心性可以用该结点出现在所有结点对之间最短路径上的次数来度量。一个普通网络图中的割点就具有很高的中介中心性。图9.18中结点3代表的中介中心性较高。

● 特征向量中心性

一个结点的特征向量中心性衡量该结点的影响力。与该结点相连的其他结点的中心性可用于度量该结点的特征向量中心性。例如,与结点 a 相连的结点都具有较高的中心性,与结点 b 相连的结点的中心性都较低,则结点 a 的特征向量中心性比结点 b 高。

9.2.2 基本可视化方法

可视化是人们了解复杂社交网络的结构、动态、语义等方面的重要工具。不同用户期望获得不同的信息,所以可视化结果要能够呈现出社交网络不同方面的内容。社交网络的可视化基本方法主要针对五类不同的数据内容:网络结构、统计数据、网络语义、网络地理信息和时序数据。这些可视化方法并不是相互独立的,可视化系统通常是两种或两种以上方法的结合。为了便于介绍,下面先对这五类方法进行说明,然后介绍一些可视化应用案例。

● 社交网络结构可视化

结构可视化着重于展示社交网络的结构,即体现社交网络中的参与者和他们之间关系的拓扑结构。常用于结构型社交网络可视化的方法是结点链接图:结点表示社交网络的参与者,结点之间的连接表示两个参与者之间的某种联系,如亲属关系、微博的转发关注关系、共同的兴趣爱好等。通过对结点和边的合理布局,结点链接图可以反映一个社交网络中的聚类、社区、潜在模式等。图9.19所示为运用Nexus软件对

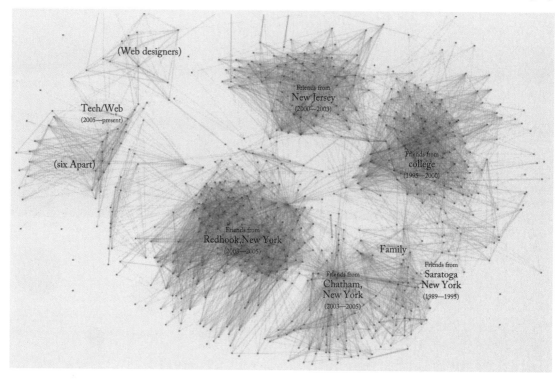

图9.19 Nexus 对 Facebook 中
某一用户及其朋友的社交网络可
视化

Facebook中某一用户的社交网络可视化结果，可以清晰地发现该用户的若干个不同的朋友社交圈。

● 社交网络统计数据可视化

社交网络某些特性统计变量的分布（如结点的度数、中心性、聚类系数）可用柱状图、折线图、饼图等基本统计图表进行可视化。图9.20所示为基于Twitter数据的美国人在社交网络中行为的一些统计信息图表。图9.20（a）表明48%的博客在美国发表，说明美国人比其他地区人士更倾向于通过博客表达自己。图9.20（b）表明美国人在Facebook上平均拥有的229个朋友中，9%为大学同学，22%为高中同学，说明了

图9.20 美国人在社交网络中行
为统计图表

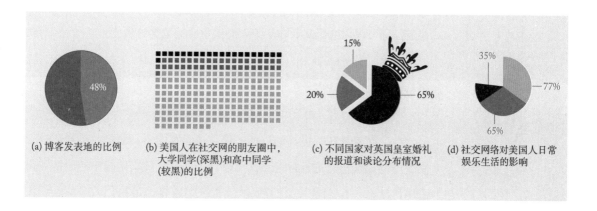

(a) 博客发表地的比例　　(b) 美国人在社交网的朋友圈中，大学同学(深黑)和高中同学(较黑)的比例　　(c) 不同国家对英国皇室婚礼的报道和谈论分布情况　　(d) 社交网络对美国人日常娱乐生活的影响

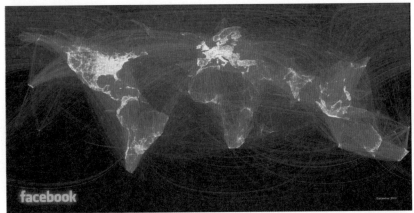

图9.21 社交网络Facebook全球用户之间的好友关系，两地之间存在的好友关系从少到多分别用从黑色到蓝色再到白色的不同颜色来表示

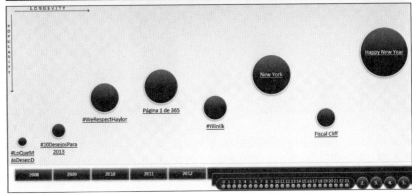

图9.22 某段时间内Twitter上内容的可视化

美国人的怀旧情结较强。图9.20（c）统计了对英国皇室婚礼的报道和谈论分布情况，可看出65%内容来自于美国，而英国仅为20%，可见美国人对皇室婚礼更有兴趣。图9.20（d）说明了社交网络对美国人日常娱乐生活的影响：77%的人会在社交网络上谈论和分享喜爱的节目。

● 社交网络地理信息可视化

社交网络是虚拟的网络结构。然而，其中的参与者和各种信息可以具有地理信息。例如参与者的位置和关于不同地理目标的描述评论。这些信息是现代社会科学和社会管理中一个新的数据来源。社交网络中的地理信息可视化给研究者和从业者提供重要的数据分析能力。图 9.21 在地图上可视化Facebook用户的地理分布和他们的好友关系，把社交网络信息和地理信息结合在了一起。

● 社交网络语义可视化

社交网络是现实世界的反映，蕴含着丰富的语义信息。对复杂社交网络中的语义信息进行可视化，可以有效地发现社交网络中的舆情和突发事件等。图9.22是一段时间内Twitter上内容的可视化。图中点的大

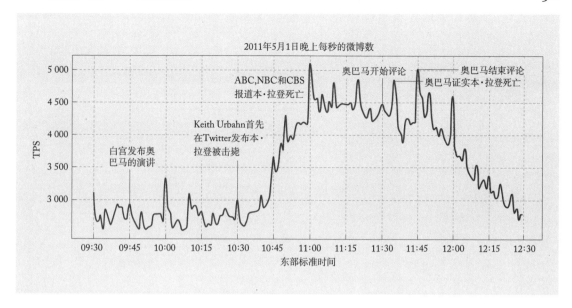

图9.23 本·拉登的死亡消息在
Twitter上的传播图

小表示话题的热门程度，x轴表示时间。选择不同的时间段时，整个视图中表示的话题圆点或消失或出现，展现了热门话题随时间的兴衰和变化。

● 社交网络时序数据可视化

社交网络中用户的行为具有时间戳，将时间信息作为属性融入社交网络的可视化可反映社交网络的动态变化情况。图9.23所示为本·拉登的死亡消息在Twitter上的传播折线图。美国东部时间2011年5月1日晚上9:30到12:30之间，关于本·拉登死亡的微博以平均每秒3 000条的速度在快速传播。在10:25分的时候，Keith Urbahn首先在Twitter发布了本·拉登被击毙的可靠消息，10分钟后这一消息便在Twitter上迅速传播。当奥巴马总统发表演说确认本·拉登死亡时，关于这一消息的Twitter数量再次达到顶峰，而后其数目又急速地下降。

9.2.3 案例分析

作为展示、传播、交流信息的平台，微博是一个典型的社交网络。每个人不仅是信息的分享者，也是信息的接受者。微博的内容广泛，涉及人们日常生活的各个方面，包括人际关系、娱乐八卦和社情民意等。微博数据类型多样，包括文本、图像、视频、音频和日志记录等。下面介绍微博可视化实例。

● 基于关键词的可视化

微博中的核心内容以文本形式存在，对文本信息进行挖掘可以了解

(a) 整体效果   (b) 局部放大效果

图9.24 微博上"感谢乔布斯"内容的可视化

微博中蕴含的语义。Miguel Rios对Steve Jobs去世4个半小时内Twitter上关于"thank you Steve"的内容进行了可视化。图9.24（a）是这个可视化结果的整体效果图，图9.24（b）是其中某一部分放大的效果。在图9.24（a）中，按照从左到右、从上到下的顺序将相关的微博根据其转发次数进行排列，采用标准的排布方式，巧妙地将Steve的肖像嵌入整个视图中，可视化结果生动形象，用户很直观地意识到这一可视化结果与Steve有关。对局部视图进行放大，还可以观察到每条微博的具体内容。

● 基于位置信息的可视化

基于微博参与者位置信息的可视化对分析不同地区差异、交通梳理等有重要价值。传统的城市地图一般只会将城市的设计进行可视化，包括该城市的地理结构等，而如果在城市中各个地理位置发出的Twitter进行可视化将得到非常有趣的结果。图9.25所示案例正是将在该城市的各个位置所发出的Twitter进行累加，得到该城市的Twitter分布情况，灰度越深表示在该地点发布的Twitter数量越多。从图中的可视化结果可以了解到人们在城市中实际移动与生活的地方。

图9.25 将Twitter数据与地理位置结合的可视化结果

● 动态演化可视化

图9.26所示的案例来自于"A World of Tweets"，该可视化作品利用Twitter的API实时抓取Twitter信

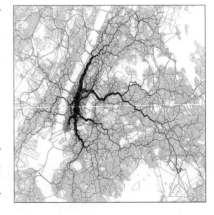

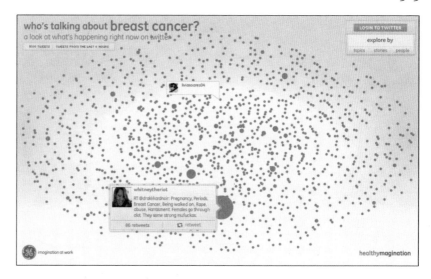

图9.26 微博动态演化可视化

息，并使用动态效果将每一条微博投影在相应的地理位置上，通过每个地理坐标上所发出微博数量的积累，最终形成图中所示的热力图。这个案例是一个动态的可视化作品，每当在某个地方发出一条微博，地图上相应的地理位置上便动态呈现一个如雨滴状的图案，表示一条新微博的产生。

图9.27 D-Map: 对社交媒体上的信息传播的可视分析

图9.27所示的案例是D-Map可视化系统[5]。该可视化系统通过地图隐喻支持对典型社交媒体上的信息传播和传播过程的探索和分析。在D-Map中，根据用户之间的相似度和转发消息的时间，所有的用户都被映射在六边形网格中。根据展现的细节层次的不同，六边形网格中一个六边形既可以代表一个用户，也可以代表一组用户。具有相同颜色的六边形所组成的同色区域代表社交媒体中的一个社区。通过

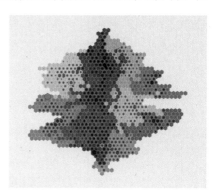

交互，分析师可以对社交媒体中的信息传播模式进行分析。

图9.28所示的案例是E-Map可视化系统[6]。该可视化系统使用类似地图的可视化工具来帮助人们对社交媒体上的重要事件进行多方面的分析，并帮助人们深入了解事件的发展。E-Map首先对社交媒体数据中的关键字、消息和转发行为进行提取，再将这些数据转换为地图特征。消息的传播被转化为地图中的岛屿和大陆；消息的关键字被转化为城市；带有关键字的消息被转化为围绕城市的小镇；消息的转发则被转化为河

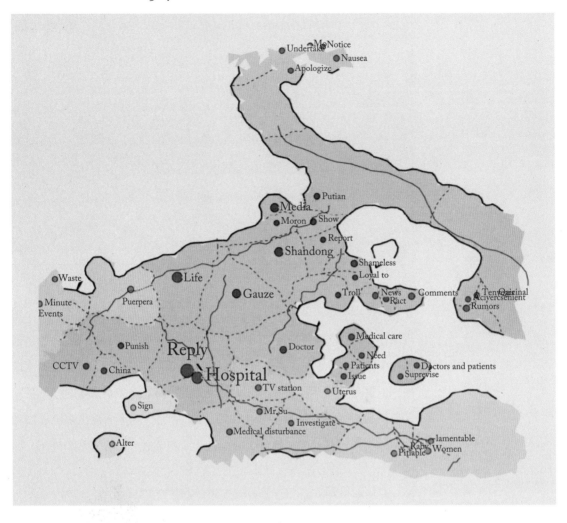

图9.28 E-Map：对社交媒体中
的显著事件的可视分析

流。E-Map 支持多层次的空间时间探索，可以揭示社交媒体中的事件发
展模式和事件中的关键参与者。

9.2.4 其他社交网络的可视化

通信、邮件、GPS等属于广义的社交网络。麻省理工学院感知城市
实验室（MIT Senseable City Laboratory）通过对美国上百万手机用
户一个月内的通话和短信进行记录和聚类分析，可将这些手机用户分成
不同的社区，每一个社区用一种颜色表示。结果发现，聚类形成的社区
大体上与行政社区的划分吻合，也有一些特殊情况：社区跨度几个州或
者一个州分成几个不同的社区。例如，华盛顿州和俄勒冈州被归为一个
社区，说明这两个州的居民交流比较频繁；加利福尼亚州被分成三个社
区：以旧金山为中心的北部地区、以洛杉矶为中心的南部地区和中部大

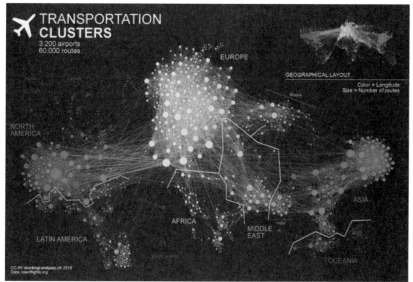

图9.29 世界空运系统的可视化

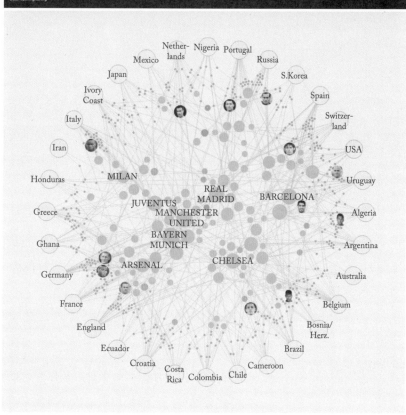

图9.30 足球世界杯2014参赛国家队、球员和俱乐部之间的网络可视化

农场地区，可能由于中部是农场，南北部之间的交流比较少。

世界空运系统是全人类交互网络的重要组成部分。图9.29可视化了全世界的主要客运机场和它们之间的联系。力学模型下的结点链接图可以让人们发现和比较不同大洲的交通密度和它们之间的空运联系。

图9.30可视化了参加2014世界杯的国家队、球员和俱乐部之间的

复杂社会网络关系。这个可视化系统把国家队用圆形在外围排列，球员使用圆点表示，而代表俱乐部的圆在中间使用链接联系它们。用户可以交互式的了解具体的俱乐部和球员，以及它们国家之间的关系。

9.3 日志数据可视化

日志数据可以理解为一种记录所观察对象行为信息的数据。人们生活中存在着各种各样的日志数据：网站的服务器日志数据记录了该服务器下的所有活动行为，如用户的IP地址、用户的点击序列等；全球定位系统实时跟踪并记录了各种交通工具的轨迹信息；电子商务网站记录了用户的所有交易信息等。日志数据的来源多种多样，例如以下几类。

● 商业金融：包括eBay、亚马逊、淘宝等电子商务网站产生的海量交易记录；银行系统、支付设备等产生的用户财务记录等。

● 移动互联网：集群网络产生大量的系统日志数据，用以记录和检测系统的运行情况；社交网络记录了大量的用户个人信息，以及用户发布的文字、图片等记录。

● 城市生活：GPS记录了各种交通工具的位置信息与行驶路径；移动通信设备记录人们的通信信息，如手机通话时间、地点、短信记录等。

正因为日志数据的来源非常广泛，可由各种各样的系统和网络产生，这也使得日志数据有如下丰富的特点。

● 大尺度：日志记录条目数量多，各种网络或系统每天都能产生海量的日志记录数据。

● 非结构化、异构：由于日志数据来源的多样性，日志数据没有统一的格式或结构，一般采用纯文本记录需要的数据或信息。日志数据的异构性也给对日志数据的分析和可视化处理增加了难度。图9.31所示为一个网络日志数据的例子。

● 流数据：日志数据带有时间标签，属于时序型的数据。同时，日志数据也是一种流数据，每时每刻都会产生。

● 数据陷阱：由于日志数据条目数量非常大，通常需要分布式处理，这也会带来分布式数据存储的数据不一致、不完整等问题。因此，日志

```
Oct 13 20:00:43.874401 rule 193/0(match): block in on xl0:
212.251.89.126.3859 >: S
1818630320:1818630320(0) win 65535 <mss 1460,nop,nop,sackOK> (DF)
Oct 13 20:00:43 fwbox local4:warn|warning fw07 %PIX-4-106023: Deny tcp src
internet: 212.251.89.126/3859 dst 212.254.110.98/135 by access-group
"internet_access_in" |
Oct 13 20:00:43 fwbox kernel: DROPPED IN=eth0 OUT=
MAC=ff:ff:ff:ff:ff:ff:00:0f:cc:
81:40:94:08:00 SRC=212.251.89.126 DST=212.254.110.98 LEN=576 TOS=0x00
PREC=0x00
TTL=255 ID=8624 PROTO=TCP SPT=3859 DPT=135 LEN=556
```

图9.31 网络日志数据样例

数据难免会出现数据记录错误、缺失以及不一致等问题。

日志数据记录了对象随着时序变化的行为特征信息，对日志数据进行分析能够有效地挖掘对象的行为特征以及引发这些行为的潜在原因。然而，对海量复杂的流式日志数据进行人工分析并不可行。用可视化的方式呈现日志数据中隐藏于大量不规则数据中的信息，可有效帮助用户挖掘日志数据中所含信息，理解被记录对象的行为特性。日志数据的可视化和分析在商业智能、科研和工程领域有非常广泛的应用。

日志数据可视化对数据表达的准确性和即时性有很强的要求。因为这些数据反映了重要的隐含信息，例如银行的记录，所以可视化结果必须首先保证准确，避免误导。同时，很多应用要求可视化及时地反映正在变动中的数据流，例如对网络日志的可视化可以发现网络攻击和欺骗的活动痕迹。

针对不同领域、不同类型的日志数据，有不同的可视化需求和方法，本节将从商业、移动和系统日志数据三个方面介绍典型的可视化案例。

9.3.1　商业交易数据可视化

电子商务交易平台每时每刻都在记录用户的交易信息，这些信息包括个人信息和每一笔交易记录，其中个人信息包括用户登记的性别、年龄、职业、累计花销以及购买过的商品等属性，交易记录则包括成交商品、成交记录、成交金额、成交时间等属性。用户的个人信息与交易记录具有巨大的分析价值。例如，分析买家的购买记录和个人特征，可挖掘出特定类型商品的潜在购买用户；分析各个时间段的全部交易记录，可以挖掘出某些"异常"交易,如故意为卖家刷信誉的虚假交易等。商业交易日志数据的可视化,可直观形象地展示数据,提高分析效率。下面介绍商业日志数据可视化的实例。

- 阿里指数

阿里指数利用淘宝交易平台上庞大的交易数据,为卖家、媒体从业者或市场研究人员提供了解淘宝搜索热点,查询成交走势,定位消费人群和研究细分市场的方法。阿里指数所用的数据来源于用户在淘宝上的搜索和交易数据。

如图9.32所示,阿里指数对广东省内的买家概况信息进行了可视化。通过该可视化,可以分析买家的性别占比、年龄分布、星座分布、主要喜好商品类别分布、会员等级分布、使用终端的类别分布等。

- 用户点击流可视化

用户在网页上的点击流(clickstream)记录了用户在网页上的点击动作,可用于分析用户在线行为模式、高频点击流序列和拥有特定行为模式的一类用户的统计特征等。图9.33(a)中,由不同颜色的色块组成的矩形表示用户的某种点击流,其中不同颜色的色块表示页面上的不同部分(如图9.33(b)所示),点击流的大小则反映其重要性。根据不同类型的点击流之间的相似性将它们平面布局,可呈现相似点击流序列的模式,进而方便查看对应用户的统计特征(如图9.33(c)所示),如用户性别、买家分类等。

9.3.2 移动轨迹数据可视化

GPS等空间定位技术以及无线通信和移动计算的快速发展使得实时跟踪和记录移动对象的轨迹或其他相关信息变为现实,分析这些移动对象的轨迹或其相关信息在公共建设或商业领域都有非常重要的意义。例如,分析各种交通工具在不同时段的轨迹信息,可实时发现交通拥堵的场所;利用移动通信设备定位人的流动信息,可以发现城市在各个时段人流密集的区域或在商业区域出现的人群模式。

移动数据轨迹信息的可视化通常结合地理信息,直接在地图上展示。代表性方法有热力图(heatmap)、轨迹图等。下面举一个例子。

- 实时火车时刻表

图9.34所示可视化案例是德国的OpenDataCity机构的一个关于

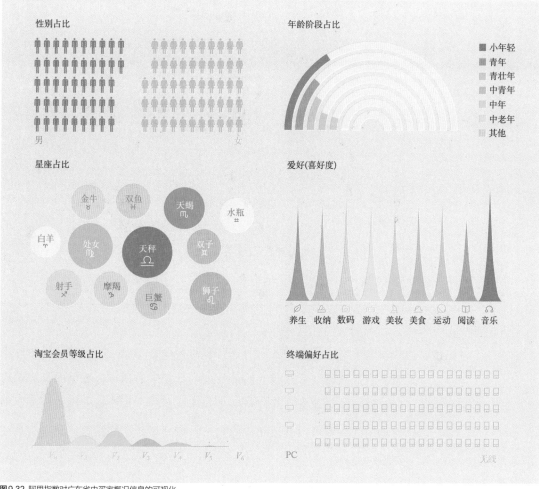

图 9.32 阿里指数对广东省内买家概况信息的可视化

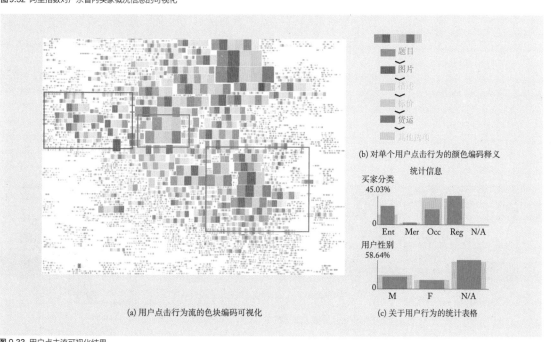

(a) 用户点击行为流的色块编码可视化

(b) 对单个用户点击行为的颜色编码释义

(c) 关于用户行为的统计表格

图 9.33 用户点击流可视化结果

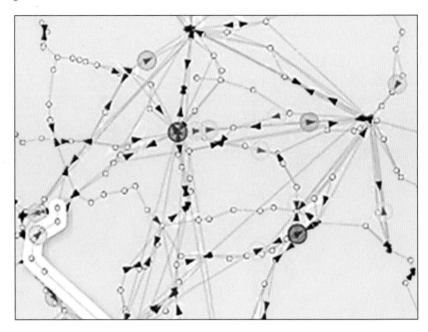

图9.34 铁路运行实况可视化

长途火车晚点情况的实时可视化项目 Zugmoitor。图中的地图上标识
了各条铁路路线，路线上的箭头表示行驶中的列车。黄色的点表示该
列车处于晚点状态，而红色则表示该列车晚点较严重。用户点击一个
移动的箭头就可以选取相应的列车，该列车所处的铁路线路也会被高
亮显示。

- 移动车辆轨迹

移动车辆的轨迹提供了重要的城市交通、规划、管理和商业信息。
移动轨迹的可视化软件 TrajAnalytics 提供了轨迹数据和地理信息结合的
交互可视化功能。图 9.35 所示为它生成的几种可视化结构。同时，交互
式图表和轨迹地图结合帮助用户进行交互式研究。

图9.35 移动轨迹可视化软件
TrajAnalytics 的几种可视化结果

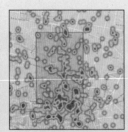

Traffic Flow Visualization   Taxi Pickup Location Heatmap   Traffic Speed Visualization   Trajectory with Taxi Pickup/Dropoff Locations

9.3.3 系统日志数据可视化

系统日志数据记录了一台机器或一个计算机集群的运行性能等信息，被广泛用于实时监控。常规的系统日志监控工具采用基本的统计图表和信息检索工具分析系统性能数据。基于可视化的系统日志数据分析是未来趋势，例如在线日志可视分析软件Loggly、Splunk等。

图9.36所示是使用了Sparkline（迷你图）对网络访问频率的可视化结果。图中（a）、（b）、（c）三个图分别是对访问端口、源IP和目标IP访问频率的可视化，每一条sparkline的横轴表示时间，纵轴表示该时间点上访问频率的大小。从可视化结果可以看出不同的端口和IP在不同时间段内的访问频繁程度。

服务器日志是系统管理的重要数据。它通常记录服务器被访问的全过程，包括访问时间、访问者、IP地址等重要信息。系统管理员和网络安全专家需要及时分析日志文件来发现异常访问的模式和来源。在这里，可视化是不可缺少的关键分析方法，因为直接阅读大量的日志文本是不可接受的。图9.37中的可视化结果动态显示了一个重要服务器系统的实时访问事件[13]。像素图可以容纳尽量多的事件来帮助用户快速发现可疑的访问。

图9.36 使用Sparkline可视化网络访问频率

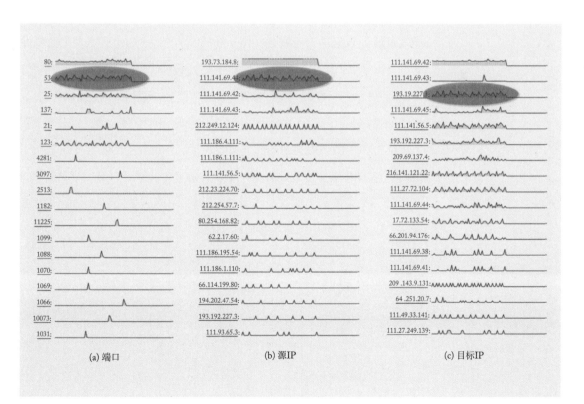

(a) 端口　　　　　　　　　(b) 源IP　　　　　　　　　(c) 目标IP

图9.37 使用像素图来动态可视化服务器系统的访问事件

MOOC微视频：
体育比赛可视化
案例

9.3.4 体育比赛日志数据可视化

体育比赛日志数据记录了一场体育比赛中的一些关键事件。分析这种数据可以帮助运动员、教练员、评论员等相关人员掌握比赛场上的相关细节。针对体育比赛日志数据的可视化和可视分析能够支持用户高效而准确地对数据进行分析。

如图9.38所示是对NBA比赛数据的可视化[7]。图9.38（a）是从赛季尺度上对一个队伍的所有比赛场次数据进行可视化：左图是该队伍与其他队伍在该赛季的比赛结果，而右图则对每场比赛中的得分、篮板、助攻等统计数据进行可视化。图9.38（b）是对一场比赛中发生的事件的可视化结果：上半部分编码主队的信息而下半部分则编码客队的信息，中间则是得分差异图。每个结点代表一个球员，而球员的颜色则代表球员的位置。

图9.39使用类似桑基图的方案对足球比赛过程中的阵型变化进行了编码[25]。图中的厚度表达阵型中不同的位置（前锋、中长、后卫）的球员数量，（C）表示了球权在阵型中的转移，（D）表示换人，而（E）表示一个球员在阵型中的时序移动过程。

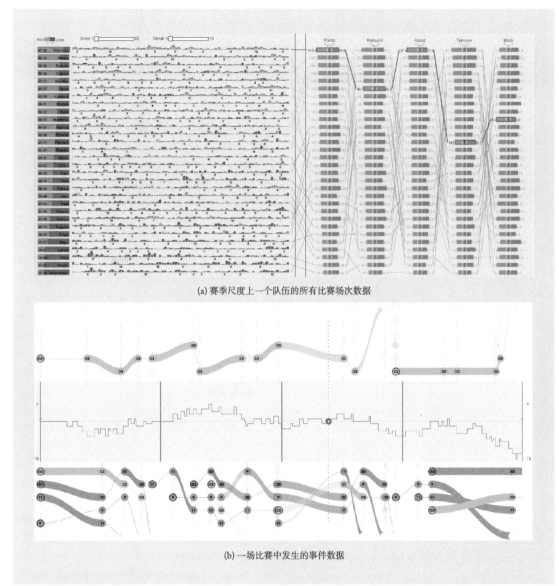

(a) 赛季尺度上一个队伍的所有比赛场次数据

(b) 一场比赛中发生的事件数据

图9.38 NBA比赛数据可视分析系统

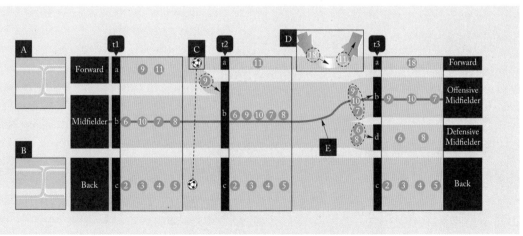

图9.39 对足球比赛过程中的阵型变化的可视化[25]

324

习题九

1. 找一段文本并计算出该文本的词频向量（见 9.1.3 小节），如表 9.1 所示。
2. 找一段文本并使用标签云或 Wordle 的方法进行可视化（见 9.1.4 小节）。
3. 使用 ManyEyes 可视化工具对文本进行多样化的可视化，如单词树。
4. 选择一个社交网络，如微博、微信、Twitter 等，提取你的社交网络并计算该网络的聚类系数（见 9.2.1 小节）。
5. 用结点－链接图对第 4 题得到的社交网络进行可视化。
6. 使用 LDA 工具实现对一组文本的主题提取，并使用文本可视化方法显示这些主题。
7. 使用轨迹可视化软件 TrajAnalytics 显示对移动轨迹数据的一种可视化结果（可以使用软件提供的例子数据或其他公开轨迹数据）。然后试修改该软件的代码来实现一种新的可视化方案。

参考文献

[1] CHARU C A, ZHAI C X. Mining Text Data [M] .New York: Springer, 2012.
[2] BLEI D M, NG A Y, JORDAN M I, et al. Latent Dirichlet allocation [J] . Journal of Machine Learning Research, 2003: 993-1022.
[3] BLEI D M. Probabilistic Topic Models [J] . Communications of the ACM, 2012, 55(4): 77-84.
[4] BREHMER M, INGRAM S, STRAY J, et al. Overview: The design, adoption, and analysis of a visual document mining tool for investigative journalists [J] . IEEE transactions on visualization and computer graphics, 2014, 20(12), 2271-2280.
[5] CHEN S, CHEN S, WANG Z, et al. D-Map: Visual analysis of ego-centric information diffusion patterns in social media [C] //Proceedings of IEEE Conference on Visual Analytics Science and Technology 2016. Washington D C: IEEE Computer Society Press,2016:41-50.
[6] CHEN S, CHEN S, LIN L, et al. E-map: A visual analytics approach for exploring significant event evolutions in social media [C] //Proceedings of IEEE Conference on Visual Analytics Science and Technology 2017. Washington D C: IEEE Computer Society Press,

2017.

[7] CHEN W, LAO T, XIA J, et al. GameFlow: Narrative Visualization of NBA Basketball Games [J] . IEEE Transactions on Multimedia, 2016, 18(11), 2247-2256.

[8] GANESAN A, BRANTLEY K, PAN S, et al. LDAExplore: Visualizing Topic Models Generated Using Latent Dirichlet Allocation [C] //Proceedings of Text Visualization Workshop IUI 2015, 2015.

[9] MINJEONG K, KYEONGPIL K, DEOK G P, et al. TopicLens: Efficient Multi-Level Visual Topic Exploration of Large-Scale Document Collections [J] . IEEE Transactions on Visualization and Computer Graphics, 2017, 23(1): 151-160.

[10] LUO D, YANG J, MILOS K, et al. EventRiver: Visually Exploring Text Collections with Temporal References [J] . IEEE Transactions on Visualization and Computer Graphics, 2012, 18(1):93-105.

[11] ALSAKRAN J , CHEN Y , LUO D , et al. Real-Time Visualization of Streaming Text with a Force-Based Dynamic System [J] . IEEE Computer Graphics and Applications, 2012, 32(1):34-45.

[12] REN D , HOLLERER T , YUAN X . iVisDesigner: Expressive Interactive Design of Information Visualizations [J] . IEEE Transactions on Visualization and Computer Graphics, 2014, 20(12):2092-2101.

[13] LANDSTORFER J , HERRMANN I , STANGE J E , et al. Weaving a Carpet from Log Entries: A Network Security Visualization Built with Co-Creation [C] // Proceedings of IEEE Conference on Visual Analytics Science and Technology (VAST). Washington D C: IEEE Computer Society Press, 2014.

[14] CUI W, LIU S, TAN L, et al. TextFlow: Towards Better Understanding of Evolving Topics in Text [J] . IEEE Transactions on Visualization and Computer Graphics. 2011, 17(12): 2412-2421.

[15] EICK S G, STEFFEN J L, SUMNER E E. Seesoft-a tool for visualizing line oriented software statistics [J] . IEEE Transaction on Software Engineering,1992, 18(11): 957-968.

[16] HAVRE S , HETZLER B , NOWELL L . ThemeRiver: visualizing theme changes over time [C] //Proceedings of the IEEE Symposium on Information Visualization 2000. Washington D C: IEEE Computer Society Press, 2000: 115-123.

[17] HEARST M A. TileBars: visualization of term distribution

information in full text information access [C] // Proceedings of the SIGCHI conference on Human factors in computing systems 1995. New York City: ACM Press, 1995: 59-66.

[18] LIU H, GAO Y, LU L, et al. Visual Analysis of Route Diversity [C] //Proceedings of IEEE Symposium on Visual Analytics Science and Technology 2011. Washington D C: IEEE Computer Society Press, 2011: 171-180.

[19] VIÉGAS F B, WATTENBERG M. TagClouds and the Case for Vernacular Visualization [J] . ACM Interactions, 2008,XV(4): 49-52.

[20] VIÉGAS F B, WATTENBERG M, FEINBERG J. Participatory Visualization with Wordle [J] . IEEE Transactions on Visualization and Computer Graphics, 2009, 15(6): 1137-1144.

[21] WATTENBERG M, VIÉGAS F B. The Word Tree: An Interactive Visual Concordance [J] . IEEE Transactions on Visualization and Computer Graphics, 2008, 14(6): 1221-1228.

[22] WEI F, LIU S, SONG Y, et al. TIARA: A Visual Exploratory Text Analytic System [C] //Proceeding of the 16th ACM SIGKDD international conference on Knowledge discovery and data mining 2010. New York City: ACM Press, 2010:153-162.

[23] WEI J, SHEN Z, SUNDARESAN N, et al. Visual Cluster Exploration of Web Clickstream Data [C] //Proceedings of IEEE Conference on Visual Analytics Science and Technology 2012. Washington D C: IEEE Computer Society Press, 2012: 3-12.

[24] WISE J A. The ecological approach to text visualization [J] . Journal of the American Society for Information Science, 1999, 50(13): 1224-1233.

[25] WU Y, XIE X , WANG J , et al. ForVizor: Visualizing Spatio-Temporal Team Formations in Soccer [J] . IEEE transactions on visualization and computer graphics, 2019.

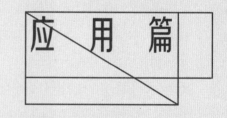

応用篇

第10章 可视化交互与评估

数据可视化帮助用户洞悉数据内涵的主要方式有两种：显示和交互。可视化显示是指数据经过处理和可视化映射转换成可视化元素并呈现；可视化交互则将用户探索数据的意图传达到可视化系统中以改变可视化显示。这两种方式互相补充并处于一个反馈的循环之中。显然，可视化交互对用户理解数据的作用毋庸置疑。

10.1 可视化交互

10.1.1 可视化交互方法分类

可视化交互的方法多种多样，不同的分类方法有不同的侧重点和精细度：有些按实现方法分类，有些按交互任务分类；有些注重低层方法，有些注重高层的交互空间和参数。本节介绍一种兼顾方法和任务的可视化交互方法分类[36]。

可视化用户界面的设计中，可取多种可视化交互方式，但其中的核心思路是：先看全局，放大并过滤信息，继而按要求提供细节。在实际设计中，这个模型是设计的起点，需要根据数据和任务进行补充和拓展。具体的方法可分为以下几类。

1. 选择

在可视化中，用户通常需要用选择操作将感兴趣的数据元素和其他数据区分开。当可视化中的数据元素较多时，选择操作有助于用户在可视化中追踪这些元素。

选择操作的方法有很多种，大致可以分为直接方式和间接方式两种。直接方式包括鼠标单击、用鼠标画出包围盒（如方框）来选择数据等形式；间接方式通过用户输入一些约束条件选择数据，例如指定数据某种属性的取值范围。根据选择方法的复杂度，选择操作又可以分为普通方式和智能方式两种。智能方式通常由算法确定最终选取的数据，选取方式简单而且效果更好。例如，用户可以用鼠标绘制出大致的物体形状，算法则决定物体在三维空间中的最终形状。实际应用中，选择方法可以集成多种方式。图10.1所示为轨迹数据可视化和图数据可视化中的两种选择方式。

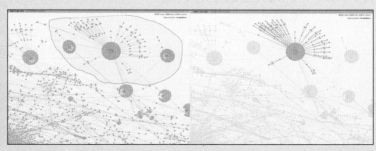

(a) 轨迹数据可视化中的一种选择方式，用户通过在地图上进行点击，直接生成多边形区域，在该区域内经过的轨迹都会被选中[21]

(b) 图数据可视化中的一种选择方式，用户通过绘制一个包围盒，由算法自动检测包围盒内含有的最大连通子图进行选取[4]

图10.1 选择的方式示例

用户选择数据后，通过可视化生成最终画面。画面可以只绘制当前选取的数据，或者所有曾经选取过的数据。

2. 探索

由于数据的维度、大小、可视化视角和用户感知能力等限制，任何用户在任何一个时间段只能看到有限的数据。可视化交互中的探索操作让用户主动寻找并调动可视化程序去寻找感兴趣的数据。探索过程中，通常需要在可视化中加入新数据或者去除不相关的数据。

探索通常以寻找某种清晰的图案为目标，例如在不明确的图案基础上进行调节，并由用户指定更多的数据细节。在三维空间中，可通过调整绘制的参数，包括视角位置、方向、大小和绘制细节程度等实现调节。

探索操作可以由用户手工操作，亦可自动完成。自动方法指自动地调整显示内容，从而帮助用户寻找目标图案。自动方法通常提供一个平滑的视角变化，使可视化程序沿着视角的变化逐步显示数据。在这个过程中，用户可调整视角变化的一些参数，如速度。图10.2所示为一种对大规模图的递进式探索方式，用户可以逐步递进地观察不同层次的细节。自动方法也可以记录下探索过程中的多个可视化结果，并按照一定顺序整理并呈现给用户。

3. 重配

重配通过调整可视化元素在空间中的布局，有助于揭示蕴含于数据中的信息，是可视化的一个重要交互手段。然而，单一的数据摆放方式

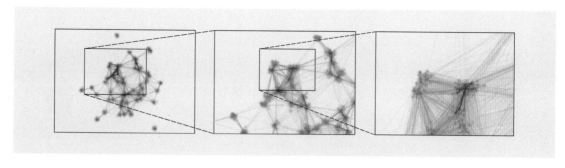

图10.2 一种对大规模图的递进式探索方式，大规模图的细节随着探索的深入被层层展现[37]

MOOC微视频：
磁铁交互

往往不能表现所有数据中的信息，重新摆放数据往往可以让用户对数据产生新的认识。摆放操作的例子包括重新排列平行坐标轴上的变量、对数据在某些维度上排序、在网络可视化中移动结点的位置，或在三维医学图像可视化中移动一个二维切片的位置。

布局重配可以由用户手工或者依靠自动算法来完成。其目的是避免绘制元素的过度重叠，显示数据中的某种隐藏图案，或者展示数据之间的某种关系等。图10.3所示为一个可视化重排序交互的系统[12]，每个数据点代表一个数据对象。当用户设置好属性磁铁的位置，并拖动其中某一个磁铁时，数据点的分布会发生变化。数据点的位置可表现出该点的性质。

4. 编码

可视化编码指采用可视化元素对数据进行编码。可以选用的可视化元素包括颜色、位置、方向、尺寸等。不同的可视化元素在感知上有不

图10.3 系统中的重排序交互设计

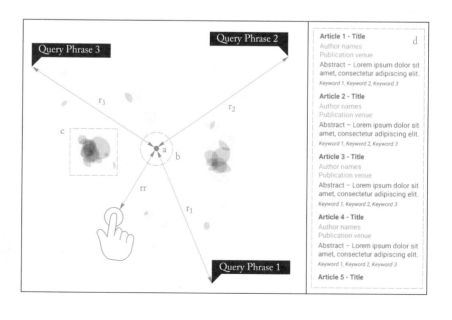

同的优先权，对数据元素之间关系的刻画角度不同，占有的显示空间也不同。通过交互，用户可以试验不同的可视化编码，有针对性地表达数据中的信息。图10.4所示为同一个三维数据用两种不同的编码进行渲染的结果[31]。

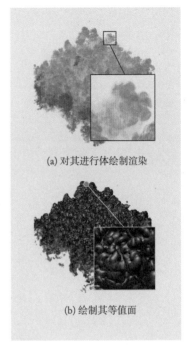

(a) 对其进行体绘制渲染

(b) 绘制其等值面

注意，可视化编码不仅是可视化的一个必要过程，而且是探索过程中的常用操作。衡量一个可视化编码是否适用取决于能否绘制出数据的特征。通常，不同数据需要不同的编码方式，但是也存在一些约定俗成的规定，例如，用户关注的物体或目标应该用暖色调绘制，背景物体用冷色调绘制。

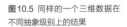

图10.4 对瑞利−泰勒不稳定性数据的两种不同的渲染编码方式

5. 抽象/具体

面向大规模数据的可视化通常需要先简化数据再进行显示。抽象或具体的程度可以划分为不同的等级。简化数据不可避免会丢失一部分低层细节或掩盖一些高层结构。通过用户交互改变数据的简化程度并且显示不同层次上的结构是一个可视化中广泛应用的方法。由于简化数据可以显著地提高绘制速度，可视化中常用的一种方法是对用户关注的数据显示更多细节，而对周围其他数据显示较少细节。

最直观的调整数据抽象程度的方法是可视化视图的放大或缩小操作。放大或缩小可以控制显示的数据细节，而不改变其他的可视化参数。另一种方法是在表达数据简化程度的分级结构中选择不同的层次。例如，在分级聚类算法中，一个树结构的不同层次代表了数据的不同简化程度。当用户在树结构中上下移动时，可以观察数据在各层次上的表征。

抽象操作也可以通过改变数据结构或者调整绘制方法来实现。具体的细节程度可以根据用户选择或者所要求的绘制精度决定。图10.5所示

图10.5 同样的一个三维数据在不同抽象级别上的结果

为一个三维向量数据取不同细节层次的显示结果[27]。可以看出，当选取较低细节层次时，数据结构被大幅度简化，只保留了基本的形状；而选取较高细节层次时，可视化结果显示了更多细节。

6. 过滤

数据过滤可选取满足某些性质和条件的数据，而滤除其他数据。在过滤的交互过程中，除显示的对象在改变外，可视化的其他元素（例如视角和颜色）均保持不变。这种交互方式既减轻了显示上的重叠，也利于用户观察符合指定性质的数据。不同的过滤器还可以和"与""或""非"等逻辑操作协同操作。图10.6所示为过滤操作在平行坐标上的效果[19]。通过过滤操作，相关数据被更好展现，便于用户观察可视化结果中的图案。

过滤和之前介绍的选择操作的一个重要不同之处在于操作之后的步骤：前者删除数据，后者则只显示指定数据。过滤操作通常通过间接的方式实现，例如用户通过专门的窗口或对话框输入过滤数据的属性。此外，过滤操作通常在可视化绘制之前实施，一定程度上避免了数据的视觉重叠。选择操作通常在可视化时直接实现。

7. 链接

数据中存在各种各样的链接，如何展示重要的链接和联系是可视化的一个重要任务。由于显示空间所限，难以在同一空间显示所有链接，因而需要根据用户需求及时展示重要的链接。在多视窗可视化中，各视窗从不同角度展示同一数据，当用户在某一视窗中选择某些数据元素时，可视化系统可以在其他所有视窗中用同样的标识方法显示这些选中的元素，以展现不同视窗中同一数据元素的对应关系。单一视窗中的可视化元素之间也存在联系，例如，在散点图矩阵可视化中，用户可以单击某一数据点，打开属性窗口，选择某种属性，并且标识具有同样属性的其他数据点。图10.7

图10.6 过滤操作在平行坐标上的效果示例

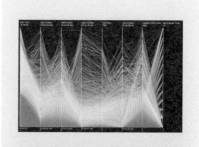
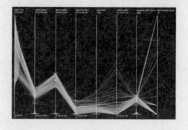

334

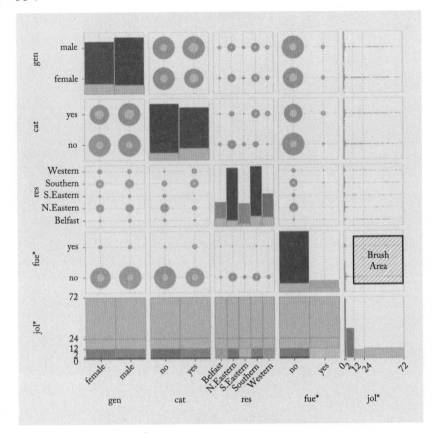

图10.7 一个多视图联动的例子，在所有25个视图中，用户随意对其中一个进行刷选的时候，会同时高亮其他视图中相应部分

所示为多个视图联动的案例，当用户在任意一个视图上进行操作，都会相应反馈到其他视图上[33]。

链接操作提供了一种选择多个属性的方式。通常每个可视化视窗只关注数据的一种属性，在多个可视化视窗中进行链接操作时，选择的数据必然满足多种数据属性的约束。例如，在时序空间地理数据中，用户可以在时间轴上选择时间、在三维绘制空间选择物体、在某种属性的视图中选择数值范围。

10.1.2 可视化交互空间

本小节介绍另一种交互操作的分类方式——交互空间。交互空间指用户和可视化程序交互时所处的空间或者视窗。理解交互空间可帮助设计合适的可视化程序，掌握建立复杂可视化交互模型的方法。

1. 屏幕空间

屏幕空间上的交互包括：移动、放大/缩小、旋转等，通常指直接控制屏幕上像素显示的操作，而不包括重新绘制数据所需的交互。交互

可以选择屏幕上的所有像素，部
分区域，甚至单个像素点。选择
的区域也可以是连续或不连续的。

　　屏幕空间中，比较特别的一
类交互操作是变形。其中，鱼眼
图提供了一种放大的交互功能。
这种技术不需要改变任何绘制方
法或数据，只需要在绘制结束后
直接改变屏幕空间。修改后的屏
幕空间依然保留了绘制结果的连
续性，便于用户联系并理解原始
数据。这类方法中，最初的设计

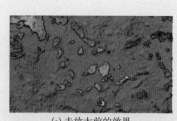

(a) 未放大前的效果

(b) 放大后的效果

图10.8 自适应鱼眼图作用

思想是将屏幕上选定的一块圆形区域投射到半个圆球上，因此圆形区域
的中间部分变形最小并且放大效果最明显。之后又有很多鱼眼图相关的
研究，图10.8所示为一种自适应的鱼眼图的显示效果[18]。

　　除此之外，可视化系统所提供及时反馈亦可在屏幕空间上完成。和上
面的操作类似，这样的操作不需要调动额外的数据。图10.9 所示为一个
悬停反馈的例子。用户将鼠标光标悬停在一个表格或者数据点上，可视化
系统自动显示数据的详情。细节可以在同一视窗，或者其他视窗显示。

　　2. 数据值空间

　　数据值空间交互通常指调整可视化显示中的数据值范围。无论数据
包括多少维度或者属性，用户都可以直接选择可视化显示中每一个或者
所有数据的属性范围。这种操作类似于数据库中的查询过程。数据范围
可以是连续的，或者不连续的。交互的过程可以通过交互界面直接调整
数据值，也可以通过"刷选和链接"等交互方法。

　　3. 数据结构空间

　　为了便于绘制，可视化方法普遍面向结构化数据，数据通常采用
表格或树结构等形式管理。数据结构空间的交互主要是由用户选择可视
化中数据的细节层次，在上一节所述的抽象/具体交互类别中使用。图
10.10所示为一个数据结构空间交互的例子[32]。图中a, b, c, d显示了四
个可视化的结果，e, f, g, h用树图绘制了数据的细节程度。这里树图不
仅提供了交互界面，而且直观地实现了数据结构细节的可视化。

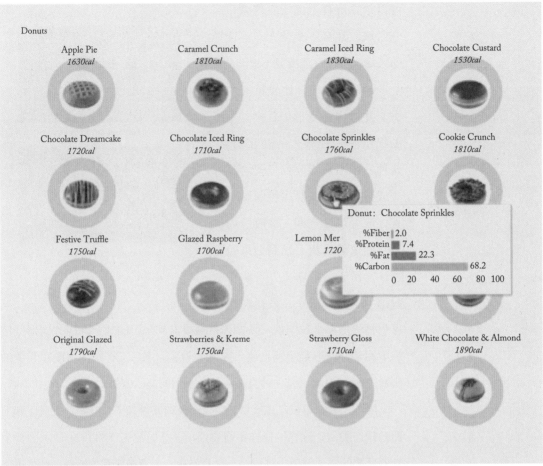

Donuts

Apple Pie
1630cal

Caramel Crunch
1810cal

Caramel Iced Ring
1830cal

Chocolate Custard
1530cal

Chocolate Dreamcake
1720cal

Chocolate Iced Ring
1710cal

Chocolate Sprinkles
1760cal

Cookie Crunch
1810cal

Festive Truffle
1750cal

Glazed Raspberry
1700cal

Lemon Mer
1720

Original Glazed
1790cal

Strawberries & Kreme
1750cal

Strawberry Gloss
1710cal

White Chocolate & Almond
1890cal

Donut: Chocolate Sprinkles

%Fiber	2.0
%Protein	7.4
%Fat	22.3
%Carbon	68.2

0 20 40 60 80 100

图 10.9 悬停鼠标光标显示项目详情的示例

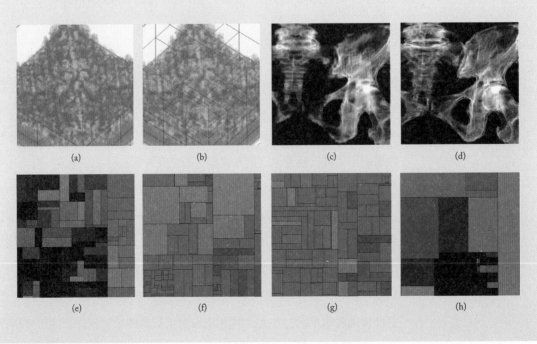

(a) (b) (c) (d)

(e) (f) (g) (h)

图 10.10 数据结构空间的交互示例

4. 可视化参数空间

可视化参数空间主要指绘制的参数，例如颜色和视角。为了达到不同的绘制效果或突出部分数据区域，用户可交互调整可视化参数。例如，可以通过调整色彩对照表增强用户关注的区域。如本章图10.4所示为采用不同的渲染类型参数以达到特定的渲染效果。

5. 数据/物体空间

数据/物体空间指数据的直接绘制空间。用户通常在这个空间内直接观察和选择数据。除了常用的可视化操作，数据/物体空间也存在多种变形的操作。基本的方法是改变数据的映射方式。这个思想同时适用于科学和信息可视化方法。图10.11所示为一个数据/物体空间的交互变形的例子[6]。

6. 可视化结构空间

当可视化系统包含多个视窗时，视窗的位置和大小构成了可视化结构空间。调整可视化结构空间可以更有效地利用

(a) 无放大的效果

(b) 双曲透镜放大的效果

(c) iSphere放大的效果

图10.11 数据/物体空间的交互示例，展现了结点链接图在不同的透镜下的放大效果

有限的屏幕资源，展现相关数据更多的细节。例如，在高维非空间数据可视化中提到的表格镜子方法采用不同的格子大小。图10.12所示为调整可视化结构空间的例子[22]。

7. 虚拟和现实空间

虚拟和增强现实空间也可以被用来作为可视化空间，尤其适用与数据和空间相关的场景。例如，用虚拟空间模拟医学手术，或者将建筑数据融合到现实空间中。

虚拟现实提供了虚拟的三维空间，这个三维空间比二维屏幕具备更好的空间感。目前，虚拟现实已经被应用于构建三维的神经元网络[30]该系统是由控制杆提供的三维交互系统，用于各种在三维数据/空间中构建神经元网络的结构，例如图10.13中用户连接两个神经元的分支。

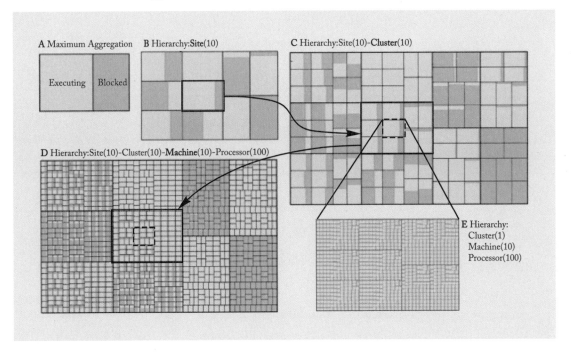

图 10.12 不同可视化结构空间大小下的树图，A 为小空间下高度聚合的状态，B/C/D 则是半聚合状态，E 则是未聚合的状态，用全部的空间来展现其中一个聚类的所有数据

评估结果证实，虚拟空间有效地提高了神经元网络的构建速度。

增强现实同样为可视化提供了三维空间。和虚拟现实的空间不同，增强现实的空间和真实的物理空间可以结合为一体。图 10.14 提供了例子，用户可以选择将数据摆放在物理空间中，例如桌面和墙上。交互是通过设备提供的自动手势识别完成。

10.1.3 交互硬件与软件

可视化交互操作不仅可以用软件实现，也可以采用特殊的硬件来完成。随着科学技术的发展，更多的交互硬件在可视化系统中使用，例如游戏厂商生产的 Wii 控制器和 Kinect 形体分析器。

图 10.13 虚拟现实空间用于三维神经元网络的可视化，橙色的盒子标识了当前显示的区域。右下角的图片显示了连接两个分支的交互过程

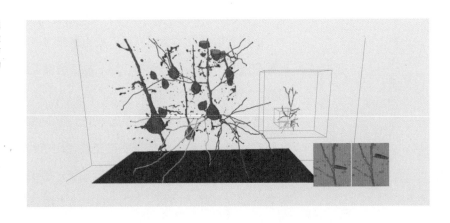

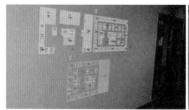

图 10.14 增强现实空间用于研究三维建筑的数据

图 10.15 Sketchpad 系统

Sketchpad 是第一个真正意义上的交互式图形系统,如图 10.15 所示。这个系统基本定义了现代图形学的大多数元素,其中的图形学算法至今仍在使用。

触觉研究中的多种设备可以用于可视化的交互。例如,Phantom 触觉设备,如图 10.16(a)所示,可以用于选择三维数据。这种设备不仅允许用户选择关注的数据,并且通过和三维物体的力反馈,帮助用户更好的理解数据的空间形状。目光捕捉器也很早用于可视化系统中,如图 10.16(b)所示。和 Phantom 触觉设备一样,目光捕捉器也有多种形式,主要是戴在用户头上的,或者是放置于桌面屏幕边上的两种。通过捕捉用户的目光,可视化可自动增强用户所关注数据的绘制细节。智能手机、平板电脑等广泛采用的触摸屏设备,是一种新兴的交互设备。通过触摸屏直接和可视化系统交互,比普通的鼠标和键盘更加便捷。其中,多点触摸屏允许多个用户同时和数据交互,完成功能分析、理解数据的过程。因此这种设备适合于可视化复杂数据。图 10.17 所示为两个用户通过多点控制桌交互的例子。

MOOC 微视频:
几种触摸屏交互
展示

图 10.16 触觉设备的示例

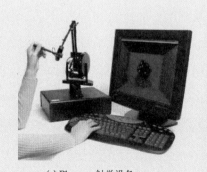

(a) Phantom 触觉设备　　　　　(b) 目光捕捉器

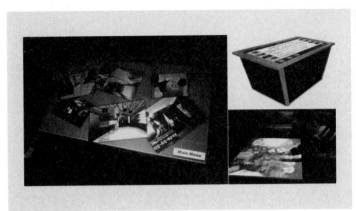

图 10.17 多点控制桌

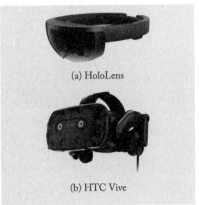

(a) HoloLens

(b) HTC Vive

图 10.18 增强现实和虚拟现实设备

近几年来，增强现实和虚拟现实的设备已经普及化，并且在多种应用中使用。可视化系统也更多地使用了这些设备。图 10.18 所示为两种近期的设备，HoloLens 为增强现实设备，HTC Vive 为虚拟现实设备。虚拟现实设备通常配备游戏杆用于交互，增强现实设备则通过摄像头捕捉用户手势，例如 HoloLens 识别两种手势：air tap 和 bloom。

10.1.4 可视化交互模型

本小节介绍基本的可视化交互模型。这些模型并不局限于某一种可视化方法，而是普遍适用于各种数据和信息可视化方法中。换言之，它们是设计交互方法时需考虑的基本原则。

1. "概括+细节"模型

当数据规模很大，绘制细节不能全部同时在屏幕上显示，或者无法绘制整个数据集时，需要调整所绘制的数据细节以满足可视化的要求。造成问题的原因有可能是数据包含太多的细节或者变量。事实上，观察者在一个时刻只能关注有限量的数据，因此可视化系统不需要同时绘制所有的数据细节。

"概括 + 细节"模型是解决这一问题的常用方法。该模型可以用一句话概括：先显示概貌，进而用户与视图进行交互（例如探索或者过滤），最后可视化用户所关注内容的细节。这一模型适用于多种可视化和图形系统。模型的原理很直观：没有一个清晰的概貌，用户可能无法从海量数据中定位其所关注的目标；用户交互是搜寻目标的过程；绘制的细节是目标可视化的结果。当前，"概括 + 细节"模型已成为可视化交互必须考虑的一种设计模式。

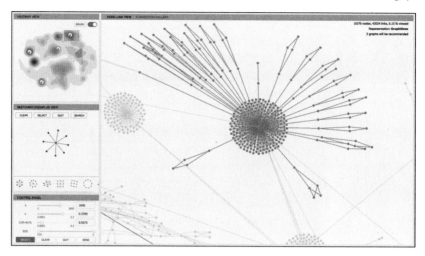

图10.19"概括+细节"模型交互的示例

对于某个可视化对象的概括通常出现在同一个视图中。例如，采用基于拓扑的网络结点图展示网络数据的全貌；采用时间直方图展示时间序列数据的统计特征。

图10.19所示为一个"概括+细节"模型交互的例子。可视化提供了一个热力图的视图，该视图是对力引导布局进行结点密度估计的结果，用于展示对数据的概括，见图10.19的左上角。用户选择其感兴趣的区域来继续挖掘其中的细节，图10.19右边的主视图显示出该区域内数据的更多细节，包括更丰富的结构形状细节等。

2. "聚焦+上下文"模型

"聚焦+上下文"是针对在一个视图中无法显示全部数据这一问题所提出的有效的交互模型。聚焦指为用户感兴趣的内容展示更多细节；上下文指适度展示用户关注点之外的其他数据，使用户理解聚焦数据和周围数据的关系。

图10.20所示为一个"聚焦+上下文"模型的例子。其中，上方的曲线绘制了聚焦区域数据的所有细节，下方曲线则显示了聚焦区域的上下文信息，这里方形区域代表聚焦的数据部分。

3. 对偶界面模型

类似于数学中的对偶概念，可视化中的对偶指以一对一的方式，通过算法将数据转化为另外一种形式。对偶界面是指对于同一数据同时采用两种不同方式的可视化，并且允许用户同时在两个视窗内进行可视化交互操作和交互结果的关联。对偶界面的做法类似于链接和画笔方法，不同之处在于：通过对偶界面同时在两可视化视窗内交互的内容完全不同。

MOOC微视频：
"聚焦+上下文"
交互演示

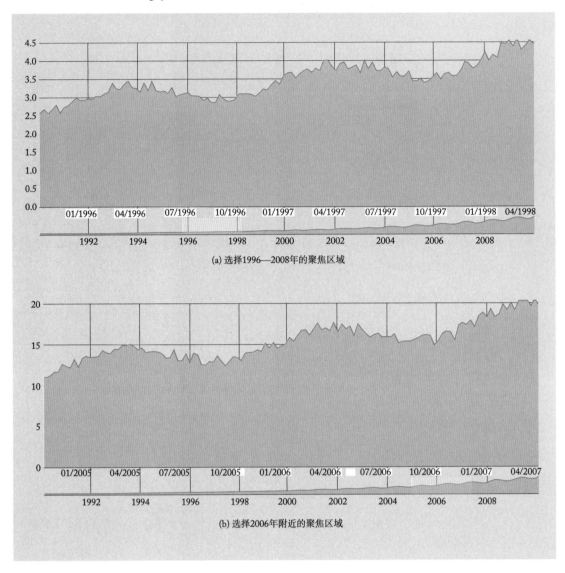

(a) 选择1996—2008年的聚焦区域

(b) 选择2006年附近的聚焦区域

图10.20 "聚焦+上下文"模型
用于一个简单的线图可视化

对偶界面通常比单一界面交互的效果好，原因在于对偶界面利用了同一数据的两种截然不同的性质，采用两种性质作为约束条件通常比基于一种性质的约束能更好地对数据进行选择。对偶界面的具体设计需要符合数据的特性。通常，数据的统计特征可以用作数据的不同表现形式。三维体数据的直方图和以此为基础的传输函数设计，已经被证明是非常有效的一种对偶界面方法。图10.21所示为一个研究人脑纤维结构的可视化系统界面[5]。界面的左侧绘制了人脑纤维的三维结构，界面的右上方显示了纤维数据降维到二维空间的散点图。同时在两个空间进行交互可以帮助用户更准确地选择纤维数据，并且便于比较不同结果。图10.22所示为一个网络数据的对偶界面[8]。界面的左侧绘制了网络数据的结点

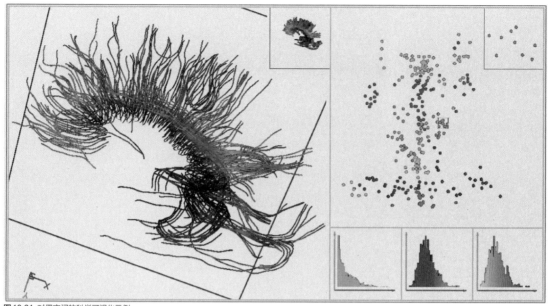

图10.21 对偶空间的科学可视化示例

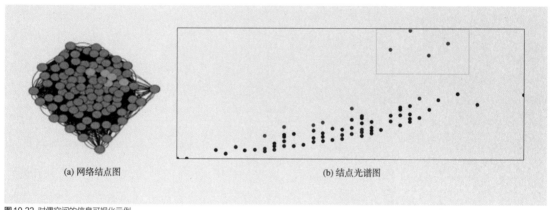

              (a) 网络结点图   (b) 结点光谱图

图10.22 对偶空间的信息可视化示例

图，右侧显示了数据的某种光谱图。同时在两个空间进行交互可帮助用户快速地发现不正常的结点。

    可以想象，如果同时在多个不同的空间对同一数据进行交互，交互的效果会更好。当然，也要限制交互空间的数目，以突出数据的重点特征。

    4. 混合多种交互方式

    真实可视化系统中，很多可视化操作是混合了多种类别的交互，比如前面提到的灵活轴线法。

    以图的可视化操作为例，GLO-STIX把图的交互方式分解为下列几种。

- 布置结点的位置，例如在横轴或者纵轴上均匀分布结点。

- 改变结点或者边的属性，例如改变结点的大小或者隐藏所有边。

- 复制结点，例如设置结点的版本和复制某个版本的结点。

- 聚集结点或者边，例如根据某种属性聚集结点。

- 变换显示属性，例如显示或者隐藏坐标轴。

多种图形可视化的交互都可以分解为上面几种交互方式。比如生成散点图的过程可以描述为：

- 在横轴上根据一种属性布置结点；

- 在纵轴上根据一种属性布置结点；

- 显示横轴坐标；

- 显示纵轴坐标；

- 隐藏所有边；

- 根据某种属性改变结点的大小；

- 初始化结点。

类似散点图，遍历现有的几种常用图的可视化方法，图 10.23 所示的几种方法都可以分解为图的基本交互方式[26]。

5. 混合多种交互设备

多种设备也可以混合使用。以大屏幕可视化为例，大屏幕不便于多个用户在屏幕前交互。即使触摸屏提供了交互方式，但是交互操作通常局限于选择类别。所以混合多种交互设备成为另一种可行的选择。下面提供了两种混合交互的例子。

GraSp 系统将平板和大屏幕结合使用，用于图的可视化[11]。平板上配备了三维标识点用于跟踪，这样系统可以实时地获取每个平板的位置和角度。如图 10.24 所示，当用户将平板对准大屏幕上的一块区域时，系统识别选中的区域，并且在大屏幕上用黑色线框标注。用户可以进一步在平板上选择不同的可视化方法，比如将结点图更换为矩阵图，从而以不同方式研究、选取，甚至编辑数据。用户也可以在大屏幕上用触摸屏选中少量结点，用平板浏览这些结点的具体数据。两种设备的结合提供了多种的交互方式。

智能手表也用于和大屏幕结合使用。如图 10.25 所示，在这个组合里，大屏幕作为主要显示设备，提供了多维数据的可视化。而智能手表是辅助设备，可以用来跟踪用户的交互行为和存储用户的信息，包括感

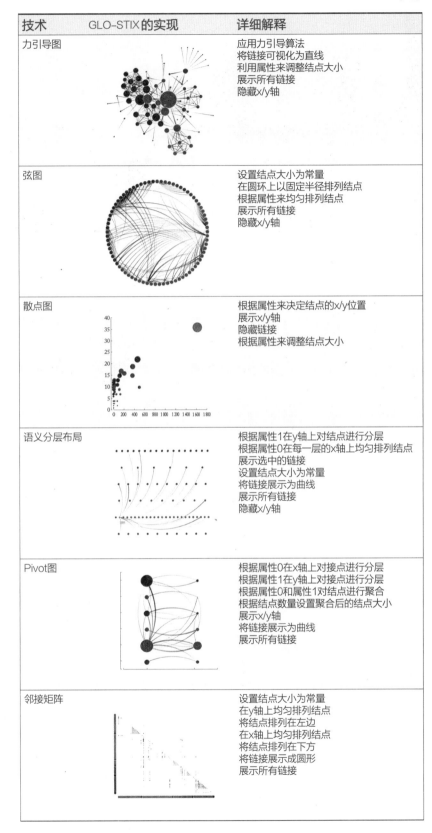

技术	GLO-STIX的实现	详细解释
力引导图		应用力引导算法 将链接可视化为直线 利用属性来调整结点大小 展示所有链接 隐藏x/y轴
弦图		设置结点大小为常量 在圆环上以固定半径排列结点 根据属性来均匀排列结点 展示所有链接 隐藏x/y轴
散点图		根据属性来决定结点的x/y位置 展示x/y轴 隐藏链接 根据属性来调整结点大小
语义分层布局		根据属性1在y轴上对结点进行分层 根据属性0在每一层的x轴上均匀排列结点 展示选中的链接 设置结点大小为常量 将链接展示为曲线 展示所有链接 隐藏x/y轴
Pivot图		根据属性0在x轴上对接点进行分层 根据属性1在y轴上对接点进行分层 根据属性0和属性1对结点进行聚合 根据结点数量设置聚合后的结点大小 展示x/y轴 将链接展示为曲线 展示所有链接
邻接矩阵		设置结点大小为常量 在y轴上均匀排列结点 将结点排列在左边 在x轴上均匀排列结点 将结点排列在下方 将链接展示成圆形 展示所有链接

图10.23 六种通用的图可视化方法均可以分解为多个基本的图的交互方式

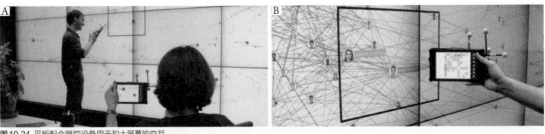

图 10.24 平板配合跟踪设备用于和大屏幕的交互

图 10.25 智能手表和大屏幕的交互

兴趣的数据。这里的智能手表一定程度上作为遥控器使用 。智能手表的屏幕也可以用于简单的可视化和数据交互。这个系统的不同设备是通过连接同一服务器，从而互相通信的。评估学习证实了混合方法的有效性。

10.2　可视化的价值和评估

在可视化的设计和开发中，需要思考两个紧密联系的问题。第一个问题是可视化的效率和价值评价。这个问题涉及可视化开发中的各种元素，包括应用目标、用户感知、开发成本等。第二个问题是如何评估可视化的效果。有效的评估手段能够确认可视化的价值。下面分别对这两个问题进行分析。

10.2.1　可视化的价值

可视化兴起之初，人们对可视化抱有很大期望，当时的报告中列举的科学工程问题里，可视化的作用即重要又新颖。之后二十多年的发展，可视化领域中产生了大量新问题、新方法、新思路。随着可视化的日渐成熟，很多传统问题有了比较系统的解决方法，例如三维可视化中的体绘制和移动立方体方法。

随着可视化走向成熟，问题也伴随而来。很多可视化方法停留在实验阶段，不被用户接受，或被认为只有很小的改进。2004年，甚至有人认为可视化已经走向消亡，理由是很多可视化方法已经成熟并商业化，用户不需要新的方法。

可视化的主要价值在于帮助用户从数据中获取新知识，这是一个不容易量化的概念。用户之间有很多差别，比如他们的专业知识和计算机技能等，都会影响其获取新知识的能力。知识的价值也没有确凿的定义，不同用户需要不同方面的知识。可以说，用户是可视化价值的体现者，可视化的设计、开发和评估需要围绕用户展开。

如果将可视化开发视作一种投资，那么投资的利润就是可视化的价值。用公式可以表示为利润 = 回报 − 成本。可视化的回报是用户得到的知识，可以用 $G=nmW(\Delta K)$ 来表示，n 和 m 分别代表用户数量和每个用户使用可视化的次数，ΔK 是每次使用可视化之后知识的增长，W 是不同知识的权重。可视化成本包括：① 可视化初始开发成本 C_i，② 用户培训成本 C_u（学习如何使用以及设置可视化系统），③ 用户每次使用可视化成本 C_s（转换数据、设置参数等），④ 用户感知探索成本 C_e。全部可视化成本可以表示为 $C=C_i+nC_u+nmC_s+nmC_e$。

这个模型可以帮助可视化设计开发者有针对性地提高可视化的价值。例如，有些可视化研究者喜欢采用复杂的方法和模型，而很多情况下相对简单的可视化即能达到类似的效果，复杂的可视化会使用户学习和使用的成本增加，反而不利于可视化价值的提高。还有一些可视化设计者过分追求界面美感，而将用户获取知识放在次要位置，可谓本末倒置。从价值模型中可以看到用户通过可视化获取知识才是最终目的，界面美感只是使用户更容易接受和实行可视化的手段。

下面讨论可视化价值模型中的若干元素。

1. 知识的价值

在可视化价值模型中用户知识的增长是判断可视化是否成功的标准。然而，知识的增长不容易量化，特别是在探索新数据、新问题时，用户往往缺乏足够的知识积累来精确衡量每一次可视化实验带来的知识增长。此外，由于开发者和用户的合作关系，可视化的用户通常希望看到可视化成功，因此主观评估判断可能有夸大的成分。在这种情况下，可视化设计者应该寻找能相对客观反映可视化价值的标准。例如用户在探索数据时发现的目标特征和模式的数量，或者用户在使用可视化后采取的决策和行动。

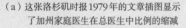
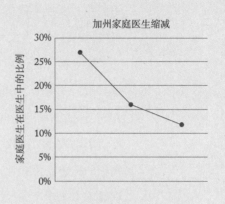

（a）这张洛杉矶时报1979年的文章插图显示了加州家庭医生在总医生中比例的缩减

(b) 同样的数据用点线图显示的结果

图10.26 可视化可能导致对信息的误读

通过可视化获取的信息并不都是有价值的。可视化可能产生不反映数据性质的视觉噪音，甚至误导信息。图10.26所示为加州家庭医生在总医生数中比例缩减的趋势。这里，人像的高度和宽度都被映射成家庭医生在总医生数中的比例。由于多数人用二维图标的体积推测数据值，所以比例缩减趋势在读者眼中被夸大。

2. 相对价值

并非所有的问题都需要可视化，并非所有的新可视化方法都是对现有方法的提高。在设计可视化时，必须考虑其他可视化方法和可视化之外的方法。这需要设计者搜索和熟悉同类问题的现有解决方法，思考它们的优点和不足。例如，三维空间可视化在可视化领域非常活跃，很多研究者试图将这些方法应用到气象、医学图像等领域，而这些领域仍然少有专家将三维技术应用到日常工作中。很多研究者将这个问题归结为大多数专家对新技术不够熟悉，以为只要有足够的训练，专家会选择三维可视化代替二维平面可视化。这种想法可能成立，也可能不成立。另一种可能性是三维可视化在深度上的视觉信号重叠会给数据探索和模式查找带来困难，因此在理解数据方面不如二维平面可视化。可视化开发者必须放弃对特定方法的偏好，实事求是地分析问题，寻找高价值的可视化方法。

可视化方法作为理解数据的工具，必须与其他非可视化方法协同使用。在一维数据中找最大值的任务虽然可以用可视化来完成，但用一个简单的自动程序可以更快更精确地得到答案，这种情况下可视化就失去了意义。因此，可视化设计者需要熟悉相关领域解决类似问题的方法，如模式识别、数据挖掘等方法，决定可视化是否必要。

3. 成本控制

可视化的成本越高，价值越低。因此要尽可能降低成本。初始开发成本是一次性的，用户培训成本对每个用户是一次性的，而用户使用成本则在每个用户每次使用可视化时都会出现。因此，降低用户使用成本事半功倍。这可以通过设计符合用户感知习惯的可视化、采用直观的交互方法、简化用户界面和数据载入过程、提高运行速度等方式达到。其次，降低用户培训成本可以在每个用户身上节省成本，这可以通过设计符合用户需要的功能，减少不必要功能和参数设置实现。对通用可视化软件和工具包的设计必须考虑功能的完整，但对一些专用可视化软件，过多的功能和自由度很可能让用户感到困惑，难以选择，或对自己的选择没有信心，影响对数据的观察。最后，节省初始开发成本也有助于提高可视化的价值。在成本控制中需要平衡各种元素。例如适量增加初始开发成本，加入优化设计，可减少后面的用户培训成本和使用成本，达到降低总成本的目的。在降低成本和提高知识获取量之间也要权衡，以实现高价值的可视化。

4. 用户因素

在可视化的价值公式中，除初始开发成本外的所有项都和用户因素密切相关。知识增长的主体是用户。不同用户的专业知识背景、可视化熟悉程度、分析能力等各不相同，在使用可视化时自然会有不同的效果。例如在使用可视化观察数值模拟结果时，一个有多年专业研究经验，参与模拟程序开发和运行的领域专家从可视化中得到的新知识和灵感可能会远大于一个在专业课中学习的学生。而这个专业课学生得到的新知识和灵感又很可能大于其他专业学生。一个熟悉特定可视化界面交互的用户可以将培训成本和使用成本大大降低。另一方面，用户因素使可视化的价值评估带有主观性，不容易设计量化衡量标准，因此将用户因素包含在内的定性评估是衡量可视化的重要方法。

10.2.2　可视化评估

随着可视化方法的不断丰富和成熟，对可视化方法的评估越来越重要。一方面，有必要对新方法进行评估，确定新方法的优越性及其适用范围。另一方面，可视化的推广和应用需要用户的信心，对可视化的有效评估有助于用户认识到可视化的作用，进而在专业领域里接受和使用可视化。

可视化评估的方法多种多样。本小节介绍可视化评估方法的种类，对两大类评估方法，定量评估和定性评估分别做介绍，并举例说明。

可视化评估应该贯穿系统设计、开发和最终验收的整个过程。如图10.27所示，可视化的流程可以分为九个阶段，每个阶段都可以重新考虑并修改前面任一个阶段的结果，从而保证最终结果的有效性[24]。

1. 用户评估方法分类

由于用户因素在可视化中的重要性，可视化评估方法在很大程度上和社会学、心理学领域的用户评估相似，而和科学计算中的数值结果比较有很大区别。

可视化评估方法有它们的共性，所有评估都需考虑特定可视化方法的研究目的，该方法相对于现有方法的优越性，适用数据和用户范围等。评估的方式有很多种，各种方式有它们的优缺点和适用的评估任务。通常研究人员力求可视化评估方法满足以下性质。

通用性：如果可视化评估方法适用于很多种可视化方法，可以节省

图10.27 可视化流程的九个阶段

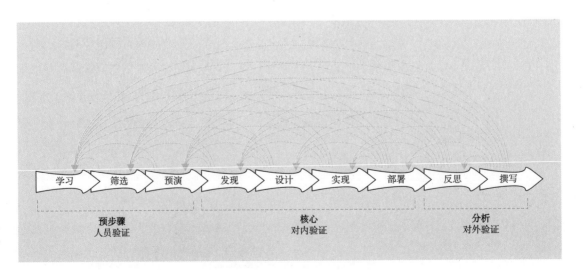

学习　筛选　预演　发现　设计　实现　部署　反思　撰写

预步骤　　　　　　核心　　　　　　分析
人员验证　　　　　对内验证　　　　对外验证

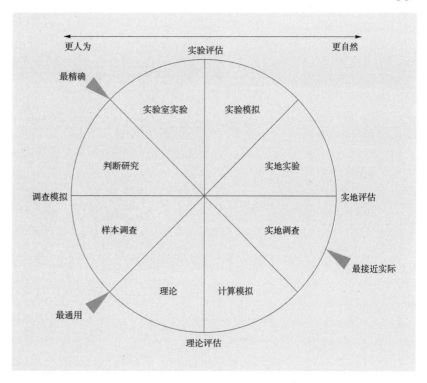

图10.28 用户评估方法分类[16]

可视化评估软件的开发时间和投资。

精确性：可视化评估方法越精确，得到的结果越具可信度，用户越可能接受。定量评估一般比定性评估精确性高。

实际性：可视化评估方法需要面向实际问题、实际数据和用户等。在实验室环境下得出的评估结果很可能在实际应用中不成立。

具体应用时，应针对应用选择合适的可视化评估方法，如图10.28所示。

- 实地调查

实地调查是指调查者在用户实际工作的环境中观察可视化方法的使用方式和效果。调查者尽可能减少自己对用户的影响，观察用户在正常状态下的表现。这类调查的例子包括在社会学和人类学中对原始部落人群活动和关系的调查，以及在某些工业领域对用户使用产品方式和效果的调查等。实地调查报告一般围绕评估目的有详细的记录和描述。实地调查最接近实际情况，不过其结果并不一定精确，而且通用性不一定好。

- 实地实验

实地实验同样在用户实际工作环境中进行。调查者为了得到更确定的信息可以牺牲某些自然状态。例如，调查者可能会让用户完成特定任务并记录用户的操作和完成任务情况。这里的实验中可能加入人为的因素，不完全为自然状态。不过相比其他一些方法仍然可以得到比较可信的结果。加入实验的成分可以缩减调查时间，对特定问题做有针对性的评估。

● 实验室实验

在实验室实验中，评估者在实验室环境下设计并实施实验，包括实验的时间、地点、实验内容、用户任务等所有方面。用户一般在评估者的指导下按照要求在一定时间内完成实验操作。这种方式的好处是针对性强，结果准确度高，用时较短。而且评估者可以要求用户执行某些实地条件下无法完成的任务，例如说出完成某种任务时的思考过程。不过，实验的可靠性减弱，实验结果在自然工作环境下是否适用需要进一步论证。

● 实验模拟

在实验模拟中评估者试图通过模拟方法进行实验并获得尽可能确定的结果。实验模拟一般针对危险和难以实施的实验，例如测量飞行员在飞机故障中的表现时，用飞行模拟器进行实验以获得数据。对计算机应用程序也可以在完成开发之前用模拟的方式评估设计，减少开发的风险和成本。

● 判断研究

判断研究用于衡量用户对可视化方法中的视觉、声音等感知元素的反应。在判断研究中，应尽量保持环境的中立性，减少环境对结果的影响。测量的目的是判断可视化方法中各种感知刺激的有效性，而不是用户自身，因此，设计实验时应减少用户个体行为对结果的影响，例如增加符合条件用户的采样并选择不同性质的用户来平衡用户行为的影响。可视化中对感知的研究经常采用这一方法。例如对不同可视化元素有效性和优先权的研究，对透明层面可视化效果的评估等。

● 样本调查

在样本调查中评估者需要在特定人群中找到一个变量的分布或一组变量之间的联系。例如在科学可视化中，有多少用户使用三维可视化？使用三维可视化的用户是否比使用二维或一维可视化得到更多的信息或更精确的信息？使用三维可视化的用户是否结合二维或一维可视化观察数据，或只使用三维可视化？使用三维可视化的用户选择什么可视化软件？他们是否开发自己的软件？在样本调查中，用户的抽样非常重要，也很难控制。例如在对三维可视化用户的调查中，使用三维可视化并从中获得很多信息的用户更可能接受调查并提供答案，造成用户的调查结果偏离普通人群的实际情况。在分析调查结果时，需要考虑对样本分布的矫正。

● **理论**

理论是对实验结果的总结和分析。理论并不产生新的实验结果，其实际性较低而通用性很强。理论的优点在于用精炼的逻辑和论证解释实验结果，并可以应用在其他类似问题上。在可视化领域理论研究仍然缺乏。一方面因为这个领域还在发展，需要积累更多经验。另一方面因为可视化和应用领域联系紧密，不同应用需要的可视化方法不同，不容易形成统一的理论。

● **计算模拟**

在社会自然科学中一些需要人参与的实验现已可用计算机模拟、比如战场模拟、火灾模拟等。在可视化评估中也可以通过对数据、可视化过程和用户等元素的模拟来进行评估。例如社交网络的可视化，当需要考察某些特殊社会关系和信息在社交网络中的传播方式时，如果无法找到实际数据，可以根据对社会关系和信息传播方式的定义进行计算机模拟，将模拟结果输入到可视化程序中，产生可视化结果，也可以模拟用户在看到社交网络的结构和信息传播后对信息的反应。这样，整个评估过程没有人的参与，完全由计算机完成，起到了客观公正的作用。

上面提到的可视化评估方法按照评估结果的性质可分为定量评估和定性评估两大类。在可视化中，这两类评估都经常用到。下面介绍这两类评估方法。

2. 定量评估

定量分析是科学研究中的主要方法。多数科学研究从假设出发，通过理论推导或实验对假设证实或证伪。定量方法可以准确地判断一个假设是否成立，并推广到其他类似问题中。定量分析一直是现代科学发展的主要方法，用定量分析积累起来的结果一点一滴地形成了现代科学知识。

可视化方法评估中定量评估的基本步骤如下：列出评估假设、设计评估实验、完成实验、分析结果。

（1）评估假设

假设是定量评估的中心。必须使用可以证伪的假设，例如"用户使用可视化方法A比使用可视化方法B在完成任务T的时间和准确度方面都有显著提高"。很多情况下评估假设以虚假设的形式出现，即假设两个方法之间没有显著区别，例如"用户使用可视化方法A和使用可视化方法B在完成任务T的时间和准确度方面没有统计意义上的区别"。如果经实验证伪虚假设，结论是两个方法之间有区别，反之如果虚假设被证实，表明两个方法之间没有统计意义上的区别。可视化评估中的假设应该对理解可视化的效果和可视化工作内在机制有帮助，应该对尽可能多的可视化研究者有用。

在确定评估假设时找到用户需要完成的任务很重要。用户使用可视化的目标包括分析数据、理解数据、验证假设、寻找灵感。但很难对这些高层目标直接进行评估，因此需要找到可以定量评估，而又反映高层目标实现程度的低层用户任务。Keller在1993年提出用户任务可以包括以下几种[10]。

● **识别**：让用户通过可视化在数据中识别目标，例如在大脑MRI图像中识别出肿瘤，或在气象数值模拟中找到飓风。

● **定位**：找到指定特征或目标的位置，例如流场中临界点的位置，或社交网络里朋友数最多的个人。

● **区分**：将数据中不同元素区分开，例如在医学图像中区分生物体内部正常组织和坏死组织。

● **分类**：将数据中不同元素划分为不同类型，例如在卫星图像中将土地分为各种使用类型，包括农田、水面、森林、城市等。

● **聚类**：按一定的相似法则将相似的数据聚合成一类，例如在CT数据中按灰度值将骨骼、肌肉、空气等不同物质划分为不同的类。

● **排序**：将可视化中的对象按一定规则排序，例如海拔高度图中几座山的海拔顺序。

● **比较**：对两个或多个可视化对象进行比较并发现相似和不同处，例如比较同一个病人在治疗前和治疗后的医学图像，发现患病组织的变化。

● **关联**：判断可视化对象之间的关联，例如在气象数据模拟中温度和降雨之间是否相关。

这些用户任务在不同的项目中具有不同的重要性，在各种数据中有不同的表现形式。因此在数据可视化评估时要根据具体项目中用户、数据、可视化方法制定合适的方案。

（2）评估实验设计

确定评估假设后，需要设计实验证实假设。由于可视化系统、用户以及环境的复杂性，评估实验首先需要确定独立变量和因变量。独立变量是实验研究中可能影响假设验证的因素，它们在实验中由实验者予以控制和调整。独立变量包括前面提到的用户任务，也包括不同的可视化方法、可视化参数、用户性质、数据性质等。因变量指可能随独立变量变化而变化的变量，一般在实验中选择可以观察或测量到的变量。因变量包括完成任务的时间和准确度等。在确定了独立变量和因变量后，对其他实验中的变量需尽量保持恒定，降低实验结果的不确定性。其他变量包括可视化背景和环境中的各种因素。最后，对独立变量的变化需要设计变化区域、变化间隔和变化方式等。

（3）完成实验

实验设计完成后，开始实施。在实验时记录独立变量变化时因变量的值。在进行用户评估时，应注意对用户的选择。例如，对于可视化软件，如需针对专家进行评估，那么面向学生的评估结果可能不适用。

（4）分析结果

初始用户评估结果一般包括不同用户进行同一实验获得的不同结果。单个用户的评估结果有相当大的偶然性。因此定量评估需要取一组用户重复实验，并用统计方法分析结果，判断评估假设的准确性和结论的可信度。

以上面提到的虚假设为例："用户使用可视化方法A和使用可视化方法B在完成任务T的时间和准确度方面没有统计意义上的区别"。在评估实验中记录一组用户分别用方法A和方法B完成T所用的时间和准确度。用统计工具可以判断虚假设是否成立以及结论的可信度（用p值表示）。

在检验虚假设时，可能犯两种错误。一种是当虚假设在现实中成立时分析结果判断为不成立。这种错误也被称为第一类错误或假阴性错误。例如，当方法A和B对任务T没有区别时却从实验结果判断为有区别。这种错误可能由参与用户的倾向性和特殊性造成，也可能由实验中除独立变量和因变量外的其他元素变化造成。一个常犯的错误是，用户采用方法B完成任务后再用方法A完成同样的任务。那么由于使用方法A时用户对任务已经熟悉，其效率自然有所提高，这和方法A的优越性没有关系。第二种错误是当虚假设在现实中不成立时分析结果判断为成立。这种错误也被称为第二类错误或假阳性错误。例如，方法A和方法B对任务T有显著区别时由实验结果判断为没有区别。或者说实验结果掩盖了两种方法之间的区别。一般来说第一类错误造成的后果要比第二类错误严重，应尽量避免。

定量评估是可视化开发中的子项目之一，各个步骤都需要仔细设计并认真完成，并且每一步都需要一定的时间。由于上述实验均有用户参与，定量评估需要考虑用户的工作习惯、情绪、舒适度等因素。考虑到评估的投入时间和精力比较大，可以先在小范围用户群中进行非正式的试评估，检验并改进评估方法后再进行正式评估。

当评估结果显示独立变量和因变量之间有关联时，不能将这种关联自动归结为因果联系。例如当用户评估显示使用某种网上日志可视化工具的用户比不使用该工具的用户对日志的信息理解更充分时，一种解释是，网上日志可视化工具帮助用户理解数据；另一种解释是，对日志信息有较多了解的用户更倾向于使用新工具来观察数据。如果没有进一步的调查，不能简单地取一种解释。

3. 定性评估

定性评估比定量评估有更大的灵活性和实际性。定性评估针对可视化实际应用的环境，对影响可视化开发和使用的各方面因素综合考虑，以期达到对可视化更深入的理解。定性评估可以增进对现有方法、应用环境和感知局限性的理解。

定性评估方法的核心是采集数据的方法。定性评估数据包括笔记、录像、录音、计算机记录、日志等。采集这些数据的方法主要分为两大类：观察和采访。

观察时，评估者尽量让自己变得透明，让用户在自然状态下实验可视化程序，完成任务。在评估时，可以一边观察，一边记录笔记。如果记录笔记妨碍了对过程的观察，可以在观察间歇时完成记录，或在观察结束时回忆并记录。不过，人的记忆有时间限制，一些记忆在几个小时之后就会衰减，因此应尽量缩短观察和记录之间的间隔。在记录时应该将实验的背景、时间、参与人等记录下来。在复杂实验中可以画图来记录仪器的位置和用户的活动。在记录时不但要将明显的结果和活动记录下来，也要寻找可能帮助理解的细节，例如用户的身体语言、情绪变化等。当然，在分析结果时需要确定各种细节的可信度，观察中不要带有偏见，对正面和负面的结果都要记录，要区分哪些是事实，哪些是自己的分析。

采访比观察更具主动性，更有的放矢。采访中询问的问题很重要，而积极地倾听用户诉说也同样重要。采访者需要确定自己理解了用户的描述和解释。如果任何地方有疑问，需要让用户解释清楚，但要避免让用户感觉受到质疑。采访者需要减少自己谈话的时间，让用户从使用者的角度自主发表意见。在记录笔记时可以让用户暂停谈话以便将用户意见完整记录下来，这样也可以显示对用户意见的尊重。接受采访的用户说话可能会比较谨慎，这时采访者可以鼓励用户说出更多真实的想法。采访者应该随用户的谈话话题深入采访内容，让用户提供的信息引导采访内容，而避免提出自己的意见和想法，以免引导用户意见，形成偏见。采访问题最好是开放式的，利于用户表达自己的想法。可以向用户询问具体细节。总之，在使用采访进行评估时，采访者的细心、敏感、人性化的采访方式对用户分享经验和想法有重要帮助。

定性评估和定量评估经常在用户评估中共同出现。从定性评估在整个用户评估中的位置来看，可以分为辅助性、检查式和主导性定性评估。

辅助性定性评估。在很多定量评估实验中，用户、环境和实验中的诸多影响因素不可能都在定量实验中列出。而用户在实验中有很多想法和做法虽然不直接记录在定量结果中，却对理解可视化有很大帮助。定性评估作为辅助评估手段可以对这些定量评估结果之外的元素记载并分析。这些辅助评估方法包括实验者的观察、用户在实验中表达的想法以及用户的意见等。实验者对用户的观察可以现场记录可视化的效果。有些实验中的事件无法预期或不能测量，只有在实验者的记录中才能保留下来。虽然这些记录带有实验者的主观性，但它们可以作为量化分析的辅助来评估可视化的效果。实验者还可以鼓励用户在实验中将自己的想法说出来，这种方式让实验者了解用户的思维过程，然而大多数人可能并不习惯直接说出自己的想法，因此实际操作可能受影响，不过很多情况下利大于弊。此外，实验者还可以用问卷调查或采访等方式收集用户的主观意见。例如，对可视化方法A和B，用户更喜欢使用哪一个，答案可以用"非常喜欢""喜欢""中立""不喜欢""非常不喜欢"等分级列出。

检查式定性评估。在检查式评估中，评估者用事先设计好的问卷对用户进行调查。这种方式虽然对特定可视化方法的针对性不强，但实施简单、方便，也可以达到定性评估的目的。检查评估可以包括对可用性的评估，对多用户合作的评估，对可视化的评估等。例如，在可用性评估中，评估项目可以包括系统状态的可见性、系统和真实世界的联系、用户控制和自由度、可视化连贯性、容错性、可视化效果、灵活性和效率、美感、错误处理，以及帮助和文档等。对可视化的检查式评估可以从可视化的表达能力、代表数据能力和交互性等几方面分别进行。

主导性定性评估。定性评估作为主导评估方法可以用更灵活的方式和更全面的考察丰富对可视化方法的理解。在定性评估中，也可以用定量评估作为辅助。例如，用户在某些问题中可以给出有数值的答案，这些数据可以作为定性评估的一部分。

定性评估在可视化设计开发的任何阶段都可以进行。例如，在设计可视化交互部分之前，可以让用户模拟交互任务并记录用户在没有可视化交互界面的情况下如何用物理模型完成交互任务，从中找到的一些线索可以应用到可视化交互的设计中去。

主导定性评估的方法包括现场观察、体验观察、实验观察和采访。

● **现场观察**。现场观察是实地调查的主要方法。实验者经用户许可后在现场观察用户的活动。观察者尽量在背景中活动，避免对用户产生影响。在实际情况下完全隐藏在背景中并不容易。不过在一段时间后，有经验的实验者可以让用户"视而不见"。用录音录像等仪器也可以避免对用户的影响。现场观察的结果可以用来分析可视化的效果，帮助可视化的设计。这种评估的实用性很强，对使用可视化的背景和过程记录比较详细，信息量很大。

● **体验观察**。体验观察是可视化的设计开发者从用户的角度观察可视化应用。在体验观察中，实验者参与到专家用户的工作团队中，切身体验可视化的应用。实验者必须掌握一定程度的专业技能，以便完成用户需要完成的任务。有些情况下专家用户可以花一定时间训练实验者，训练的目的不是让实验者掌握专家的所有知识，而是让实验者了解用户完成任务所需的步骤，可能遇到的困难，和可视化在完成任务中的作用。

即使作为只具有初级知识的用户，实验者在体验观察中仍然可以了解许多和用户领域密切相关的可视化使用经验。实验者得到的经验体会可以由领域专家验证和评论，并反馈到可视化的修改和设计中去。

● **实验观察**。在现场观察和体验观察中，实验者深入到用户的环境中观察并做记录。这些方式的优点是实际性强、观察细致，缺点是观察结构松散、耗时长、重点不突出。专家用户在工作中往往几件事情并行处理，在专家开会或处理其他事情时观察就会被打断。这些缺点可以在实验观察中克服。实验者在实验室环境中设计任务和环境，并让用户在一段时间内完成实验。这种方法的针对性强，而且容易观察记录实验过程和结果；缺点是会损失一定的实际性。

● **实地采访**。这种方式由实验者在用户工作的环境中采访用户对可视化的使用经验、体会和意见。采访往往在用户完成可视化任务之后进行。将采访安排在用户工作的环境中便于用户描述可视化的实际表现和用户的想法。用户可以看到现场的仪器、设备和环境，在采访时可以方便地指出可视化操作中的各种元素。

定性评估中的主观性可以看作一个优势，让评估更完整、更全面、更深入。由主观性带来的误差也是一个不容忽视的问题。为了保证评估的质量，评估报告需要将完成评估的背景如实记录下来，例如评估是否由实验者直接完成，评估的地点是否利于观察，实验者的社会背景是否会造成观察偏差，评估者和用户是否有利益关系，评估结果是否连贯，是否和其他评估结果相容等。

4. 七类评估事例

信息可视化常用的评估需求可以分为七类，不同类的评估方法各有侧重点。下面分别介绍这七类，用于展示不同的评估需求和事例。

（1）工作环境和实践操作（EWP）

设计新的可视化方法，设计者往往需要了解工作环境、要完成的任务以及以往的实践操作。学习完成具体任务时所设计的工作流程和操作，分析其中重要的因素和可能会影响到采用新可视化系统的问题。

在这种情况下，为了确认需要提供的可视化功能，可以考虑如下问题：在什么环境下使用可视化系统？有哪些常用的功能需要结合到可视化系统中？有什么分析功能需要提供？工作环境和用户有哪些特征？为了完成任务，需要哪些数据和功能？当前的可视化系统是如何使用的？

哪些是设计可视化系统的难点？

评估的办法包括实地调查、面试和实验室观察。例如，为了设计协同合作可视化系统，研究人员观察了一组用户如何使用和分享可视化结果，并且总结了合作过程中涉及的可视化交互方式[9]。

（2）可视分析（VDAR）

数据分析和推理往往是一个复杂的过程。评估可视分析系统的主要任务是确认一个可视化系统是否和如何帮助用户分析数据。可以考虑如下问题：数据探索，怎样辅助用户来搜索、过滤和寻找信息？知识挖掘，如何支持知识图谱的生成和分析？生成假设，如何帮助用户交互式地提出对于数据的假设？做决定，如何辅助用户交流分析的结果？

评估可视分析系统通常采用实地实验的方法，由于设计的分析方法往往是复杂且多样的。实地试验可以比较全面的学习专家如何使用可视分析系统来解决真实的问题。例如，为了学习当包含大量数据时，复杂的可视化系统如何被使用的问题，研究者雇用了三对气象预测人员，并且让他们为一架航班准备一份书面报告[28]。

评估也可以采用实验室实验的方法。这种方法便于控制分析的过程，从而更好地比较结果。例如，为了学习重复登录的行为是否影响社交范围的问题，实验者可以增加实验室中采集的数据来一起分析用户的行为[35]。

（3）可视化用于交流（CTV）

评估可视化系统是否很好地辅助用户交流各种设计的信息，其主要目的是能否有效地传递消息给一个或者多个用户。因此传递的有效性是一个重要的衡量指标。

评估的问题集中在：可视化系统是否帮助用户更好或者更快地学习？可视化系统是否有助于向第三方解释相关概念？人们是如何使用安装在公共空间的可视化系统？是否可以从非正式的可视化系统中得到有用信息？

评估的方法包括实验室实验，用来比较可视化系统和传统方法，并且衡量可视化系统是否提高了交流或者学习的有效性。

实地调查和采访可以用于定性评估。例如，研究者采用采访和实地调查观察用户和可视化系统的交互[25]。

（4）协同合作数据分析（CDA）

与个人的可视分析的不同，协同合作完成目标任务通常需要多个用户共同研究和决定。对于可视化系统，协同合作的系统即需要提供数据分析的功能，又需要支持多个用户的交流。

评估协同合作系统的问题比较多样化。一个团队的合作涉及了多方面的因素，因此难度较大。很多实验收集了关于团队工作和合作过程中多方面的信息。评估实验可能涉及如下问题：协同合作是怎样的过程？系统是否支持有效和高效率的数据分析？系统是否满足了团队合作的需求？系统是否支持团队找到数据特点？是否促进了团队的交流？用户们是如何使用系统的？是否存在一些使用系统里的某些特征的顺序？

由于设计的问题多样化，多种评估方法都被使用在这类系统中。例如，研究者可以提出某些假设，并且采用评估实验来验证。第二类方法是收集用户的数据，比如用户评论，通过分析数据来评估系统的有效性。实地实验和实验室实验也是常用的评估方法。

（5）用户操作性能（UP）

用户操作性能可以通过多个指标来评估，经常采用的是操作时间和正确率。通常，实验收集了用户操作的数据，然后采用统计方法进行分析，例如均值、标准方差和方差分析。

评估的问题基本上有两类：对于某种具体的可视编码和交互技术，用户视觉和认知的局限在何处？对于两种可视化或者交互方法，如何比较他们的用户操作性能？

评估的方法主要是实验室实验和分析用户记录。例如，通过在实验室调整某个设置，进行多个相关实验，进而再对比实验结果。这类实验通常都需要把一个真实世界的任务抽象分解为多个简单任务，以方便大量用户参与实验。第二类评估方法是系统自动记录用户的交互数据，通过统计数据来测量用户操作性能，例如用Tableau评估某个可视化功能。

（6）用户经验（UE）

由于用户的经验往往是主观的，评估通常是通过调查类的方式来完成。评估的目的是了解用户对于可视化系统的印象，比如是否满足用户的需求，包括用户认为的有效性、正确率、满意程度、可信度和用户喜欢和不喜欢的功能。评估结果可以帮助设计者改良当前系统并且设计新的功能。

评估的主要问题是：用户如何评价可视化系统？具体来讲，哪些功能会是比较有用的？还欠缺哪些功能？如何提高系统功能？当前系统是否存在任何影响系统接受程度的缺陷?

评估的方法包括正式和非正式的评估方法。非正式的方法经常以专家访谈的形式进行,例如,请专家测试可视化系统,研究人员观测他们的操作行为。也可以在操作之后征求他们的意见,比如系统是否方便使用。正式的评估方法包括实地试验,例如,让多个用户进行一系列操作,研究人员观察或者测试用户数据。

(7)自动评估(AEV)

自动评估通常采用计算机程序自动获取可视化系统的有效性。评估的问题包括:哪种布局算法在何种情况下最优?某一算法在不同数据量下的性能?什么是用来辅助用户寻找异样图案的最优布局?当前的可视化是否真实地表现了数据?

评估的方法包括各种自动评估可视化结果和系统性能的测量方法。例如,矩阵图案的特征度可以采用多种图像处理方法来衡量[2]。

5. 例子

下面介绍一个定量评估的例子,评估的对象是不确定性可视化方法[20]。

评估目的。科学数据中往往有不确定性。不确定性可以因噪音、初始值、参数或仪器误差等形成。由于不确定性和数据紧密相关,不确定性可视化往往需要和数据可视化在同一个可视化空间中显示,因此增加了可视化难度。很多可视化元素都曾经用在不确定性可视化上,但是对这些元素的有效性没有系统的研究。这个定量评估的目的在于找到不同可视化元素用于不确定性可视化的效果。这样,虚假设可以设定为:不同可视化元素应用于不确定性可视化任务时在用户完成的准确率和时间上没有统计上的区别。

评估方法。有了评估目的后,需要设计评估方法。从评估目的中不难得出评估中的独立变量即不确定性可视化方法,如图10.29所示的四种方法。评估的数据包括一维和二维标量数据和在每个数据点上的不确定性。

要评估不同的不确定性可视化方法的效果,在定量评估中需要设计可以将结果量化的任务。例如在给定区域中寻找不确定性最大和最小的点。评估结果包括用户完成任务所用时间和答案准确度,构成定量评估的因变量。

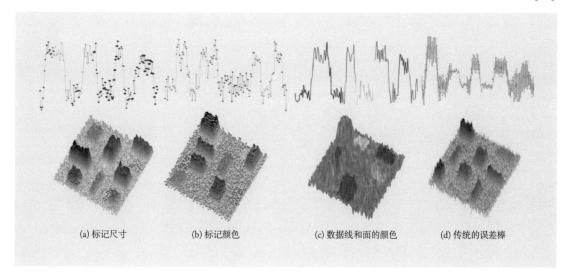

(a) 标记尺寸　　　　(b) 标记颜色　　　　(c) 数据线和面的颜色　　　　(d) 传统的误差棒

图10.29 对带有不确定性数据的四种可视化方法的评估，上列为一维数据，下列为二维数据

在设计实验时需要考虑用户对任务的熟悉程度。如果所有实验都将四种方法按同一种顺序摆放，那么用户在熟悉任务后，使用列在后面的方法完成任务时会提高速度和准确率。因此在评估的每一次用户实验中四种方法的顺序随机排列。

除去评估关注的独立变量和因变量外，很多其他可视化元素亦需要确定，例如误差棒的尺寸、可视标记的类型和尺寸等。为了确定这些元素，实验者组织了一些用户对可视化任务进行预评估。这些次要的变量被设置成预评估中让用户取得最好表现的值。

正式评估有27个用户参与。这些用户包括学生、地理信息数据专家和可视化工作者。

评估结果分析。 在此次评估实验中，原始结果是27个用户对一系列任务完成的时间和准确度。可对这些数据进行统计来判断虚假设是否准确以及判断的可信度，如图10.30所示的平均值统计。从结果来看，不同不确定性可视化方法之间并没有呈现统计意义上明显的优劣关系，但可以看出一些趋势，例如用数据高度线或面上的颜色来表示不确定性效果比较好。另一个有趣的结果是传统的误差棒在各种方法中表现最差。

从以上例子可以看出定量可视化评估的大致过程。在评估中用户的一些评价和想法也被记录，并作为定性评估加入到评估结果中。

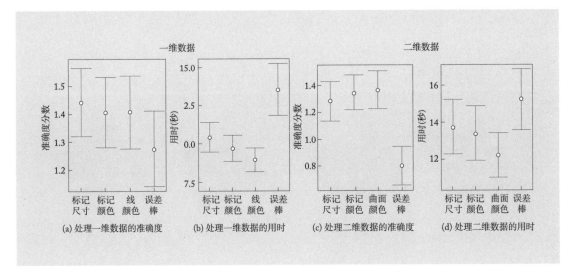

图10.30 评估实验中带有不确定性的一维数据和二维数据用不同可视化方法完成用户任务的准确度分数和用时结果

习题十

1. 交互过程中有些操作可以更换顺序，有些则不可以。请讨论并为每一类举出例子。

2. 选择一种可视化方法，例如散点图，实现基本的交互界面。例如，标记感兴趣的区域或者特征，并且根据用户输入调整可视化结果。

3. 为7种可视化交互技术中的其中任意4种找到相应的例子，并写一段说明文字。

4. 选择一种可视化交互方法，讨论是否本章10.1.1节和10.1.2节中的所有操作类型都可以在选定的交互方法中使用。

5. 为7种可视化交互空间的任意4种找到相应的例子，并写一段说明文字。

6. 考察一些地理信息可视化软件，了解它们的功能。思考一个非地理专业的学生可能需要使用的地理信息可视化软件的功能集合。为面向非专业人员的地理信息可视化软件设计一个评估调查问卷。

7. 对图的结点链接表达方法以及矩阵的表达方法处理找到两点间最短路径的任务的优劣性，来设计定量评估，并在小范围用户中完成实验，讨论评估结果。

参考文献

［1］ ASIMOV D. The grand tour: a tool for viewing multidimensional data［J］. SIAM Journal Scientific and Statistical Computing, 1985, 6（1）:128-143.

［2］ BEHRISCH M, BACH B, HUND M, et al. Magnostics: Image-based search of interesting matrix views for guided network exploration［J］. IEEE transactions on visualization and computer graphics, 2017.

［3］ CARPENDALE S. Evaluating information visualizations［M］. Heidelberg: Springer, 2008.

［4］ CHEN W, GUO F, HAN D, et al. Structure-Based Suggestive Exploration: A New Approach for Effective Exploration of Large Networks［J］. IEEE transactions on visualization and computer graphics, 2018.

［5］ CHEN W, DING Z, ZHANG S, et al. A Novel Interface for Interactive Exploration of DTI Fibers［J］.IEEE Transactions on Visualization and Computer Graphics（Proceedings of Visualization / Information Visualization 2009）.2009, 15（6）:1433-1440.

［6］ DU F, CAO N, LIN Y R, et al. iSphere: Focus+ Context Sphere Visualization for Interactive Large Graph Exploration［C］//Proceedings of CHI Conference on Human Factors in Computing Systems. 2017: 2916-2927.

［7］ MAHFOUD E , WEGBA K , LI Y , et al. Immersive Visualization for Abnormal Detection in Heterogeneous Data for On-site Decision Making［C］// Proceedings of Hawaii International Conference on System Sciences. 2018.

［8］ HARRISON L, HU X, YING X, et al. Interactive Detection of Network Anomalies via Coordinated Multiple Views［C］//Proceedings of the 7th International Symposium on Visualization for Cyber Security（VizSec）2010. New York City: ACM Press, 2010:91-101.

［9］ ISENBERG P, TANG A, CARPENDALE S. An exploratory study of visual information analysis［C］// Proceedings of the SIGCHI Conference on Human Factors in Computing Systems. New York City: ACM Press, 2008: 1217-1226.

［10］ KELLER P R, KELLER M M. Visual cues: Practical data visualization［M］. Washington D C: IEEE Computer Society Press, 1993.

［11］ KISTER U, KLAMKA K, TOMINSKI C, et al. GraSp: Combining Spatially-aware Mobile Devices and a

Display Wall for Graph Visualization and Interaction[C]// Proceedings of Computer Graphics Forum. 2017, 36 (3) : 503-514.

[12] KLOUCHE K, RUOTSALO T, MICALLEF L, et al. Visual Re-Ranking for Multi-Aspect Information Retrieval. [C] //Proceedings of the 2017 Conference on Conference Human Information Interaction and Retrieval . New York City: ACM Press, 2017:57-66.

[13] LAM H, BERTINI E, ISENBERG P, et al. Seven guiding scenarios for information visualization evaluation [J] . 2010.

[14] LORENSEN B. On the death of visualization [C] // Position Papers NIH/NSF Proceedings of Fall 2004 Workshop on Visualization Research Challenges. 2004.

[15] MACKINLAY J, HANRAHAN P, STOLTE C. Show me: Automatic presentation for visual analysis [J] . IEEE transactions on visualization and computer graphics, 2007, 13 (6) .

[16] MCGRATH J E. Methodology matters: Doing research in the behavioral and social sciences [C] //Proceedings of Human-computer interaction 1995. New York City: ACM Press, 1995:152-169.

[17] PIERCE N, MACIEJEWSKI R, EBERT D S. Visualizing Quantum Dots In A Virtual Environment [C] // Proceedings of 21st National Conference on Undergraduate Research (NCUR)(paper with refereed abstract) . 2007.

[18] PINDAT C, PIETRIGA E, CHAPUIS O, et al. JellyLens: content-aware adaptive lenses [C] //Proceedings of the 25th annual ACM symposium on User interface software and technology. New York City: ACM Press, 2012: 261-270.

[19] ROBERTS R, LARAMEE R S, SMITH G A, et al. Smart Brushing for Parallel Coordinates [J] . IEEE Transactions on Visualization and Computer Graphics, 2018.

[20] SANYAL J, ZHANG S, BHATTACHARYA G, et al. A user study to compare four uncertainty visualization methods for 1d and 2d datasets [J] . IEEE transactions on visualization and computer graphics, 2009, 15 (6) .

[21] SCHEEPENS R, HURTER C, WETERING V H, et al. Visualization, selection, and analysis of traffic flows [J] . IEEE transactions on visualization and computer graphics, 2016, 22 (1) : 379-388.

[22] SCHNORR L M, HUARD G, NAVAUX P O A. A

hierarchical aggregation model to achieve visualization scalability in the analysis of parallel applications [J] . Parallel Computing, 2012, 38（3）: 91-110.

[23] SEDIG K, ROWHANI S, MOREY J, et al. Application of information visualization techniques to the design of a mathematical mindtool: A usability study [J] . Information Visualization, 2003, 2（3）: 142-159.

[24] SEDLMAIR M, MEYER M, MUNZNER T. Design study methodology: Reflections from the trenches and the stacks [J] . IEEE Transactions on Visualization & Computer Graphics, 2012（12）: 2431-2440.

[25] SKOG T, LJUNGBLAD S, HOLMQUIST L E. Between aesthetics and utility: designing ambient information visualizations [C] // Proceedings of IEEE Symposium on Information Visualization 2003. INFOVIS 2003. Washington D C: IEEE Computer Society Press, 2003: 233-240.

[26] STOLPER C D, KAHNG M, LIN Z, et al. GLO-STIX: Graph-Level Operations for Specifying Techniques and Interactive eXploration [J] . IEEE transactions on visualization and computer graphics, 2014, 2320-2328.

[27] SUTER S K, PAJAROLA R.Tensor approximation properties for multiresolution and multiscale volume visualization [C] //Proceedings of IEEE Visualization Conference. Washington D C: IEEE Computer Society Press, 2012.

[28] TRAFTON J G, KIRSCHENBAUM S S, TSUI T L, et al. Turning pictures into numbers: extracting and generating information from complex visualizations [R] . Naval Research LAB Washington D C Human Computer Interaction Section, 2000.

[29] TUFTE E R, MORRIS P G. The visual display of quantitative information [M] . Nuneaton Warwickshire:Graphics Press ,1983.

[30] USHER W, KLACANSKY P, FEDERER F, et al. A virtual reality visualization tool for neuron tracing [J] . IEEE transactions on visualization and computer graphics, 2018, 24（1）: 994-1003.

[31] VO H T, BRONSON J, SUMMA B, et al. Parallel visualization on large clusters using MapReduce [C] // Proceedings of 2011 IEEE Symposium on Large Data Analysis and Visualization（LDAV）. Washington D C: IEEE Computer Society Press, 2011: 81-88.

[32] WANG C, SHEN H W. LOD map: A visual interface for navigating multiresolution volume visualization [J] .

IEEE Transactions on Visualization and Computer Graphics, 2006, 12（5）:1029-1036.

［33］WANG X, CHOU J K, CHEN W, et al. A Utility-aware Visual Approach for Anonymizing Multi-attribute Tabular Data［J］. IEEE transactions on visualization and computer graphics, 2018, 24（1）: 351-360.

［34］WIJK J J. Views on visualization［J］. IEEE Transactions on Visualization and Computer Graphics, 2006, 12（4）:1000-1433.

［35］WILLETT W, HEER J, AGRAWALA M. Scented widgets: Improving navigation cues with embedded visualizations［J］. IEEE Transactions on Visualization and Computer Graphics, 2007, 13（6）: 1129-1136.

［36］YI J S, KANG Y, STASKO J T, et al. Toward a deeper understanding of the role of interaction in information visualization［J］. IEEE Transactions on Visualization and Computer Graphics, 2007, 13（6）:1224-1231.

［37］ZINSMAIER M, BRANDES U, DEUSSEN O, et al. Interactive level-of-detail rendering of large graphs［J］. IEEE Transactions on Visualization and Computer Graphics, 2012, 18（12）: 2486-2495.

第11章 可视化软件工具

可视化的研究、开发和应用领域广泛，相应的软件系统和工具也多种多样。它们在目标领域、用户技能、可视化效果等方面有不同程度的差别。采用合适的可视化软件可以使可视化开发变得更加快速有效。近年来，随着人工智能工具的不断发展、更新，人工智能技术日益紧密地结合到可视化领域中。越来越多的可视化软件和工具开始应用人工智能技术，将可视化变得更简单、精确、方便。表 11.1 列出了一些可视化软件工具和它们的适用领域、技能要求和应用目标等。由于篇幅所限，仅列出重要软件工具的清单。

11

表11.1 可视化软件系统列表

名称	开源	付费	适用领域	技能要求	用途
科学可视化软件					
3D Slicer	是	否	医学图像	用户界面	应用
ArcGIS	否	是	地理信息	用户界面	应用、开发
AVS	否	是	科学可视化	用户界面 高级编程	应用、开发
GeoVista Studio	是	否	地理信息	用户界面	应用
Google Earth	否	否	地理信息	用户界面	应用
Insight Toolkit	是	否	医学图像分割和配准	高级编程	开发、工具包
MapInfo	否	是	地理信息	用户界面	应用
ParaView	是	否	科学大型数据可视化	高级编程	开发
VisTrails	是	否	可视化工作流管理	高级编程	开发
Visualization Toolkit	是	否	科学可视化	高级编程	开发、工具包
Weave	是	否	科学可视化	高级编程	开发、工具包
信息可视化软件					
AntV	是	否	信息可视化	中级编程	开发
CiteSpace	否	否	文档可视化	用户界面	应用
D3.js	是	否	文档可视化	高级编程	开发
Echarts	是	否	信息可视化	中级编程	开发
Flare	是	否	信息可视化	中级编程	开发
Gephi	是	否	信息可视化	用户界面	应用
GGobi	是	否	信息可视化	用户界面	应用
Jigsaw	是	否	文档可视化	用户界面	应用
Many Eyes	否	是	可视化共享	用户界面	应用、学习
ParSets	是	否	平行坐标可视化	用户界面	应用
Prefuse	是	否	信息可视化	高级编程	开发、工具包
Processing	是	否	信息可视化	中级编程	开发
Spotfire	否	是	信息可视化	用户界面	应用
Tableau	否	是	信息可视化	用户界面	应用、开发
Tulip	是	否	信息可视化	高级编程	应用、开发
Visual.ly	否	否	信息可视化	用户界面	应用、交流
可视分析软件					
GapMinder	否	否	统计数据可视分析	用户界面	应用

名称	开源	付费	适用领域	技能要求	用途
Palantir	否	是	可视分析	用户界面	应用
Trifacta	否	是	数据清洗处理	用户界面	应用
通用可视化软件					
Matlab	否	是	通用	中级编程	应用，开发
Python	是	否	通用	中级编程	开发
R	是	否	通用	中级编程	开发

本章首先介绍可视化软件系统的分类，然后具体介绍科学可视化、信息可视化和可视分析领域的一些比较典型的可视化软件系统。希望通过有限的例子让读者对可视化软件系统的设计和性质有一个初步的认识，帮助读者按照需要选择合适的软件。

11.1 可视化软件分类

可视化软件可以根据不同标准划分为不同类别。由于用户来源于各个领域，有不同的可视化需求，具备不同的计算机技能，因此不论从用户、应用开发者角度，还是软件开发者角度，都需要明确用户需要和现有软件系统的类型。本节介绍一些可视化软件的划分标准。

● **适用领域**：可视化软件可以大致归入科学可视化、信息可视化和可视分析三个领域。科学可视化领域包括医学图像、地理信息、流体力学等有相应时空坐标的数据。一些软件通用于科学可视化领域的所有数据，如VTK，AVS等。另一些软件适用于科学可视化中的某些子领域，如医学图像领域的3D Slicer、地理信息领域的ArcGIS等。信息可视化应用领域包括复杂图分析、高维多变量数据、文本和地理信息商业智能、公众传播和互联网应用等。可视分析软件则更注重分析数据中的规律和趋势，通过可视交互帮助用户发现兴趣，找到新的问题，从而对复杂数据进行探索。

● **目标用户**：可视化软件从系统结构上可以大致分为开发软件和应用软件。开发软件面向可视化开发人员。这类软件需要满足开发人员对可视化流程的控制，包括对流程上各个模块参数的控制和开发新模块新方法的要求。适用范围比较广的开发软件往往采用工具包软件的设计思想，支持对可视化流程的设计（如数据流程结构），将可视化流程中各个组成部分模块化，并用面向对象、继承等方法方便代码的重复使用。这类软件中比较有代表性的有VTK和AVS。应用软件面向可视化的终端用户。这些用户一般是领域内的专家，了解数据和可视化任务，但一般没有计算机编程的经验。这类软件需要尽量避免编程和复杂操作，通过用户界面完成数据输入、可视化映射、参数调整等操作。对于批处理的工作，这类软件则一般提供简单的脚本界面。这类软件包括Amira，ArcGIS，GGobi等。

● **发布模式**：可视化软件可以分为开源软件和商务软件。很多可视化软件发源于政府资助的研究项目，没有商业目的。受计算机领域开源运动的影响，很多可视化软件将源代码公开，并免费提供给用户，例如VTK，GGobi，OpenDX等。这在客观上为学习使用这些软件提供了非常有利的条件。与之对应，商务可视化软件收取使用费，而源代码一般不公开，例如AVS，Tableau等。有些可视化软件公司例如Kitware虽然公布其软件的核心源代码，但是通过为用户提供附加服务获取利润。

本章余下部分简略介绍在科学可视化、信息可视化和分析可视化领域的软件与工具。

11.2　科学可视化软件与工具

科学可视化具有较长的发展历史和广泛的应用领域。本节按英文字母顺序简单介绍几种最具代表性的软件和工具。

3D Slicer

3D Slicer是一个免费的、开源的、跨平台的医学图像分析与可视化软件，广泛应用于科学研究与医学教育领域。Slicer支持Windows、Linux和Mac OS等平台。Slicer支持包括医学图像分割、配准在内的很多功能，包括：

① 支持DICOM图像，并支持其他格式图像的读写；

② 支持三维体数据、几何网格数据的交互式可视化；

③ 支持手动编辑、数据配准与融合和自动图像分割；

④ 支持弥散张量成像和功能磁共振成像的分析和可视化，提供图像引导放射治疗分析和图像引导手术的功能。

Slicer的实现全部基于开源工具包：用户界面采用强大的QT框架；可视化使用VTK；图像处理使用ITK；手术图像引导使用IGSTK；数据管理使用MRML；基于跨平台的自动化构建系统CMake实现跨平台编译。

ArcGIS

ArcGIS是美国Esri公司开发的地理信息软件。ArcGIS通过基本的地图、地理信息，为用户提供方便快速的地理数据映射，如图11.1所示，并提供开发工具包为开发新的应用提供支持。使用ArcGIS，用户可以：

① 创建使用共享智能地图；

② 编辑地理数据中的属性；

③ 连接数据库进行数据管理；

④ 创建基于地图的应用；

⑤ 使用预定的算法解决地理空间分析问题；

⑥ 通过可视化共享数据和分析结果；

ArcGIS可以将结果嵌入到Excel报表中，在微软Office程序中插入地理信息数据显示。

图11.1 使用ArcGIS进行地理数据分析

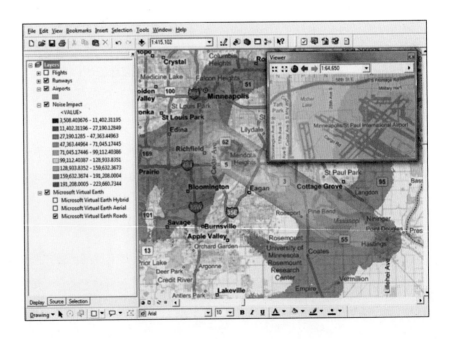

GeoVista Studio

GeoVista Studio 是美国宾州州立大学研发的开源地理信息可视化开发环境。GeoViz Toolkit 是 GeoVista Studio 的衍生软件。

Google Earth

Google Earth 是一款 Google 公司开发的虚拟地球仪软件。Google Earth 提供了查看卫星图像、三维建筑、三维树木、地形、街景视图、行星等不同数据的视图，支持计算机、手机、写字板、浏览器等多终端浏览应用。最新版本 Google Earth 9 针对近期网页端用户和移动端用户，提供了适用于 Google Chrome 和 Android 的程序设计版本。而原本的桌面应用程序仍然是 Google 地球专业版，定期更新。

Insight Toolkit

Insight Toolkit 即 Insight Segmentation and Registration Toolkit，简称 ITK，是美国国家卫生研究院下属的医学图书馆支持开发的跨平台开源工具包，封装了面向二维、三维和动态医学影像的预处理、分割与配准方面的前沿算法。

ITK 基于 C++ 开发，强调面向对象和泛型编程的思想，使用模板以达到代码重用。通过将复杂的算法封装，为用户提供公共的访问接口，保证了算法的鲁棒和高效。同时，ITK 也为 Tcl、Python、Java 提供转换工具，支持用户使用多种语言方便地开发应用软件。按照 ITK 规范，开发者可以免费使用、编译、调试、维护和扩展 ITK，组合 ITK 提供的基础算法，形成新的高级算法模板。

ITK 没有用户界面，只提供内部的图像处理函数。ITK 也不强制要求特定用户界面，为开发者提供了极大的便利性。ITK 采用流水线方式处理图像，并以滤波器形式封装图像处理、分割、配准等操作。ITK 采用分区域的方法处理大尺度数据。

ITK 遵从 Apache 2.0 开源协议，鼓励代码共享和尊重原作者的著作权，允许修改代码再发布，并作为开源或商业产品发布和销售。因此，ITK 是国内外众多医学图像处理软件首选的工具代码库。

MapInfo

MapInfo是美国MapInfo公司生产的地理信息数据软件，它集成了多种不同的数据库，加入地理信息系统中的分析算法，帮助用户实现一套数据可视化、数据信息地图化的方法。MapInfo能够允许用户通过界面上简单的图形图像进行输入、编辑、查询、显示、分析等数据的基本操作。它的输出结果可以方便地直接输出到打印机或绘图仪进行数据分析结果的共享。

ParaView

ParaView是Kitware公司等开发的针对大尺度空间数据进行分析和可视化的应用软件。它既可以运行于单处理器的工作站，又可以运行于分布式存储器的大型计算机。ParaView使用VTK作为数据处理和绘制引擎，包含一个由Tcl/Tk和C++混合写成的用户接口，这种结构使得ParaView成为一种功能非常强大的可视化工具。同时，ParaView支持并行数据处理，且采用Qt等实现敏捷的用户交互界面。

SCIRun

SCIRun是美国犹他大学开发的开源的建模、模拟和可视化软件。它的主要功能包括医学影像的处理、分割、建模和有限元的分析。SCIRun提供可编程的软件模块，支持用户使用可编程模块建立高级工作流程。每个模块都可以让用户自由地调节算法的所有参数。目前，SCIRun已经广泛地应用于心脏机电模拟，心电图、肌电图和脑电图计算，各向异性的心脏组织电导率计算，以及计算机辅助手术、教学和许多非生物医学应用的可视化。

VisTrails

VisTrails是一个用Python编写的支持数据分析和可视化的开源软件。在提供可视化功能之外，VisTrails最大的特点是在可视化过程中提供参数管理、检索和过程可视化等高级功能。他的主要目的是管理不同应用程序的工作流程。因为一般情况下，一个工作流程只能应用于一种只执行一套重复性任务的程序中。而对于模拟、数据分析和可视化，单一的流程不能涵盖所有的程序，用户需要不断地调整工作流程。

VisTrails支持工作流程的建立和执行，它允许融合Web服务、数据库、网络接口等多项服务，同时允许可编程的软件模块。工作流程可以通过VisTrails GUI以交互方式建立和运行，也可以使用VisTrails服务器批量运行。

Visualization Toolkit

Visualization Toolkit，简称VTK，是一个开源、跨平台的可视化应用函数库。它的主要维护者Kitware公司，创造了VTK、ITK、Cmake、ParaView等众多开源软件系统。VTK的设计目标是在三维图形绘制库OpenGL基础上，采用面向对象的设计方法，构建可以应用于可视化程序的支撑环境。它屏蔽了在可视化开发过程中常用的算法，以C++类库和众多的翻译接口层（如Tcl/Tk、Java、Python类）的形式提供可视化开发功能：

- VTK具有强大的三维图形和可视化功能，支持三维数据场和网格数据的可视化，也具备图形硬件加速功能。
- VTK具有更丰富的数据类型，支持对多种数据类型进行处理。
- VTK的体系结构使其具有很好的流数据处理和高速缓存的能力，在处理大量的数据时不必考虑内存资源的限制。
- VTK支持基于网络的工具例如Java 和VRML，其设备无关性使其代码具有可移植性。
- VTK中定义了许多宏，极大地简化了编程工作，并加强了一致的对象行为。
- VTK支持Windows和Unix操作系统。
- VTK支持并行地处理超大规模数据，最多可处理1个Petabyte的数据。

VTK广泛使用于科学数据的可视化，如建筑学、气象学、生物学或者航空航天等领域，其中在医学影像领域的应用最为常见。包括3D Slicer、Osirix、BioImageXD等在内的众多优秀的医学图像处理和可视化软件都使用了VTK。

VTK所属的Kitware公司出版了一系列VTK教程，可以作为学习可视化的辅助阅读。

Weave

Weave是一款开源的网络数据可视化软件，由IVPR（可视化和感知研究学院）和OIC（开放指标联盟）合作推出。Weave基于Java和Flash，支持自定义用户界面，可处理各种数据源的数据，同时支持浏览器访问各类数据源，并连接到R等其他开源统计平台，使之成为商业智能软件系统的可视化模块。

11.3 信息可视化软件与工具

本节按照字母顺序介绍信息可视化软件与开发工具，主要面向领域是复杂图分析、高维多变量数据、文本和地理信息商业智能、公众传播和互联网应用等。

AntV

AntV是蚂蚁金服开发的数据可视化方案，它的目的是提供方便快捷的可视化设计、可视化展示和分析。它主要包括以下三个模块。

① G2：数据驱动的可视化图表语法。

② G6：流程图和关系数据分析图标库。

③ F2：移动端的可视化方案。

三个模块的宗旨都是希望用户只输入简单的代码就能够轻松地完成想要的可视化展示。AntV近年来的F2移动端模块是移动端设计的成功案例之一。它不仅实现了信息在小屏幕上的聚焦设计和显示，简单的手势交互设计，还完成了不同的功能组件设计。

CiteSpace

CiteSpace是由可视化专家Chaomei Chen教授开发的基于java语言的一款文献分析的渐进式知识领域可视化软件，主要面向科研论文之间相互引用所构成的网络，完成引用趋势和模式识别等任务。Citespace的数据来源于web of science，分析过程包括确定主题词和专业术语、收集数据、提取研究前沿术语、时区分割、阈值选择、显示、可视检测、验证关键点8个步骤。CiteSpace能够实现引用网络分析的很多任务，以促进对网络模式识别和历史模式的理解，包括识别快速增长的主题，寻找引用热点，将网络分解为群集，自动标记群集，合作和共享等。CiteSpace 系统适用的用户群广泛：科学家、科技政策研究者和搞科研的学生可用它进行学科发展趋势和发展过程中的重要变化的探测和可视化研究。

D3.js

Datadriven documents（D3）是一套面向 web 的二维数据变换与可视化方法。它以轻量级的浏览器端应用为目标，具有良好的可移植性。D3.js 是基于 D3 规范的 JavaScript 库，基于 HTML、SVG（矢量图形）和 CSS 构建，前身是美国斯坦福大学研发的 Protovis（目前已停止更新）。D3 可以将任意数据绑定到一个 DOM（文档对象模型），并对文档实施基于数据的变换。例如，将一组数字生成为一个 HTML 表，或用相同的数据生成一个可交互的 SVG 条形图。

D3 的特点在于它提供了基于数据的文档高效操作，这既避免了面向不同类型和任务设计专有可视表达的负担，又能提供设计灵活性，同时发挥了 CSS3、HTML5 和 SVG 等 web 标准的最大性能。自问世以来，D3 在学术界和工业界都被广泛使用，产生了很大影响。最新版本的 D3.js5.0 发布于 2018 年 3 月。相对于之前的版本，该版本的最大改动在于开始使用 Promises 而不是异步回调来加载数据，从而简化了异步代码的结构。为了采用 Promises 机制，D3 现在开始使用 Fetch API，这一改变也同时支持许多新的功能，例如流式响应。同时，D3 改变了配色方案，它应用 ColorBrewer 的优秀方案来完成配色函数接口，包括分类、发散、顺序单色调和顺序多色调方案。这些方案有离散和连续两种版本。

Echarts

ECharts 是由百度公司开发的一个基于 JavaScript 的开源可视化图表库，现在主要的平台是 web 端。Echarts 使用轻量级矢量图形库 ZRender，为用户提供直观、可交互的定制数据可视化图表。它采用可编程的方法来配置图表中的各个渲染参数，如图 11.2 所示，数据加载十分方便。除了已经内置的包含了丰富功能的图表，ECharts 还提供自定义图形映射，完成更加丰富的可视化设计。最新版本的 Echarts4 发布于

MOOC 微视频：
Echarts 介绍

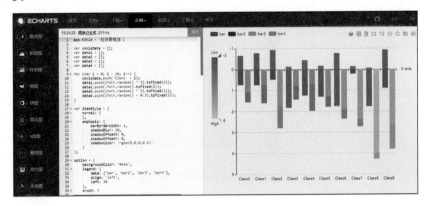

图11.2 使用Echarts进行数据图表定制

2018年1月，之后也有不断地更新这一版本使得平台拓展到移动端的可视化图表。Echart4完成了增量渲染技术使得用户能够通过WebSocket分块加载数据，完成千万级数据量的可视化展示，并在此基础上实现流畅的缩放平移等交互。除此之外，WebGL的应用使得现在用户可以轻松的绘制预设的三维影像，并通过参数的调整得到理想的可视化效果。

Flare

Flare是美国加利福尼亚大学伯克利分校可视化研究实验室开发的面向web数据可视化应用的开源项目，它的前身是Prefuse。与Prefuse不同的是，Flare是一个ActionScript库，运行于Adobe Flash Player之上，与当下流行的FLEX开发工具结合可完成炫丽的数据可视化工作。Flare支持基本的图表和复杂的交互式可视化方法，同时提供数据管理、可视化编码、动画和交互等组件。Flare提供的模块化设计可让开发者免去很多不必要的重复性工作，专注于开发支持特定应用的可视化技术。

Gephi

Gephi是一个应用于各种网络、复杂系统和动态分层图的交互可视化和探索平台，支持Windows、Linux和Mac OS等各种操作系统。可用于探索性数据分析、链接分析、社交网络分析和生物网络分析等，其设计初衷是采用简洁的点和线描绘与呈现丰富的世界，如图11.3所示。

Gephi从各个方面对图以及大图的可视化进行了改进，并使用图形硬件加速绘制。Gephi提供了各类代表性图布局方法并允许用户自行设定布局。此外，Gephi在图的分析中加入了时间轴以支持动态的网络分析，提供交互界面支持用户实时过滤网络，从过滤结果建立新网络。

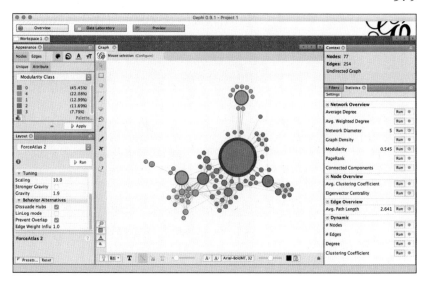

图11.3 使用Gephi进行网络数据分析

Gephi使用聚类和分层图的方法处理较大规模的图，通过加速编辑大型分层结构图来探究多层图，如社交社区、生化路径和网络交通图；利用数据属性和内置的聚类算法聚合图网络。Gephi处理的图的规模上限约为50 000个结点和1 000 000链接。

GGobi

GGobi属于免费开源软件，它的前身是20世纪90年代初开发的交互式多变量数据可视化和分析工具XGobi。经过多年发展，GGobi软件支持多种高维多变量数据的可视化方法，包括散点图、散点图矩阵、直方图、图形和平行坐标等。

GGobi着重于用图形方法探索多变量高维数据中的统计性质和特征分布，可用于观察一些仅靠有限的统计数据难以发现的聚类、非线性分布、离群值和其他重要的数据特征。

GGobi用XML作为读取和存储的数据格式，图形界面用GTK+作为工具库，支持对一个数据的多窗口显示。

Jigsaw

Jigsaw是美国佐治亚理工大学的可视化实验室研发的文档可视分析软件。系统旨在显示所有文本中文字或者语义实体之间的联系，并为文档集合提供一种可视索引。它的核心是一个简单的、易于理解的实体连接模型：如果两个实体同时出现在一个或多个文档中，则它们之间存在关联。

Jigsaw通过多个不同的可视化视图展示了有关文档和实体的信息，每个视图提供一个分析数据的不同角度。Jigsaw包括以下一些视图。

- List View：包含多个可重新排列的实体列表，列表中的实体间的连接通过颜色或链接予以表示。
- Graph View：使用结点链路图表示实体和文档之间的连接，分析师可以通过显示和隐藏链路及结点的方式动态地探索文档。
- Scatter Plot View：突出显示了任意两个实体类型之间的关系，并且可以使用范围滑动条将显示焦点聚集在实体集的某个子集合。
- Document View：展示了原始的文本文档，提供实体的高亮和修改操作。
- Calendar View：根据文本的发表日期提供了所有文本和他们中的关键内容的一个摘要。
- Document Cluster View：在一个集合中展示所有的文本，并提供了手动和自动的方法将这些文档聚类。
- Shoebox：允许分析师提出假说并进行验证。

Many Eyes

Many Eyes是由IBM研究院的视觉传播实验室创建的一个在线可视化平台，用户可以上传自己的数据集并创建可视化作品。Many Eyes提供了6大类、19个小类的可视化类型及其应用原则，涵盖了从统计数据、文本到地理信息的多种数据。每一个可视化类型都有详细专业的说明帮助用户进一步了解。Many Eyes极大地简化了用户的操作，用户仅通过三个步骤就可以完成可视化作品的创建：包括选择数据集、根据类型说明选择可视化类型和生成可视化作品。同时，Many Eyes还允许用户公开发布所创建的可视化，对其他用户的可视化进行评论，以及创建或加入自己感兴趣的可视化主题群组。以此激发人们对可视化的兴趣和关注，逐步建立通过可视化来表达和沟通信息的习惯。

ParSets

Parallel Sets（ParSets）是支持平行集的可视化软件，主要用于多维类别型数据的可视化分析，如人口普查数据、商品类别数据，支持Mac OS、Windows和Linux等多个平台上的应用。

Prefuse

Prefuse Toolkit是美国加利福尼亚大学伯克利分校开发的可扩展的信息可视化程序开发框架。它采用Java编写，使用Java 2D图形库，可用来建立独立的应用程序、大型应用中的可视化组件和web applets。Prefuse为表格、图和树图提供了优化的数据结构，支持众多可视化布局和视觉编码方法，同时支持动画过渡、动态查询、综合搜索等用户交互方式，还提供与不同数据库链接的接口。Prefuse遵循BSD许可证协议，可自由用于商业和非商业目的。

Processing

Processing是一个开源的编程语言和编程环境，支持Windows、Mac OS X、Mac OS 9、Linux等多个操作系统。Processing是面向数字艺术家创作的可视化和绘图软件。它通过封装底层的图形操作，使得可视化和绘图细节对用户透明。Processing支持许多现有的Java语言架构，语法简易，设计人性化。如今，已经成为各种技术背景的用户广泛使用的可视化工具。Processing完成的作品可在个人机器端运行，也可以Java Applets的模式外输至网络上发布。

Processing.js可将Processing编写的应用程序转化成JavaScript并在浏览器中运行。开发者可不使用Java Applet，直接实现网络图像、动画和互动可视化应用。Processing.js采用JavaScript绘制几何形状，并采用HTML5 Canvas元素生成动画，适合基于web的界面和游戏开发。尽管Processing.js兼容Processing，但并不全部兼容Java。

Splunk

Splunk是一个功能强大的基于云的日志管理工具。Splunk通过多种方式来收集日志，主要包括监听syslog消息、访问WMI、监控日志文件、FIFO队列等。Splunk采用B/S模式，并提供一套关键字搜索的规则，利用这套规则可进行非常精确的搜索。Splunk有免费和收费版，最主要的差别在于每天的索引容量大小（索引是搜索功能的基础）。

Spotfire

TIBCO Spotfire是一款面向商业企业数据的分析和可视化软件平

台。其特色在于敏捷的可视化人机交互界面和高效的数据分析功能。相比Tableau，Spotfire有着更强的数据分析能力，加上清晰的可视化交互界面，能够帮助数据分析人员迅速发现新的问题，做出最优选择。

Tableau

Tableau是可视化领域标杆性的商业智能分析软件，起源于美国斯坦福大学的科研成果。其设计目标是以可视的形式动态呈现关系型数据之间的关联，并允许用户以所见即所得的方式完成数据分析和可视图表和报告的创建。它支持：

① 快速的数据可视化，数据展示；

② 简单的交互定制可视化样式；

③ 非编程的可视化界面，如图11.4所示；

④ 结合Hadoop和云端服务的大数据高效处理能力；

⑤ 智能推荐的推荐仪表盘；

⑥ 动态数据的连接；

⑦ 方便的分享。

MOOC微视频：
PowerBI和
Tableau

Tulip

Tulip是一个分析和可视化关系型数据（以图为主）的框架，设计目标是提供完整的面向交互式信息可视化应用的设计工具库。

Tulip基于C++开发，支持算法开发、可视化编码和面向专业领域

图11.4 使用Tableau进行点图定制

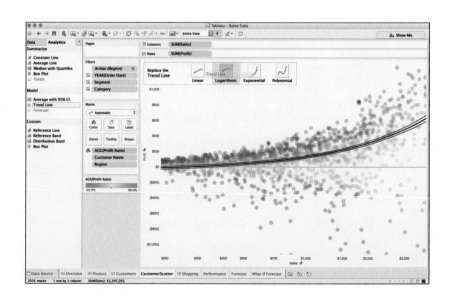

的可视化生成。Tulip强调组件重用，开发人员只需将重点放在应用程序的编写。Tulip开发库包含三个核心库：Tulip Library、Tulip Open GL Library和Tulip QT Library。Tulip Library包括边的增加和删除、多层次图的构造等基本函数。Tulip Open GL Library 是对OpenGL的封装。Tulip QT Library是对QT的封装。

Visual.ly

Visual.ly是一个为数据可视化爱好者们提供分享信息图作品并使之商业化的平台。它的核心工具是基于web的在线信息化图表制作工具Visual.ly Create。Visual.ly Create支持超过5种可视化模板，允许用户从Twitter、Facebook以及Google Plus等社交网站采集数据，如分析用户Twitter信息、展示用户喜欢的图片和文章等。

11.4 可视分析软件与开发工具

Gapminder

Gapminder Trendalyzer是瑞士Gapminder基金会开发的一个用于分析时变多变量数据变化趋势的可视分析软件。它采用互动的可视化形式动态地展示了世界各地、各机构公开的各项人文、政治、经济和发展指数，在信息产业界产生了积极的影响。2007年，Google公司向Gapminder基金会购买了Trendalyzer，并进行了自己的开发和功能拓展。通过Google Gapminder，用户可以查看1975—2004年世界上各国人口发展和GDP发展的动态变化图像。

Palantir

Palantir是可视分析领域的标杆性软件，为政府机构和金融机构提供高级数据分析服务。Palantir的主要功能是链接网络各类数据源，提供交互的可视化界面，辅助用户发现数据间的关键联系，寻找隐藏的规律或证据，并预测将来可能发生的事件。

Trifacta

Trifacta 能够让个人或者企业实现数据清洗的过程，数据清洗是数据分析的必要过程，而Trifacta提供了一个数据清洗的平台，让用户能够更快，更直观，更有效地收集、清理和转换数据。Trifacta的界面完全是交互式的，而不是代码式的。这使得分析师和数据专家将能使用可视化的方式去清洗数据集。Trifacta提供了如下一些功能。

① 发现：能够了解原始数据的特征，例如数据的值的分布，和一些对于数据处理转换和分析的建议。

② 数据结构化：原始数据来自不同的领域，可能有不同的编码、格式、数据类型。所以本软件提供了统一结构化数据的功能。

③ 清理：数据清理旨在去掉数据中的错误数据和丢失数据，整理对于同一数据不同的表达。

④ 数据融合。

⑤ 统计和导出：能够对清洗的结果进行统计展示，用于验证，并对结果进行导出。

用户可用Trifacta通过多种可视化数据方式来浏览数据，如图11.5所示。软件还可以对下一步的操作提出若干建议，操作执行的效果可以预览。一旦决定了希望执行的操作，相应的代码或查询就会执行。

Tensorflow（Tensorboard）

Tensorflow是一个开源代码软件库，借助可视化界面，帮助用

图11.5 使用Trifacta进行数据展示和清洗

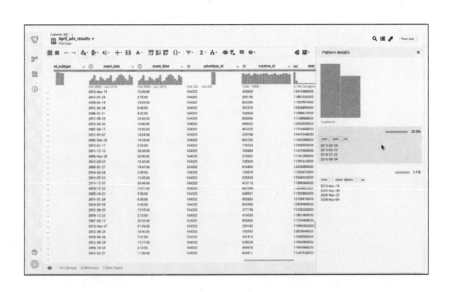

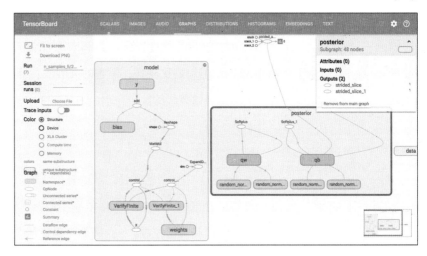

图11.6 使用Tensorflow展示模型训练过程

户轻松地进行机器学习和深度学习的流程管理、参数调整等。当使用Tensorflow训练大量深层的神经网络时，用户往往希望去分析神经网络的训练过程，了解训练过程中的信息，比如迭代的参数变化及其对模型的影响，在测试集与训练集上的准确率等。

Tensorflow推出的可视化工具Tensorboard（如图11.6所示）帮助用户把模型训练过程中的各种数据信息进行整合，然后在可视化界面中进行统一的显示。

11.5　通用可视化软件

Matlab

Matlab是一个在科学计算领域非常通用的数据处理和可视化软件，由Matworks公司开发，可以用于矩阵运算、制图、用户界面、可视化等，并可以与包括C，C++，C#，Java，Fortran和Python在内的多种语言接口。Matlab本身自带很多数据作图、可视化和人工智能工具。Matlab的一大优势是它有一个广大的用户群，有很多开源的基于Matlab的第三方工具包可以免费下载、修改和使用。

Python

Python是一个近年来非常流行的通用编程语言，因为结构有逻辑性、易读、跨平台、开源等特点受到众多程序员的喜爱。Python社区的开发者人数多，能力强，热情也高，因此Python的工具包开发也非常完善，其中包括各种可视化工具和人工智能工具。相比其他高层工具，Python的学习周期比较长，但它的灵活性、可塑性和开发大型可视化软件的能力是难以替代的。

R

R（语言）是一个在统计领域中有广泛用户群的统计计算工具。R是一个开源的社区软件系统，大量依靠用户群提供新算法来对数据进行统计分析、绘图和数据挖掘。R由新西兰奥克兰大学首先开发，后由"R开发核心团队"负责研发。R在底层上是基于S语言编写的GNU项目，所以支持常用的S语言代码。R主要以命令行操作为主，近年来也有人开发了很多图形用户界面，方便新用户上手操作。它内置了多套统计学和数字分析的算法，也可以通过安装软件包来实现更多功能。它的强项在于图像的绘制功能，R提供一系列统计图形工具，包括图、表、散点图等。

习题十一

1. 安装 Gelphi 软件，并用它做一个图可视化的案例。

2. 下载 Gapminder 软件，对四维、五维、六维的传统数据集，做一个可视化的案例。

3. 基于 Python 语言写一个散点图的可视化案例。

4. 使用 CiteSpace 查找本书引用的一些文章，讨论可从可视化中得到的信息。思考一个研究人员对文献索引的需求，讨论 CiteSpace 是否满足了这些需求，以及可能的改进。以小组为单位，在人工智能常用数据集里中找一个感兴趣的数据集，每个组员选择可视化方法显示数据，并增加基本的交互功能。对比各自的方法和效果并讨论。

Keshihua Daolun

图书在版编目（CIP）数据

可视化导论 / 陈为等编著. -- 北京：高等教育出
版社，2020.5
ISBN 978-7-04-052182-5

Ⅰ.①可… Ⅱ.①陈… Ⅲ.①可视化仿真-高等学校
-教材 Ⅳ.①TP391.92

中国版本图书馆CIP数据核字(2019)第130871号

郑重声明

高等教育出版社依法对本书
享有专有出版权。任何未经许可的
复制、销售行为均违反
《中华人民共和国著作权法》，
其行为人将承担相应的民事责任
和行政责任；构成犯罪的，
将被依法追究刑事责任。
为了维护市场秩序，保护读者的
合法权益，避免读者误用盗版书
造成不良后果，我社将配合
行政执法部门和司法机关对
违法犯罪的单位和个人进行
严厉打击。社会各界人士如发现
上述侵权行为，希望及时举报，
本社将奖励举报有功人员。
反盗版举报电话
（010）58581999 58582371
58582488
反盗版举报传真
（010）82086060
反盗版举报邮箱
dd@hep.com.cn
通信地址
北京市西城区德外大街4号
高等教育出版社法律事务
与版权管理部
邮政编码 100120

策划编辑　韩　飞
责任编辑　韩　飞
书籍设计　张申申
插图绘制　于　博
责任校对　刘丽娴
责任印制　尤　静

出版发行　高等教育出版社
社址　北京市西城区德外大街4号
邮政编码　100120
购书热线　010-58581118
咨询电话　400-810-0598
网址
http://www.hep.edu.cn
http://www.hep.com.cn
网上订购
http://www.hepmall.com.cn
http://www.hepmall.com
http://www.hepmall.cn
印刷　北京鑫丰华彩印有限公司
开本　787mm×1092mm 1/16
印张　25.25
字数　390 千字
版次　2020年5月第1版
印次　2020年5月第1次印刷
定价　55.00 元

本书如有缺页、倒页、脱页等
质量问题，请到所购图书销
售部门联系调换